ONE TASTE

一味

Daily Reflections on
Integral Spirituality

［美］肯·威尔伯 著

胡因梦 译

深圳报业集团出版社
SHENZHEN PRESS GROUP PUBLISHING HOUSE

ONE TASTE: Daily Reflections on Integral Spirituality by Ken Wilber
Copyright ©2000 by Ken Wilber
Published by arrangement with Shambhala Publications, Inc.
Horticultural Hall, 300 Massachusetts Avenue, Boston, MA 02115, U.S.A.,
www.shambhala.com
through Bardon-Chinese Media Agency
Simplified Chinese translation copyright © 2010
By Lipin Publishing Company
ALL RIGHTS RESERVED

本书译稿由台湾先验文化事业股份有限公司
授权北京立品图书有限公司
在中国大陆地区出版

目 录

译者序　　001
前　言　　001

一月　JANUARY　　001

明天是我的生日，然而那只是"肯·威尔伯"的生日，而不是那不受日期、期限、时态、时间所染指的无边空性或不生不灭的本来面目的生日。这无垠的自在之洋，无限的自由，澄明的宁静海，才是最深的我。

二月　FEBRUARY　　021

寻求解脱的欲望就是自我的执著倾向，因此，寻求解脱反而阻碍了解脱。所以，完美的修持并不是寻求解脱，而是探索追寻的动机是什么。追寻很显然是在逃避当下，然而解答就在当下这一刻——永远的追寻意味着永远不得要领。

三月　MARCH　　041

解脱就是，从人生这出戏中跳脱出来，觉醒，将它抖落。你就是，而且一直都是这出戏的目睹者。然而你一旦把人生当真——如果你认为这出戏是真的——你就忘了自己其实是那纯粹与自由的目睹，而开始认同小我或自我，好像你确实是你观赏的那出戏的一部分。

四月　APRIL　073

我们从目睹肉身中升起了对肉身的认同，从目睹自我中升起了对自我的认同，从目睹痛苦中升起了对痛苦的认同。于是不可避免的，我们被自己认同的东西所掌控，也被自己无法转化的东西所折磨。

五月　MAY　087

真正的慈悲作风可能是踢你的屁股，辱骂你，令你十分不悦。如果你没有准备好接受这种火炼，那么你就去新时代的圈子里找一位轻松而又和蔼，永远面带微笑，总是轻言细语的老师，然后学着运用充满灵性的辞藻，替自己的自我加上新的标签。

六月　JUNE　107

你当下的本觉——不是你知觉到的客体，而是知觉或目睹本身是无色、无相、无时间性也无空间性的。换句话说，你的本觉没有任何属性。你当下的觉知就是纯粹的空寂，整个宇宙都是从这空寂中生起的。

七月　JULY　139

空寂、了了分明与关怀是眼前这一刻的各种称谓，佛之身、基督之手、克里希那之脸、女神之胸是眼前这一刻的各种面向。我知道这一切都和我许下的诺言有关，它埋藏在我灵魂的深处。

八月　AUGUST　179

大彻大悟意味着从二元对立中解放出来——并且发现那拥抱二元

对立的"一味"。这就是解脱，因为我们不再浪费整个生命，企图找到没有低潮的高潮、没有外在的内在、没有邪恶的良善、没有无法避免之痛苦的快乐，这样我们才能从那痛苦而又无法成真的大梦里觉醒。

九月 SEPTEMBER　211

我认为这是一个很有趣的文化现象。这并不代表我们已经进入了灵性转化的新形式，应该说是一种转译的新形式正在兴起。换句话说，人们并没有找到真正能转化自己的实修方式，只是找到了一种新的诠释来建立自己的正当性，替自己带来存在的意义。

十月 OCTOBER　239

冥想就是练习当下的死亡，安住于超越时间的目睹中，而不再认同那有限的、会毁坏的、可以被当成客体来对待的自我。在空寂的目睹中，在无生法忍中，死亡是不存在的——这并不意味着你将永远活着——而是你发现了当下这一刻的永恒性。

十一月 NOVEMBER　273

人类就是不想觉醒，我们只想活在苦恼中。我们并不想单纯地活着，我们想要的是一些——特殊的感受。我们想拥有富足，我们想拥有名望，我们想拥有一份重要感，我们想出类拔萃变成显赫的人物。

十二月 DECEMBER　317

通过持续不断的目睹，你终于从这个世界解脱，因为你不再是受害者，而成为目睹本身。进入一味的状态时，你将体悟更深的解脱，换句话说，你已经从整个世界解放出来，因为你就是这整个世界。

译者序

胡因梦

随着理性启蒙运动的兴起，组织化宗教与形而上学曾经为世界带来的魅力效用已逐渐式微，而民主价值观、个人主义与多元主义的极端发展，也导致整体人类朝着自恋、分化和过度主观的方向盲进，并因而严重威胁到社会、家庭与关系的联结。

我们到底该如何对待演化、存在与终极实相等攸关人类存亡的议题？在各种知识体系呈现四分五裂、各不相容状态的情况下，我们要如何替这些不完整的真相找到正确的定位？在传统宗教沦为神话、教条和无从证实的呓语，而科学只能阐述物质的基本事实，却无法提供意义、价值与伦理之际，我们要如何拉拢二者，使它们相互对话？简而言之，这股从法界之海奔涌而出的人类识能，如何才能融成一道具有完整阶序的彩虹光谱？

上述一连串的问题所揭示出的答案，不可避免地涉及了一种整合哲学或整合世界观的可能性。但整合性的世界观在本质上往往是独断与高压的，凡受过理性洗礼的知识精英鲜有人愿意再甘冒"法西斯"之名，去进行具有宏大企图的统合动作，而且老实说，也鲜有几人兼具了绝对真理的体悟与相对真理的逻辑归纳能力。那么，这股识能中与日俱增的困惑、痛苦与愤怒，又如何才能化解成秩序与清晰的辨识？

虽然长青哲学家、整合哲学家、个人心理学者皆将桂冠加诸肯·威尔伯，但通常学界仍将他归类为超个人心理学者，并视其为这个领域最卓然有成的理论家。

肯·威尔伯此生的贡献，就是要帮助我们这个时代提出一个由空性含摄知识万有的整合见地。他的整合哲学是灵性与理性兼具的，他主张我们必须朝着更高的意识发展，而这些高层意识虽然隶属于主观的内在精微次元，却是含摄科学与理性的。就这一点来看，威尔伯的见地其实延续了东西文化中哲学与宗教传承的精髓以及现代性的核心精神。

这个传承源起于毕达哥拉斯、巴曼尼德斯、苏格拉底、柏拉图、亚里士多德，再传递给奥古斯丁、阿奎那斯、迈蒙尼德、斯宾诺沙、黑格尔以及海德格尔，而东方智慧传承对威尔伯影响最深的，则属佛教上座部思想、龙树中观学派、华严学派、唯识学派、藏密大手印与大圆满、论藏、吠檀多哲学、中东苏菲神秘主义，等等。至于威尔伯的超个人视野，则充分反映了威廉·詹姆斯、荣格、马斯洛的心理学研究，更涵盖了二十世纪六十年代末期西方所发展出来的身心灵修炼途径及东方的默观传承。

自1975年起，威尔伯所出版的著作一直涵盖着超个人运动的完整面向，现年六十岁的他，早已著作等身。他擅长运用流畅易懂却常带热情的笔锋，来解析尖涩、隐微而又繁复无比的学术议题。他的洞悉力、整合力与绵密的归纳能力，吸引了欧美及亚洲无数的读者。在日本，威尔伯被视为一派宗师；在德国，他是学院派热衷研究的重要现象之一。宗教史权威休斯顿·史密斯认为威尔伯在整合西方心理学与东方智慧传承上的贡献，远远超过了荣格；希拉里的精神导师琼·休斯顿（Jean Houston）将威尔伯与弗洛伊德放在同等重要的地位；约翰·怀特则称其为意识研究领域的爱因斯坦。

1993年，威尔伯与过世的妻子合著的《恩宠与勇气》问世（中文繁体版1998年由台湾张老师出版社出版，中文简体版2008年由三联书店出版，本人与刘清彦合译）。

1995年，他的巨著《性、生态学、灵性》在美国出版，一年之后他又完成了更适合大众阅读的普及版本《万法简史》。这两本书除了涵盖他早期的基本理论之外，还纳入了过去从未处理过的系统理论、演化论、女性主义、生态思想以及现代性与后现代性的哲学议题。《性、生态学、灵性》是威尔伯"法界三部曲"中的第一部，在他进行第二部与第三部的资料搜集时，又同时完成了两部著作和数篇论文，其中一部就是《灵性之眼》。此书是威尔伯最满意的作品，书中集合了多篇整合哲学的论文，所涉及的议题包括了心理学、哲学、认知科学、意识研究、人类学、艺术和文学理论。1998 年，他完成了被美国副总统戈尔视为最心仪之作的《感官与灵魂的交融：科学与宗教的整合》，1999 年，他的私人日记《一味》也公开发行，此书史无前例地披露了威尔伯证入最高境界的生活实录。

就这样一本接着一本，威尔伯单打独斗地开辟了灵性洞见与古代唯识学的现代诠释方式。当人们还不知道该如何替灵修洞见定位，甚至还不能确定这样的洞见是否够资格被合理化为一种知识之前，威尔伯已经有能力以系统化的认识论来厘清这些疑惑。当人们还没有能力分辨西方心理学与传统灵修心理学的关系时，威尔伯已经提出结合佛陀与弗洛伊德的创见。他以自己原创的四大象限，清楚地区分出不同的认知方式，不同的知识领域和不同的真理声音。然而他所有的立论基础都奠基在唾手可得的数据资料和早已被广为接纳的学术理论之上，因此并不是从古老传统中发展出来的空泛形上辩证。近年来威尔伯更进一步地关注早期超个人心理学所忽略的领域，以及荣格学派对宗教和灵修境界的诸多曲解，并指出了世界各大宗教文化对肉身、大自然和女性的贬抑。

威尔伯所处理的议题虽然博杂，他的方法论却简明而扼要，他认为任何一位思想家或评论家都不可能愚蠢到全错，每一个人都可能观察到一些不完整的真相，而各种不同的知识领域在纯抽象的层次上，其实是相互融通的。譬如所谓的"神"，如果"神"的抽象定义指的是无限的神性，那么基督教的"上帝"、佛家的"空性"和犹太教的"神之奥义"便能相互融通。这种处理知识的方法，威尔伯称之为"定位归纳"或"驳不倒的推论"。一旦有了驳不倒的推论，学者就可以将各种领域的真理串连成紧密相系的网状纲要，然后再利用这个纲要去评定那些较为狭窄的途径之中，有哪些地方是不够完整的。

威尔伯早期的论述强调的是上溯空性的解脱之道，近年来他则企图证实上溯空性与下及万有的圆满一味典范，才真正具有治疗的力量，这种发展的方向，显然和他在实修上的体悟有着直接的关系。

威尔伯主要的论点就是要促成人类明智地融合东方与西方的相对真

理，共同以空性作为基础，相互交织成完整的脉络。他强调法界是一直不停地在演化的，因此新的真相不断在显现，新的启示不断被揭露，新的佛也不断在冒出，法界就在这股自我超越的趋力之下，超越着过往的一切，也含摄了过往的一切。这就是神性无私而又无限的创造之爱。

前　言

　　我并不是一个喜欢守密的人，我只是不想变成众目昭彰的公众人物罢了。然而身为一名广泛探讨内在人生的作家，与读者分享我的生活，似乎也没什么不妥，因此，接下来的章节将包含不少有关私人生活的素材。但总的来看，这本日记的哲学性仍然超过个人性——它所探讨的主要是理念，尤其是那些环绕着长青哲学的理念（或世界伟大智慧传承的精髓）。虽然如此，某些内容却又纯属私人性的日记，也就是基于我个人的体悟，来广泛地描述禅修和各种神秘境界（读者如果对我个人生活的其他层面感兴趣，不妨参阅《恩宠与勇气》）。

　　因为这本书是以理念为主的，所以我在顺序上作了一些更改。某些论文被挪前了，如果少了它们，日记就会显得理路不清。日期大体来说还算正确，其中有些也许是错的，因为我在写日记时，偶尔会漏掉日期，不过只要觉得是妥当的地方，我就会加入这些论文。那洛巴学院研讨会的时间有些相隔只有几天，我却把它们的距离拉长了，否则学术性的探讨会过于密集。虽然日期并非完全正确，内容却是无误的。无论如何，读者应该谨记在心，这些日记主要并不是记载我生活中的细节，而是要进一步传达长青哲学的理念。由于理论的记载相当简洁而独立——一页或两页，最多只有十二页——因此理论本身很容易消化。如果你看到一段自己不感兴趣的日记——也许是有关商业、政治或艺术的议题——你大可略过不读。但如果你阅读这些章节是为了获得理论性的资讯，那么你就该认清这些日记具有上下相承的脉络，省略不读并不是最理想的态度。

　　这本日记的主旨乃是要强调身心灵并非互不相容的，肉体的欲望、心智的理念与灵魂的了悟都是宇宙神性的完美展现、大圆满的庄严情态。整个法界只有"一味",而这滋味是全然神圣的,不论它是展现在肉体、心智或灵魂。安住于这"一味"中,超越于尘嚣之上,世界从最纯粹的解脱之光中升起。乐在无限,迷失于永恒,在本来面目无情的奥妙下,放下了所有的希望。万物来自"一味",万物亦归返"一味"——存在于其中的,就是当下这一刻的故事。一切只不过是南柯一梦或是噩梦连连,无论如何,我们终将从其中觉醒。

肯·威尔伯

科罗拉多州博尔德

1998年春季

一 月

JANUARY

即使你踏遍每一条道路,
你也无法发现灵魂的边际:
这就是它的奥义。

——赫拉克利特

1997年1月2日,星期四

工作了一上午。看着阳光在飘零的雪花中穿梭嬉戏,一边作研究和阅读。今天的阳光不是金黄的而是白的,像雪一般,所以我被雪白之上的雪白、孤寂之上的孤寂环绕。纯然的空寂,犹如温柔而明透的光,径自在抑郁的低语中闪烁着。我释入那空寂中,这个清朗的日子,一切都显得光华璀璨。

1月3日,星期五

不久之前,感恩节的前后,我开始撰写《科学与宗教的整合:古老智慧与现代知识的结合》(出版时的书名为《感官与灵魂的交融:科学与宗教的整合》)。如今这本书已经完成,我反而有点不知道该拿它怎么办了。我在撰写时有特定的对象——正统保守的主流世界,而非新时代、新范型、反传统文化的那一群人。我不知道我是否办到了,我也不知道我的下一步是什么。

我必须找出一条路,既能专注地工作,又能享有社交生活。巴尔扎克在每次性高潮之后都说:"我又完成了一本书。"我的情况却刚好相反。

崔雅过世后到这个月已经八年了,起初我有一年没和女人约会,之后我有过几个关系不错的女朋友,但没有一个是完全对路的。我不知道是……

1月4日,星期六

学生邀我参加了一次"锐舞"(RAVE),在电子舞曲和"嗯哼"——某种违禁药品中彻夜狂欢。这些二十来岁的孩子们服用一种叫作"至乐"(俗称摇头丸)的药物,它能加强神人的能力和团体的和谐。舞会的氛围像是公社、无性或雌雄同体,显得温柔而又强烈。没什么更好的形容词,只能说那种气氛是属灵的。播放的音乐(例如《暴民与天才》)通常没什么歌词,因此习惯于象征思考的心不再忙碌——于是"上智"灵光乍现,更别提还用了大量的"下智"。

不管那些持反对态度的父母怎么说，我还是觉得这比我们以前的舞会干掉六罐啤酒吐了舞伴一身要强得多。婴儿潮时代的父母，你们居然会对违禁药品唠叨不休，啊，就省省吧。

我想我会将"锐舞"传递下去。喂，加把劲！

1月7日，星期二

这个周末旧金山将举办"肯·威尔伯会议"。听说票已经卖完了，他们正在寻找一个更大的场地，我不能确定这是好是坏。

罗杰·沃尔什（Roger Walsh）是主要的发言人之一，不知道他到时会不会说尼尔·阿姆斯特朗的笑话，那似乎是大伙儿听过的最可笑的一件事。

尼尔·阿姆斯特朗登上月球所说的第一句话是："个人的一小步，人类的一大步。"接着他又说道："祝你顺利，戈尔斯基先生。"但很少有人知道这句话背后的典故：当阿姆斯特朗还是个小男孩时，他听见邻居的卧室传来激烈的争吵，戈尔斯基夫人对着戈尔斯基先生大吼："你休想要我为你口交，除非隔壁那个男孩登上月球。"

1月8日，星期三

我替弗兰西丝（Frances Vaughan）的著作《神的幻影：透视灵修上的错误观念》写过一篇序，今天又收到一名读过此序的女子寄来的一封信。我收到过许多女性的来信，都对书中提出的观点深有同感。

我的序言是这样起头的："弗兰西丝·方恩是我认识的女人中最有智慧的一位。她的智慧或许远远超过你和我。她为每一个结识她的人带来独特的见地、优雅的品位和治疗的能量。对她而言，美是知的一种方式，开放则是一份特殊的力量。这个女人看得比我们多，接触得比我们多，她以关怀相待，她告诉我们一切都会没事，她真是一位既聪慧又比我们透彻的女性。

"她为这个世界带来的是智慧，而不是逃避世俗，向别处求取智见。

她教人活出自己的独特性，也教人进行更广大更深刻的交流：与他人、身体、灵性及更高的自我沟通，这'更高的自我'指的就是在关系中示现的神性。我对弗兰西丝的评价如下：一位教导清醒与诚挚关系的智者，一位帮助我们扎根于深处的女人。我十分荣幸能认识这么博学的女性。"

今天接到的这封信里（来自一位女性心理治疗师），谈了许多历史上的智慧女性，也谈到结合心理治疗与灵修的重要性。我完全赞同。序言的最后一段是这样写的：

"从弗兰西丝和另外几位人士试图创造的疗法，我们看到一个重要的现象正在浮出：其中有属灵和超个人的意味，也有奥秘之意。那源头超越了孤立的自我，它埋藏在我们每个人的心底。它使我们从烦恼和琐碎中提升，将我们交托给永恒与神圣之手，并优雅地帮助我们解脱自我。于是开放融解了防御，关系建立于清醒的神智之上，慈悲凌驾了坚硬的心，关怀则令沮丧黯然失色。对神性开放，就是弗兰西丝教导我们的真理。

"弗兰西丝的一位求诊者曾经告诉她，弗兰西丝是替她的灵魂接生的助产士。我认为这句话已经说明了一切。神性早已存在于每个人的心中，也许亮度不够，也许没有被注意——虽然关怀这个世界，但在匆忙中也会遗忘。对神性开放，就是弗兰西丝教导我们的真理。"

"让我们，你和我，握住这位助产士的手，和她一同穿越我们自己的灵魂之国，让我们安静地聆听她要告诉我们的故事。在这一世里，我们再也找不到更可靠的一双手了。"

1月9日，星期四

名望在美国这个国家已经成了活人祭的宗教，我不想隶属于这种宗教，因为你会把自己看得过于重要。二十三岁那年我写完了第一本书（威尔伯的成名作《意识光谱》）之后，便开始四处演讲，举行研讨会。人们告诉我："你实在太棒了！"迟早你会相信他们的，最后你的结局就像奥斯卡·莱文特对乔治·格什温说的那句话："告诉我，乔治，如果你可以从头来过，你还会不会爱上自己？"

一年以后，我必须决定到底是继续教那些旧材料，还是写点新的东西。从此我不再参加研讨会，不再教学，也不再接受访问。

接下来的二十年，我一丝不苟地坚守着这项决定。现在我居然打算让最大的主流出版社推出《科学与宗教的整合》，我想我一定有点精神错乱了。

1月14日，星期二

我的荷兰文译者弗兰克·维瑟（Frank Visser）从荷兰来看我，他参加了在旧金山举办的肯·威尔伯会议。弗兰克翻译过《梵我合一计划》以及《万法简史》，听说他译得很好。

"欧洲有什么热门议题？"

"美国竟然有那么多灵修途径是退化的。有的派别把身体的感觉和灵性的觉察混淆了，还有什么生物能、生态心理学、前世回溯，体悟了这个又体悟那个，有了一种感觉又想要更多的感觉，诸如此类的花样。我写过一篇有关这个主题的报告，你不觉得你们美国人对退化状态趋之若鹜吗？"

"恐怕是的。主要的原因是成长比较困难，而退化比较容易。"

"到处可见你所谓的前个人、超个人的谬误。"

弗兰克指的是我在二十年前写的一篇论文，题目就是《前个人、超个人的谬误》。其中的概念很简单：因为前理性与后理性阶段都是非理性的，所以很容易混淆。于是有两种不愉快的事可能会发生：你可能把超个人的心灵实相公约为前个人期的婴儿状态，或者你可能把前理性期的情感抬举为超个人的光辉。前面一种情况意味着你否定了所有的心灵实相，因为你认为它们都是幼稚而毫无意义的；后者则意味着你美化了幼稚的神话和前语言期的冲动。你是那么专注于转化理性，因此，任何一件事只要是非理性的，即使是退化或属于前理性期的，你也照样拥护。

弗兰克是正确的，我们这个国家所谓的"灵性复兴运动"，其中有许多只是前理性期的、自恋的、自我中心的、自我美化的或自我推销的。

"我们欧洲人觉得这个现象很令人担忧。"

1月15日，星期三

整个早上都在阅读，为"法界三部曲"的第二部（第一部是《性、生态学、灵性》，香巴拉出版社1995年出版；第二部书名暂定为《性、神、性别：男人和女人的生态学》，目前正在撰写中；第三部的大纲写好了，副题暂定为：后现代精神）不断地搜集资料。男人和女人之间的关系：痛苦与至乐，似乎令两性都疯狂。我希望有一天能看到布勒特·哈特著作的新版本：《睾丸激素滩放逐的人们》（译注：哈特写过《扑克滩放逐的人们》）。奥尔德斯·赫胥黎有一句名言："自然律如下：男人减去女人等于猪，女人减去男人等于疯子。"葛罗莉亚·斯坦能（Gloria Steinem）说："没有男人的女人就像没有脚踏车的鱼。"伍迪·艾伦（Woody Allen）说："上帝给了男人一根阴茎和一个脑袋，但是他的血同一时刻只够启动一样。"比利·克里斯托则说："女人需要一个做爱的理由，男人只需要一个场所。"

第一部有800页，第二部也一样。"又一本厚得吓人的书！永远都在写、写、写，哎，长臂猿先生？"

1月17日，星期五

接到亚历克斯·格雷（Alex Grey）寄来的一封信，我为他的著作《神圣之镜：亚历克斯·格雷的灵视艺术》写过序。亚历克斯在信中提起某回在我家探讨过纯正艺术的本质："真正具有转化力的艺术要表达的是你将达到而尚未达到的状态。"

我为亚历克斯写的序言强调了一个主题：我们都具备肉眼、心眼与灵眼，以何种眼睛看世界，便绘出何种派别的画。譬如写实主义和自然主义画派运用的大部分是肉眼；抽象主义、观念主义和超现实主义画派运用的大部分是心眼；西藏唐卡之类的心灵艺术运用的则是灵眼或默观之眼。

每一种眼睛见到的世界都不一样——物质世界、观念世界以及心灵的实相。每一种眼睛都能描绘出它的所见。视界愈高，艺术愈深刻。

亚历克斯是以心灵之眼从事绘画工作的代表人物。这类艺术并不采用象征或隐喻，它直接描述灵眼见到的实相——是肉眼或心眼无法看见的。这类艺术的重点并不在单纯地观看，而在转化；如果我们能继续成长和演化，它呈现的便是更高或更深刻的实相。这就是所谓的"真正具有转化力的艺术要表现的是你将达到而尚未达到的状态"。

1月22日，星期三

进入主流。这都是托尼·舒瓦茨（Tony Schwartz）的错。

我第一次见到托尼时，他和另外一位作者刚完成唐纳德·特朗普的传记——《经营的艺术》，正在撰写《事关紧要：寻找美国本土的智慧》。托尼的一生是个很棒的故事：一位颇有成就的记者，曾经为《纽约时报》与《纽约》杂志工作，也替《新闻周刊》撰写过成沓的封面报道，后来因为特朗普传而迅速稳坐时报畅销书排行榜榜首，并挤入百万富豪的行列，开始了绚烂耀眼的生活。沉湎于特朗普豪华奢侈的世界，托尼很快便认清，即使拥有再多的财富，也无法碰触到人生最重要的议题。于是他带着特朗普传的版税，花了五年的时间走遍美国寻找智慧传承。他与两百位以上的心理学家、哲学家、神秘主义者、宗教上师、心理治疗师和各种老师面谈。他书中有一章介绍了我的理论，我们因此成为好友。

托尼写完《事关紧要：寻找美国本土的智慧》之后，为了养家，只好重操旧业，开始为迪斯尼的总裁迈克尔·艾斯纳（Michael Eisner）写传。但是这本传记和前者大不相同。托尼说特朗普就是特朗普：你眼睛看到的就是一切了；虽然他的要求很严，传记却十分浅显易懂。迈克尔·艾斯纳的世界就不同了，它牵涉到整个沃尔特·迪斯尼王国——乐园、电影、书籍、影城、电视——当然还有杰弗瑞·卡森伯格（Jeffrey Katzenberg）以及迈克尔·奥维茨（Michael Ovitz）的即兴演出。托尼花了三年的时间写这本传记。

托尼接下来要撰写一本人类成长与转化的整合学著作，他在《事关紧要：寻找美国本土的智慧》中摘录过我的理论。他决心把整合学的讯息介绍给更广大的人群，我因此而意识到自己多少也得在这方面尽点力。是的，这绝对是托尼的错。

1月23日，星期四

读完克里斯托弗·伊舍伍德（Christopher Isherwood）长达千页的日记（只是第一部而已），我沮丧了近一个星期。理由很多。

伊舍伍德代表了我生命中的几个重要过程。首先他使我和吠檀多学会产生关联，也让我认识了奥尔德斯·赫胥黎（Aldous Huxley）、杰拉尔德·赫德（Gerald Heard）和托马斯·曼（Thomas Mann）。伊舍伍德与帕拉瓦南达上师共同翻译了《薄伽梵歌》、帕坦加利（Patanjali）的《瑜伽经》和我最爱的商羯罗的经典作品《辨识力之至宝》，直到今日这些都是最清晰好读的译本。

早在1941年，克里斯托弗就在日记里写了下面这段话："熄灭自我，让真我进驻你的身体，运用你的双腿、双手、你的脑子和你的嗓子，是极为困难的一件事。但除此之外，人生还有其他目的吗？"然而下及万有式的宗教——从生态学到盖娅崇拜到生态心理学——全都无法理解，"任何一个在时间之内具有目的的活动，永远会导致暴力。"所幸克里斯托弗高度精神化的思维脉络，仍带着一点辛辣的幽默感，他坚持要活在"热情、诚挚的关系和真心的敌意中"。

伊舍伍德一直以自己的方式奋力整合灵修与他的"现世"人生，因为诚如他自己所言，可能他的性与精神驱力都很强，而且显然是敌对的。我很欣赏他能诚实面对这两股驱力，即使他的方式有点走极端。

大部分的人都认识伊舍伍德，因为他是《酒店》一片的男主角。剧本改编自他的短篇小说《再见柏林》（伊舍伍德于1931年在柏林与歌者罗丝相遇，剧中的角色莎莉·鲍尔斯就是罗丝的缩影）。迈克尔·约克饰演克里斯托弗，丽莎·明妮莉（Liza Minnelli）因饰演莎莉获得奥斯卡金像奖。此外，维吉尼亚·沃尔夫（Virginir Woolf）曾在日记中写道："伊舍伍德和我在阶梯上相遇。他一不留神就狂野起来。"毛姆则说过："英国小说的未来就在那位年轻人的手中。"

莎莉·鲍尔斯这个名字来自保罗·鲍尔斯，他是一位作曲家，也是沙特《没有出口》的译者。鲍尔斯是作家中的作家，最著名的作品为《遮蔽的天空》。伊舍伍德很欣赏他的著作，因此替莎莉取了鲍尔斯这个名字。早期百老汇舞台剧《我是个照相机》也取材自莎莉·鲍尔斯的故事，后来改编成电影，主演是朱莉·哈里斯（Julie Harris）。片名来自书中著名的一段话："我是一部按下快门的照相机，只是被动地记录而不思考。我拍下对面倚窗刮胡须的男人以及着和服洗发的女子。有一天，这一切都会被冲洗放大。"在这期间，伊舍伍德只是模糊地意识到东西方各大教诲中的真我或无拣择的觉察，但字里行间已露出曙光（类似爱默生著名的"透明眼球"："全体意味着自我感的消失。我变成了一个透明的眼球；我什么都不是，却能看到一切。"）。评论家大肆批评伊舍伍德太过于抽离，缺少关怀，等等，其实他们误解了那种境界的本质，如同伊舍伍德本人所指陈的："他们认为我脱离了周遭发生的一切，这个观念是非常错误的。"无拣择地"目睹"就是允许所有升起的自然升起，不论是热情、平静、介入、抽离，还是真心的敌意。如果认为这样便是脱离了生活，那就有点愚蠢了。

伊舍伍德绝对没有脱离生活，当时他最好的朋友，也是一生的莫逆之交奥登——本世纪最伟大的两三位诗人中的一位——为了追寻颓废的性生活，在三十年代末期曾前往柏林，并说服克里斯托弗与他同行。他们都是同性恋者，当时颇负盛名的同志酒吧——"舒适的一角"——令伊舍伍德与奥登在柏林流连忘返了许多年。狂野的性，尤其在他年轻的时候，也是生命的一个过程。

（伊舍伍德已经成为当今同性恋者的英雄，主要是因为他毫不畏缩地接受了自己的同志倾向，这一点我十分欣赏。福斯特也具有相同的精神：他以同性恋为题材创作的动人小说《莫里斯》，始终下不定决心出版，最后他还是把书留给了克里斯托弗。我们今天似乎已经淡忘，"同性恋"在不久之前仍然是大部分国家施以监禁或死刑的罪任。英国的态度尤其野蛮，我们应该还记得艾伦·图灵不幸的遭遇：他破解了纳粹的密码机，把希特勒的每一步行动透明地提供给同盟国。他个人的聪明才智为同盟国的战胜做出了很大贡献，他也因此而得到奖励，但是他的同志倾向后来竟然使他锒铛入狱，并被迫注射荷尔蒙以纠正他的"疾病"，不久他就自杀身亡了。）

希特勒在1923年发动慕尼黑啤酒馆暴动，后来被捕入狱，在狱中写成了《我的奋斗》。1929年的经济衰退促使国家社会主义分子得到大量支持，1934年兴登堡去世，希特勒将总理与总统的职权结合而成为大德国元首。

伊舍伍德于1929年抵达柏林，一直逗留到1933年——适逢西方历史上最令人惊骇的阶段，疯狂的权势达到了空前绝后的顶点——他写下了自己的所见所闻："这里完全像地狱，人人显得奄奄一息，只剩下眼皮在眨动。我们受到戒严法的管制，住在英国的人根本无法想象这里的情况，每个角落都有一整车的警察，随时准备制止任何示威活动，连乞丐也无影无踪……"

德国——西方世界继希腊之后哲学之光最灿烂的地方——竟然落得如此田地。因为一名来自奥地利的假扮成油漆工的狂人，致使你一想到德国的康德、黑格尔、斯宾诺莎、马克思、费希特、弗洛伊德、尼采、爱因斯坦、叔本华、莱布尼茨、谢林，就不禁联想到奥斯维辛、特雷布林卡、索比堡、达豪、贝尔根—贝尔森、海岛姆诺（译注：以上皆是灭绝犹太人的集中营）。我的天啊！它们竟然都有名字，就像人一样。

将灭绝营归因于德国的先验传统，这样的观点絮絮叨叨地出现在美国后现代的论述中，我认为它不但错误，而且是低级庸俗的。如同其他上百万种的肇因一样，德国当时的现象其实是典型的前、超谬误，它制造了黑格尔，也制造了希特勒。德国的思想传统一直致力于神与神性的追寻，因此极容易将前理性期身体情绪的狂热与超理性的洞见觉察相互混淆。血融于土、重返自然、高尚野人之类的论调，在浪漫主义提倡回归灵性、重新体验失落本体、重返隐微之神的大势下日渐盛行，以鲜血写下的启示录烙印在那些阻碍纯种主义者的身上，而煤气室就像具有裁决权的大地母神寂静的子宫，默默迎接着那些败坏纯正的生灵。令德国城堡倒塌的，并非理性或超理性，而是死灰复燃的前理性期冲动。

总之，1933年，上帝和魔鬼都在柏林，当时伊舍伍德也在那里。

接着就是影响我至深的赫胥黎。奥尔德斯·赫胥黎可能是最后一位——这是我沮丧的原因之——有能力写出强烈、深邃、富有哲理的著作，而又能被媒体、知识阶层、曼哈顿法人财团、自由派消息灵通人士以及前卫分子所重视的神秘主义作家。换句话说，他是最后一位有能力撰写超个人议题的著作，而又能造成轰动，带领新思潮的作家。基本上，自由主义知识分子憎恶心灵议题，而保守人士所谓的心灵指的就是他们所信奉的基本教义之上帝，这两者都离了谱；如今他们可能都认为赫胥黎的作品大部分是难以理解的。现在还有谁能写出《长青哲学》，而又能在加州之外得到热烈的回响。今日所谓的"心灵著作"不外乎：一、死而复生的基本教义，二、新时代的自恋主义，三、有退化倾向的神话，四、生命之网理论的细微化约主义，五、平板世界的整体主义。如果赫胥黎、赫德、伊舍伍德甚至托马斯·曼还活着，可能会异口同声地判定这类作品中有许多简直恐怖得令人生厌。

杰拉尔德·赫德（数本精彩著作的作者，其中包括《人的五个阶段》——琼·休斯顿颇具洞见的《生命力》就是以此书作为立论基础的——他同时促成了吠檀多学会的创办与兴盛）将定居于洛杉矶的克里斯托弗介绍给赫胥黎，当时的赫胥黎以撰写剧本为生（田纳西·威廉姆斯、威廉·福克纳、斯科特·费兹杰罗也都写过剧本），直到1963年赫胥黎去世前，他们一直都是挚友。吠檀多学会创立于洛杉矶（我认为解脱者约翰就是在其中某殿堂内获得灵修上的第一次重大突破的），它促成了日后三四个主要灵修潮流中的一个，东方的智慧传承因此而进入美国。

如果说克里斯托弗是这个学会的文学之声，赫胥黎便是它的脑力源泉。如同伊舍伍德和其他人所言，赫胥黎并不是一位小说家，因为他的性格古板。我一直很喜欢赫胥黎对这一点的诠释："我对自己几乎完全没有概念，而且也不想有，甚至把避免有这样的想法奉为一项准则。只有像你这样的人问起时，我才会随兴作答……"通常他只撰写有关思想的小说，虽然他深知其中的危机。"你必须描写一些想表达某种理念的人，即使他们只占了人类的0.01%。天生的小说家不写这类的书，而我并不想伪装成天生的小说家。"

他以令人目眩的方式把玩各种理念，写出了清晰、才气纵横、令人惊心动魄的作品，而且兼具了解放人心的功能。以赛亚·伯林爵士在他的回忆录里说道:"以伏尔泰为首的作家,拯救了十八世纪许多被压榨的人;后来拜伦、乔治·桑、易卜生、波特莱尔、尼采、王尔德、纪德、威尔斯或罗素也都有所贡献,因此我这一代的人通过那些关怀时代问题的小说家、诗人或评论家而找到了自己。"以赛亚爵士认为赫胥黎、艾兹拉·庞德(Ezra Pound)、霍尔丹(J.B.S.Haldane)是他那个时代最主要的解放者。

为赫胥黎写传的西尔比·贝德福德以另一种观点诠释了这个伟大的解放传统:"一群非比寻常而又大异其趣的天才,为人类带来了宏远的影响。他们的共同点就是那份探索、改进和传播知识的强烈欲望——想要改善和管理人类的责任感——以及对真理所抱持的热情。"

那个时代像这类的事不仅被视为重要,而且是有意义的,然而我这一代之前的人文学教授却断定他们不可能帮助任何人创造出任何事物。他们怀着嫌恶之心献身于破坏和拆解,于是残留下来的只有解构主义者悬在半空的莫名咧嘴痴笑了。他们感到非常震惊,竟然还有人对真理抱持热情。他们喜滋滋地曲解附会,以为真理只是隐瞒得不够严密的权力罢了,并且还企图确保他们的徒生不去追寻真理,深恐他们会因为觅得真理而开始生产具有深度、散发着光辉的真情巨作。

赫胥黎的散文正因为接通了先验的领域,才具有解放的力道。如果你想解放任何人,你必须知道确实有先于经验的事物存在——假设没有超越已知的事物存在,也就不可能从已知之事解脱了。今日的后现代作家们总是紧紧抓住既定的一切,他们执著于具体而明显的事实,紧抱着人性的阴影不放,为表面的事物颂赞不休。他们已经无路可走,最后所能提供的也只有"放逐"这一条路了。

难怪赫胥黎数十年来的挚友是克里希那穆提(帮助我换智齿的贤者)。克里希那穆提是一位至上的解放者,他曾经指出,无拣择的觉察可以帮助人从空间、时间、死亡和三元对立的折磨中解脱。当赫胥黎的家以及他的图书室被烧毁时,他订购的第一本新书便是克里希那穆提的《生活导论》。

耶胡迪·梅纽因(Yehudi Menuhin)曾如此描述赫胥黎:"他集科学家与艺术家于一身。在这个四分五裂的世界里,我们每个人的手中只拿到一块扭曲的宇宙圆镜碎片。像他这样的人才是我们最需要的,因为把这些碎片加以修复就是他替自己定下的任务,至少在他的面前,人类又变得完整了。要想知道这些碎片属于哪一面镜子,你必须对整体有些概念,只有像奥尔德斯这般已经净化个人虚荣,觉察并记录下每一样事物,而又从不企图剥削的人,才可能达成如此远大的目标。"

我认为托马斯·曼与赫胥黎一样都是伟大的解放者,我为他着迷了许多年,他的著作以及有关他的资料我都尽力阅读。他在二十五岁时创作出第一本小说《布登勃洛克一家》,因此而获得诺贝尔奖。眼前有谁能写出《魔山》这样的作品,并且还能付梓出版?难道《威尼斯之死》不是到目前为止最完美的短篇小说?曼移居加州之后,也接触过吠檀多学会。罗伯特·穆齐尔(Robert Musil)、普鲁斯特以及曼是我最喜爱的本世纪才智卓绝的作家。正如穆齐尔所说:"这些作品杰出到了无法取代的地步。"

曼起先支持德国的倒退式浪漫主义与反应式的法西斯运动,后来怀着惊骇与厌恶脱身而去。接着他又拥护人道理性多元论,成为德国最清澈而响亮的反纳粹之声,也许更是本世纪最富人道精神的作家。他深入研究过内在人生——弗洛伊德、尼采、谢林、叔本华以及神秘主义——然而正因为他曾陷入前理性期的法西斯主义,所以一直竭力划分前理性期的倒退倾向与后理性的荣光。他是本世纪最伟大和最珍贵的声音之一,他显然隶属于众神殿中的一员,与那些解放人类到某种程度,而又不为人知的敏感心灵并列。

另外还有一支思想传承影响了我:以解放人类为目的的智识之光,也就是解放文学的伟大传承——帮助人类解除镇压,横阻权威,避开浅薄。即使现在这个年头,这些声音听起来仍然是离奇而新颖的。今日这个传承已经被化约成理性科学,譬如卡尔·萨根(Carl Sagan)曾试图驳倒猫王还魂或外星人绑架地球人之事。不过这个传承显然比这一切要高尚多了,它一向能说出我们心中更高、更深与更如实的真相,但恐怕这个伟大的解放传承已经随着赫胥黎之死而消失了。

因此,克里斯托弗·伊舍伍德可以算是我所谓的"六度分离理论"(译注:是说世界上任何两个人之间最多通过六个人就能够联系起来)。读过伊舍伍德之后,你多少已经了解了"六度分离"的意识内涵。

老天啊！真是悲哀，因为鲜有几人愿意往上进展。阅读他的日记，每天都被提醒着这件事，令我非常沮丧。

1月24日，星期五

租了《惊世狂花》（Bound）回家观赏，这部片子我在戏院看过一遍，非常精彩。主演者有珍妮弗·提莉、吉娜·葛森、乔·潘托里亚诺。故事讲述了两名女同性恋者企图诈骗乔，气氛紧张得令人啃指甲。这部片子是以我最喜爱的感性黑色调拍摄的，它令我联想到《七宗罪》（Seven）这部戏的片头，虽然不尽相同，却都很精彩。几位影评人以妄自尊大的鄙薄评语草草了结了《七宗罪》，我很高兴它的片头在国际设计大展中夺魁。设计师凯尔·库伯（Kyle Cooper）将此形容为："为今年度令人遗憾的电影所设计的暗淡而又戏谑的书夹。"

我有一种奇特的感觉，《科学与宗教的整合》这本书出版之后，可能会变成今年度"暗淡而又戏谑的书夹"，至于它会不会是令人遗憾的书，就有待观察了。

1月25日，星期六

跟某个女人约会，名字不想提，这个关系行不通。她大部分的两性关系都很短命，有过一次婚姻，只持续了几个月。我的意思是，我冰箱里的食物比她的婚姻还持久一些。

1月27日，星期一

山姆·博秋兹（Sam Bercholz）及时将《灵性之眼》印出，以应肯·威尔伯新书发表会之需。今天我才接到书，虽然有点迟了，但如同往常一样，香巴拉出版社又完成了一次漂亮的出版。这可以算是我最喜爱的著作之一，不过不知道它会不会受欢迎。

杰克·克里特登（Jack Crittenden）为我写了一篇内容丰富的序。杰克和我结识于早年在林肯镇的时代。当时他读完《意识光谱》，便前来林肯镇探访我。他想创办一份名叫《回观》的月刊，我后来协助他办成了这件事。我们现在和这份刊物不再有任何关联，两人的友谊却一直紧系着。他是一位杰出的理论家、出色的作家，他和帕特丽夏（Patricia）有三个十几岁的儿子，真令人难以置信。他出版过《超越个人主义》（牛津大学出版社），目前正撰写另外两三本主题严肃的新书，同时还抽空到亚利桑那大学教书。

杰克替"整合"这个名词和那些可悲的、片面的所谓"知识"，作了极佳的诠释。我收到不少人对杰克那篇序的感言，他们最后都附上了一句："哦！我现在终于知道你在所有的作品里到底想说什么了。"谢天谢地，终于有人可以把它们解释清楚了。

以下是杰克序言中的某些片断：

> 威尔伯的门径和折中主义刚好相反，他提供了一个前后连贯的统观，这个统观似乎能串联起各种知识领域的真理主张。譬如物理学与生物学，生态学，混沌理论与系统科学，药学、神经生理学与生化学，艺术、诗与美学，发展心理学与心理治疗的各种派系，从弗洛伊德到荣格到皮亚杰；"大存有链"理论家从西方的柏拉图、柏罗丁到东方的商羯罗与龙树；现代主义哲学家笛卡儿、洛克与康德；唯心主义哲学家谢林与黑格尔；后现代主义哲学家福柯、德里达、泰勒与哈贝马斯；主要的诠释学家从狄尔泰到海德格尔到伽达默尔；社会系统理论家从孔德、马克思到帕森斯与卢曼；东西方主要宗教传承中的默观与神秘主义学派。上述这些都只是取样罢了。那些把焦点窄化于某个特殊领域的人很可能采取防卫的态度，因为他的领域并没有被看待成法界唯一的枢纽。

> 如果评论者只集中焦点在威尔伯的某些方法，那就是犯了见树不见林的错误。换句话说，评论者的赌注下得太大了。如果我们能见到整个森林，如果他的途径整体来说是有效的，我们就可以说这个研究

体系比历史上其他任何体系所统合的真理都要完整。

他如何办到的？他的方法到底是什么？处理任何一个知识领域，威尔伯都退回到纯抽象的层次，在这个层次上，各种看似矛盾的途径其实是相互融通的。就拿世界各大宗教传统来说，它们是否都同意耶稣就是上帝？不是的。所以我们必须放弃这个论点。它们是否都同意有一个上帝的存在？那就得看"上帝"的定义是什么了。如果所谓的"上帝"指的是无限的神性，譬如佛家所说的"空性"或犹太教的"神之奥义"，那么是的。这就是一种归纳的方法，威尔伯称之为"定位归纳"或"驳不倒的推论"。

威尔伯以同样的方式处理人类知识的其他领域：从艺术到诗，从经验主义到诠释学，从心理分析到冥想，从演化论到唯心主义。他把这些知识进行了一系列稳健可靠而又驳不倒的集合——"定位归纳"。他并不担忧，他的读者也不该担忧"其他"知识领域是否能接受某个特定领域的推论。简而言之，如果经验主义的推论和宗教的推论无法吻合，不必担忧！你只需要集合所有的推论，并假设每一个知识领域都有很重要的真理想告诉我们，这就是威尔伯的整合途径中的第一步——一种把人类知识以"定位归纳"来处理的现象学，也就是集合每一个知识领域想提供给人类的真理。暂时假设它们都是真实不虚的。

威尔伯接着把这些真理串连成紧密相系的推论之网。然后威尔伯突然改变方向，从折中主义的方法转向系统论的宏观。威尔伯所采取的第二个步骤乃是将以下的问题加在他所归纳的真理之上：有没有一个连贯的系统，可以统合最多的真理？

威尔伯声称他在《性、生态学、灵性》这本书中所采用的归纳系统（后面的章节有简明的提要）整合了最多数人类知识领域中最多数的知识概论。如果他的理论站得住脚，他的洞见确实能成形与兑现，那么它就可能比历史上任何系统所整合的真理都要多。

他的观点相当直接。他并不想讨论哪个理论家对了或错了，他认为每个人基本上都是对的，而且他想证明这一点。他说："我不相信任何一个人的心智有可能是百分之百错的。所以与其询问哪个途径是对的,哪个途径是错的,我们不如先假设每个途径都说出了真理,但并不完整,然后再试着把这些不完整的真理整合起来——而不是只选择其中之一,却把其他的排除掉。"

威尔伯所采取的第三个步骤就是发展出一种新的判定理论。他一旦整合出涵盖最多真理的纲要,便运用这些纲要去判定那些比较狭窄的途径有哪些地方是不完整的,即使他已经含摄了这些途径中的基本真理。他批评的并不是这些途径的真理主张,而是它们不完整的本质。

他的整合洞见就是造成两极化反应的原因,换句话说,有人认为他的理论是所有发表过的理论中最重要的理论之一,有的人却感到义愤填膺而大肆抨击。几乎无一例外,愤怒的批评都来自那些认为自己的领域才是唯一真理的理论家,而且他们认为自己的方法才是唯一有效的方法。威尔伯从未因为曲解或讹传了任何一个他所含摄的知识领域而遭受批评,他被攻击的理由往往是那些批评者不认为他所含摄的某个知识领域是重要的,或者那位批评者的公牛被威尔伯抵出了血。弗洛伊德的追随者从未说过威尔伯不了解弗洛伊德,他们说他不该将神秘主义也包括在内;结构主义者与后结构主义者从未说过威尔伯不了解他们的领域,他们说他不该把其他那些"污秽"的领域也包括在内,云云。这些攻击都含有相同的意思:你胆敢说我的领域不是唯一的真理!

不论结果如何,我说过的,这个赌注是非常大的。我问威尔伯对自己的理论有什么想法。他说:"我将它视为拥抱东西南北最可信的世界哲学之一。"休斯顿·史密斯(《人的宗教》的作者,促成比尔·莫耶斯[Bill Moyers]制作出评价甚高的电视专题片《信仰的智慧》)最近说过:"没有一个人——连荣格在内——像威尔伯一样启发了西方心理学界,使他们认识到世界智慧传承中的不朽洞见。一本接着一本,肯·威尔伯缓慢而坚定地在字里行间为东西方的统合打下了真正的基础。"

此处插进来肯的一句话:"人们不该把它看得太严肃,这只是'定位归纳'罢了,你可以用自己喜欢的方式再添加各种细节。"总而言之,威尔伯并不是在提供一件观念上的囚衣,刚好相反,"我想让人知道,这个法界中还存在着你无法想象的浩瀚空间。"

然而,对那些想窄化法界于某些特定的领域,并想保有自己国土的人而言,他们不可能有多余的空间,既看到自己领域中的真理,又不至于忽略其他领域中的真相。威尔伯接着说道:"如果不指出它们的共通性,你是不可能尊重各种不同的方法和领域的,我们就是要创造出一个真正的世界哲学。"否则,诚如肯所说,我们就只能不断地堆积,而无法拥有一个完整的途径,我们也不可能尊重其中任何一种途径。

1月28日,星期二

与牙医有约,所有住在博尔德的牙医都是"整合医疗者"。他们不会补牙,却对你的灵魂有所助益。你的牙坏了,你的灵魂显然很有进展。

1月29日,星期三

我终于想通了,我必须为《科学与宗教的整合》这本书找一个经纪人。多年来我一直没这样做。过去的十年里,我十分安于和香巴拉出版社的合作关系,它是由我的老友山姆·博裘兹所经营的。山姆得知这回我想把这本书交给更主流的出版社时,送上他的祝福。我准备迈进商业出版这个大而不当的世界中。

哪里才能找到经纪人?掮客的世界!我们就是掮客?

1月30日,星期四

明天是我的生日,然而那只是"肯·威尔伯"的生日,而不是那不被日期、期限、时态、时间所染指的无边空性或不生不灭的本来面目的生日。这无垠的自在之洋,无限的自由,澄明的宁静海,才是最深的我,我并不存在于那无尽的十字路口，因为神性只是如如。

那永生不灭的并没有生日，因为它从未诞生过。它就是一切万有，永恒散发着光辉。这永恒的刹那是毋须庆祝的，它领先于历史及其谎言，时间及其恐怖的死亡，存活期限及其艰苦的工作。那未创生的一切万有的源头，为整个法界描出轮廓的宁静海，是不需要礼物的，也没有歌曲可以赞颂超越生死的无限自由。

每一个苍生都可以说：真正的我是永恒的，真正的我就是一切。我脸上的线条是法界巨蛋的裂痕，超级新星在我心中运转，银河在我的血管中脉动，繁星照亮了我夜晚的神经元……谁能为这一切唱颂？

二 月
FEBRUARY

诸佛与一切众生唯是一心,更无别法。此心无始已来,不曾生,不曾灭,不青不黄,无形无相,不属有无,不计新旧,非长非短,非大非小,超遏一切限量名言踪迹对待。当体便是,动念即乖,犹如虚空无有边际,不可测度。唯此一心即是佛,佛与众生更无别异。

——黄檗禅师

2月1日，星期六

整个早上都在工作，然后上街买日用品。我的屋檐下住了两只鸽子，它们在我的衣物烘干机的抽风器里筑巢。我把抽风器的网子拿掉，让它们进来过冬；它们喜欢烘干机吹出的暖风。今天我发现已经有三只躲在里面——它们刚生了一个小宝贝。人类也应该像鸽子、企鹅与天主教徒一样，一生只结一次婚。当然，鸽子无法以神奇的手法宣告它们的婚姻无效。

2月2日，星期日

买了一本安德鲁·哈维（Andrew Harvey）所著的《最重要的同性恋神秘主义者》，我很高兴替这本书写了推荐语（安德鲁·哈维将神秘主义文学中最热情而动人的作品编辑成书，作者都是同性恋者。文字自己会说话，也就是说，神直接通过书中的文字说话。那些从同性恋者的内心和头脑涌出的话语，同时也贴切地、漂亮地、才华横溢地说出了我们心中的神性。神秘主义者并不是把神当作某个客体来对待的人，他们已经融入神的大气中。这本书所结集的作品，都在展现那全然包容状态的光辉圣约。哈维献给了我们一个装满奥秘智慧的"聚宝盆"。它如流水一般温柔，如薄雾一般淡雅，却热情地燃烧出神性的无情烈火）。

安德鲁曾就读于牛津大学，二十一岁时获得英国最高的学术荣誉，成为"万灵学院"有史以来最年轻的特别研究员。他写过十本以上的书，其中包括《拉达克之旅》（译注：拉达克位于喀什米尔东边，有小西藏之称）。他和索甲仁波切共同完成了《西藏生死书》，目前住在巴黎。1993年英国广播公司制作的纪录片《神秘主义者的形成》，就是哈维促成的。安德鲁在撰写这本书之前，曾经与他的未婚夫艾瑞克（Eryk）以及亚力克·楚卡多斯（Alec Tsoucatos）一起到过我家。我为他们煮了一顿意大利面，大伙儿坐在阳台上吃饭，一边欣赏着丹佛的平原。

身为一名浪漫主义者，安德鲁势必对失去恋人产生理想化与嫌恶的两极反应，看来他已经穿越了爱恨交织的阶段，目前正和艾瑞克过着快乐的生活。他说他从艾瑞克的身上学到的真爱比任何人都多，我希望他这次的婚姻能成功，他似乎真的很快乐。

2月4日，星期二

我担忧休斯顿·史密斯（Huston Smith）的健康，有时我觉得他还能再活十年、二十年，有时我却担忧他活不过今年。自从崔雅死后，我总试着告诉人们我对他们的感觉，趁着他们尚未离开人世之前。崔雅和我还好，有机会把这些话交待清楚，我曾目睹没有把话说清楚的人的后果。

休斯顿最令人感到惊讶的是，在大部分人还不知道什么是"长青哲学"之前，他已经在进行研究了。在多元文化的智慧传承、世界各大宗教传统、宗教的多样性以及结合的可能性成为风尚之前，休斯顿已经对这些事进行研究了。

他的身体看起来像是透明的，犹如一层优美而半透亮的薄纱。上次我见到他的时候，他非常的虚弱，却显得光彩耀目。我有一种很深的感觉，如果你把灯关掉，他可能会放光。

> 敬爱的休斯顿：
> 十分高兴能见到你，不过我问到你的健康时，你的回答竟然是："城堡快要倒塌了。"那句话带给我极深的触动，到今日我都挥之不去，所以想提笔告诉你我的感受。
> 空寂越是渗透我的存在，我越是觉得生活中有一种奇特的双重入口般的觉知。一方面，每样发生的事，从最好的到最糟的，都是平等的神性之光，我几乎无法区别它们。这是一个奥秘：在这份觉知中，痛苦和快乐是平等的，最悲惨的灵魂与最神圣的灵魂在这明光中都是平等的。落日和朝阳带来的是相同的喜悦，在这遍布的光华中，一切的事物都如实存在着。当我正接触这遍布的光华时，我听到最敬爱的休斯顿的城堡快要倒塌了。我的感觉却只是如如，一切还是美好的，一切仍然妥当，那永不休止的荣光，仍旧放射着光芒。

这空寂的另外一面——双重入口的另一边——在每一刹那变化多端的光华之上，所有的感觉都在加倍。哀伤变得更哀伤，快乐变得更快乐，愉悦变得更强烈，而痛苦也变得更剧烈。我的笑声比以往更大，我的哭声也比以往更惨。正因为这一切都来自最纯净的空性，于是每一个相对的现象，也就更被允许充分展现自己，因为它不再与神性抗争，而只是纯然表达出自己。

在这双重入口的这一边——痛苦变得更加痛苦（因为它就是空寂），哀伤变得更加哀伤（因为它就是空寂）——当我听到最敬爱的休斯顿的城堡快要倒塌时，我被一股无法名状的哀伤淹没了。

你对许多人而言，意义都太深远了。你带着天使之音来到世间，提醒我们到底是谁。你带着上帝之光来到世间，照亮我们的脸孔，迫使我们忆起。你是暗夜里的一道光，照亮了我们悲惨而困惑的灵魂。你来到世间，以我们最深的存在，提醒我们切莫遗忘。你以诚实、正直、才华、谦卑、勇气与关怀，贯彻到底地做着这件事。直到今天我们都在追随你的足迹，我们将以文字无法表达的感恩、敬重和爱，继续尾随你的步伐。

你看，我已经变成了一名神圣的精神分裂症患者。我永远同时拥有两种心智。沉浸于空寂中，一切的发生都是应该的，都是大圆满的绝妙情态。然而，就在同样的时刻，同样的觉知之中，一想到你将离开我们，我整个人只剩下了眼泪。我完全无法接受这件事，我将以狂怒向死亡抗议，直到我无法狂怒为止。我将以徒然无益的尖叫对着轮回的羞辱抗议，然而，轮回即是涅槃。这不是理论，这就是事实，如同眼前的空寂一般。两种觉知正同时发生着，我知道我不需要告诉你这些话，因为你也处于这种情境中。

处于这双重入口的另一边，以狂怒抗议那城堡的即将倒塌，我只想深深地告诉你，你对我们来说实在太重要了。尤其是我，当我的志业一步一步向前推进时，你一直是息息相关的人。从你写信赞美一位二十五岁的年轻人所撰写的第一本书，到你同意加入编辑工作（我告诉杰克·克里特登，如果休斯顿不加入，我对这本《回观》月刊不会有太大的信心），最后在崔雅的葬礼中你为她献上颂词，令我哭得几乎无法自持，这一路走来你都是与我息息相关的人。处于双重入口的这一边，我知道城堡倒塌时我是不可能安好的。

你必须原谅我提早埋葬了你，好像你的辞世已迫在眉睫。如果上帝允许，几十年后，当你的灰烬重返宇宙之舞中，而你的灵回归你从未离开的地方时，我们将聚在一起，用这类的言语放声交谈。一句"城堡快要倒塌了"就能使我感到刺骨的哀伤，所以我必须误入觉知的这一边，把这些话传达给你，即使是早了十几年。也许因为崔雅的缘故，我比大多数人对"沸腾的泡沫"更敏感，因为它总是在最无法逆料、最可恶的时刻发生。

所以请原谅我为你献上祭文。我一直很喜欢"祭文"（EULOGY）的字根——EU：真实，LOGY：故事——真实的故事。你毫不吝啬地给予我们肉身的爱，我把自己得到的最大的那一部分送还于你。你的爱即是神的爱，你使我们明白它们是相同的。我将它送还于你，我的老师，我的指导者，我的挚友，我永远不能忘怀的人。

永远属于你的　肯

2月9日，星期日

在开始撰写《性、生态学、灵性》之前，几位在那洛巴学院任教的老师问我愿不愿意和他们以及他们的学生见面。我通常不接受演讲或教学，但其实我很喜欢做这些事，所以觉得有点可惜。这一次总算达成了一项协议，我将邀请学生们到我家聚会——三四个班轮流，每班三十至五十个学生——讨论任何他们想讨论的题目。在我三年的隐居生活中，这些研讨会都被取消了。今年我同意再度开始举办，反正只要是学生到家里来，就可以假装保持"不公开教学的纪录"——我并非演讲，只是和几个学生聊聊天而已。

于是今天举行了一次研讨会，我同意一个月至少举办一两次。有人建议将它们录下来，也许我们会这么做。

2月10日，星期一

上个星期前，那些同情我的善良人士开始替《科学与宗教的整合》大肆宣传。我把这些宣传集合在一起，写了一封来势汹汹自吹自擂的信，分头寄给那些由朋友和出版商介绍给我的经纪人。目前我已经得到他们每一个人的回音。这整件事挺可笑的，我等于在半打的经纪人中间，进行了一次拍卖，其中的得标者，将在半打的出版商中拍卖我的书。

这件事还有点令人难堪，因为其中的几位经纪人和一些浮夸的新时代作者有签约。我虽然欣赏其中某些作家的作品，但大部分的作品呈现的精神都是前理性和自恋的，而非后理性与非凡的。这些作家发现摩登世界缺少男神与女神，于是决定取而代之——而他们的经纪人也急于想得到神的百分之十五。我有一种感觉，这一切将远超过我想得到的。

2月11日，星期二

灵修转化的途径

《什么是解脱？》的主编哈尔·布莱克（Hal Blacker）在这一期的杂志里探讨了这个主题：

我们要探索的是一个很敏感的主题。首先我们必须注意的是，西方世界，尤其是美国，在灵修上的探索与发展，目前正弥漫着肤浅和寡智。当人们把神秘主义的传统从东方转译成美国人的语法时，那些需要意会的深刻内涵就变成了平铺直叙，那些激进的要求被稀释了，它们能造成革命的转化潜力也被压制了。形成这种现象的理由并不是显而易见的，因为原来的教诲并没有改变，往往是因为有人以生花妙笔更改了这些伟大教诲的内涵与意义，于是其中的讯息便从解脱之火的轰然巨响稀释成加州按摩浴盆里慰藉人心的水花声。虽然其中也有例外，但是这些伟大教诲的激进暗示时常因而消失。我们将深入探索灵性修持在西方被稀释的原因与结果。

我将采取哈尔的基本观念，尽我所能地加以注解，因为这些观念点明了美国灵修危机的核心问题。

"转译"和"转化"

在一系列的书中（《可亲的神》、《出伊甸园》、《灵性之眼》），我试着向读者说明，宗教一向具有两种非常重要而又截然不同的作用。

其一，它为小我制造了生命的"意义"：提供神话、故事、传说、口述的典故、仪式与信仰的复兴，帮助小我产生意义感，因而有能力承受噩运之矢。这种宗教的作用，通常无法改变一个人的意识，因为它无法带来激进的转化，也无法带给小我粉身碎骨的解脱。反之，它安慰小我，加强小我，护卫小我，助长小我，只要这个分裂的小我相信这些神话，执行这些仪式，说出这些祷辞，拥护这些教条，小我便热切地深信自己能得到"救赎"——被眼前的男神或女神所拯救，或者死后进入永恒的惊喜中。

其二，宗教对极少极少数的人而言，是具有激进的转化和解脱作用的。这种宗教的作用无法加强自我，反而使它粉身碎骨——不是慰藉，而是支离破碎；不是巩固，而是放空；不是自满，而是爆破；不是舒适，而是革命。简而言之，不是一种对意识的保守支撑，而是在意识的最深处产生激进及突变的转化。

我们可以用几种不同的方式，来说明宗教的两种重要的作用。第一种作用——替自我制造意义——是一种横向的活动，第二种作用——转化自我——是一种纵向的活动（更高或更深，随你比喻）。第一种作用我称之为"转译"，第二种作用我称之为"转化"。

"转译"可以使小我以新的方式思考或感觉现实，小我被赋予一种新的信仰，譬如整体论取代原子论，宽恕取代谴责，联结取代分析。小我因此而学会以新的语言或新的典范来诠释它的世界和它的存在。这个崭新而迷人的诠释活动，可以暂时减轻自我心中的恐惧。

"转化"却是对转译本身进行挑战、目睹、挖掘，最后进行分解。"转译"的活动赋予自我（或主体）一种新的方式来看待世界（或客体）；激进的转化却是要探索自我，深入观察自我，掐紧自我的脖子，直到它窒息而死。

让我以最后一种方式来说明：在横向的转译之下——这是最盛行，传播得最广，被最多人分享的宗教作用——自我至少能暂时在执著中得到快乐，在监禁中得到满足，在令人尖叫的恐惧来临之前得到自满。在转译之中，自我可以梦游尘世，带着深度的近视在轮回的噩梦里跌跌撞撞，它面对的世界地图是以吗啡镶边的。这确实是宗教人士普遍的局限。那些激进的或彻底转化的解脱者来到这个世界，就是要挑战和解除这个局限。

真正的转化不是一种信仰，而是要使信仰死亡；不是诠释这个世界，而是转化这个世界；不是找到慰藉，而是在死亡的彼岸找到永恒。自我不会因此而得到满足，它会被烤焦。

虽然我偏好转化而轻视转译，事实上从整体来看，这两种作用都非常重要，而且缺一不可。大部分的人都不是解脱的，他们生在一个充满着罪恶、痛苦、希望、恐惧、欲望与绝望的世界。他们从生下来就准备好并急于自我保护，他们的心中充斥着饥渴、泪水和惊恐。他们从很早就学会诠释世界的方式，并赋予它各种不同的意义，以此护卫自己，对抗表层快乐之下的恐惧及折磨。

虽然你和我也许都希望从转译进入真正的转化，但转译本身对我们的生活而言，仍起着一种极为重要的作用。那些无法以正确笃信的态度诠释俗世的人，通常很容易罹患神经官能症（译注：或作精神官能症）或精神病：世界不再具有任何意义——自我和世界之间的界线不仅没有获得转化，反而因此瓦解。这不叫突破，这叫做精神崩溃；这不是转化，而是大难临头。

然而在我们逐渐趋于成熟的过程中，当你达到某些阶段时，诠释本身不论有多么妥当或令人确信不移，都无法再带给你慰藉。没有任何新的信仰、新的典范、新的神话或新的概念可以再为你的伤口止血，剩下的只有转化这一条路了。

准备好要走这条路的人，一向都是而且未来也将是极少数极少数。对大部分人而言，任何一种宗教信仰都会落入慰藉的类别——在这个恐怖的世界里，永远会出现一种新的横向诠释，为这个恐怖的尘世带来某些意义。宗教所提供的服务大部分都属于第一种作用。

我有时也用"正统"这个字眼形容第一种作用，因为宗教所提供的重要服务绝大部分是要让自我感觉正当或正统——对自己的信仰、典范、世界观和生活的方式感到正当。宗教提供正统性的这份作用——不论多么短暂,多么二元对立或充满着幻觉——仍然是世界各大宗教传统最重要的作用。在历史上,这份作用一直是任何一个文化的"社会粘着剂"。

宗教使社会紧紧粘着在一起的现象,并不是任何人可以擅自改变的。因为这份转译的粘着作用一旦消除,结果时常不是突破,而是精神崩溃;不是解脱,而是社会动乱(我们不久将会继续讨论这个重点)。

如果转译的宗教提供的是正统性,那么转化的宗教提供的就是真实性。对那些准备好的人而言——那些早已不想在自我感中受苦,又无法再拥护正统世界观的人——通往真正的解脱与实相的召唤,一定会愈来愈强烈。你迟早会回应从无垠的失落地平线发出的转化和解脱的召唤。

转化的灵修途径从来无意助长或合法化时下的世界观,反之,它所提供的真实性就是要摧毁被这个世界视为正统的观点。所谓正统的意识,就是被一般看法所认可,为大家所接纳,被文化和反文化所拥戴,被自我所助长,让这个世界有意义的思考方式。但真实的觉醒很快就把这一切扫荡干净,它让每一个灵魂瞥见内心深处的那份闪耀的无限性,让他的肺部吸进简单得难以置信的永恒大气。

因此,转化或实修的途径是具有革命性的,它无意助长世界的正当性,它要瓦解这个世界;它不想给世界带来安慰,它要击碎它;它不想让自我满足,它要使它脱落。

这些事实将引出几点结论。

谁真的想要转化?

大部分人都认为东方世界充满着转化和实修的途径,而西方世界无论是过去的历史或今日的"新时代",除了各种横向的、转译的、正统的、温吞的灵修途径之外,就没有太多东西了。这个看法虽然有几分真实性,但其实无论在东方或西方,情况都令人相当沮丧。

第一,虽然大体而言,东方世界确实产生了较多的真实悟道者,然而在东方人口的比例中,依循灵修转化途径的人一向少得可怜。我曾问过片桐禅师(Katagiri Roshi,在他的指导下,我得到第一次的突破,但愿不是

精神崩溃）：历史上到底出现过多少真正伟大的禅师？他毫不迟疑地回答我：“加起来大概有一千人吧。”我还问过另外一位禅师：目前活在世上的日本禅师中，有几人是大彻大悟的？他说：“还不到一打。”

让我们先假设这些答案都不够准确，但即使假定中国有史以来的人口是十亿，仍然意味着十亿人口中只有一千人进入了真正的灵修转化途径。如果你没有计算机的话，我可以告诉你，这个数目只占了总人口的0.0000001（就算不是一千人，而是一百万人好了，也只占了总人口的0.001——一水桶中的一滴水罢了）。

这意味着，其他人完全依循着各式各样横向的、转译的、正统的宗教，它们涉及各种神话般的信仰，为自我请愿的祈祷，神奇的仪式和特异的修炼，等等——换句话说，就是以转译的方式带给自我意义。在中国的文化里，宗教的转译作用一向是主要的社会粘着剂。

然而，我并无意小看东方传统的卓然贡献，我的观点其实很简单，激进的灵修转化途径是极为罕见的，不论在历史上或世上任何一个地方都是如此（在西方世界，这样的人更少得令人沮丧，我就省略不谈了）。

虽然我们可以理所当然地哀叹今日的西方鲜有几人真的在转化自我，我们还是不该假设早期或在别的文化里情况是截然不同的。也许偶尔出现过比目前西方世界稍好一点的情况，但事实仍然是：不论在任何时间、任何地点，实修都极为罕见。因此，实修转化的途径乃是整体人类传承的珍宝，这是无可争辩的事实。

第二，虽然你和我都深信，我们所能提供的最重要的宗教作用就是灵性上的真实转化，事实上我们仍然得尽力提供正统的灵修，也就是带给这个世界更多仁慈而有助益的诠释。即使我们自己正在实修或提供真正的转化途径，首先要做的还是提供给大家妥当的诠释自己处境的方式。在我们提出真正的转化途径之前，必须先给他们有益的诠释。理由是，如果我们太急促或笨拙地夺走个人与文化所需的诠释，其结果往往不是突破，而是精神崩溃；不是解脱，而是瓦解。让我举出两个现成的例子。

创巴仁波切这位杰出但颇受争议的西藏老师起初刚来美国时，只要有人问到他密乘的内涵，他总是说，一切都是本自圆满的。换句话说，你永远可以以解脱之心看待这个世界。自我轮回、马雅与幻觉，它们都不需要被解除，因为它们都不是真实存在的；真实存在的只有大圆满、神性、自性和不二的觉性。

几乎没有一个人听得懂他在说什么——没有一个人准备好接受这么激进而真实的本自具足的真理——因此创巴只好开始传授一系列次级的修行途径。他教导了"九乘"作为修证的基础——换句话说，他总共引介了九个修行的阶段与次第，到最后才传授无修无证的"大圆满"。

这些修证的方法有许多只是转译，某些则是所谓次级的转化：培养本自具足的解脱的小转化。因此，即使究竟的转化才是主要的目标，而且是本自具足的，创巴仍然得传授转译与次级的修证方法，以便人们能如实见到圆满的自性。

同样的事情也发生在解脱者约翰的身上（一位在美国生长，具有影响力，同样受到争议的成就者）。他一开始只教导"理解之道"：不是一种达到解脱的途径，而是去探索你为什么要寻求解脱。寻求解脱的欲望就是自我的执著倾向，因此，寻求解脱反而阻碍了解脱。所以，完美的修持并不是寻求解脱，而是探索追寻的动机是什么。追寻很显然是在逃避当下，然而解答就在当下这一刻——永远的追寻意味着永远不得要领。你早已具足解脱的神性，因此追寻神性就是否定神性。你无法得到神性，就像你无法得到自己的脚丫或肺脏一样。

没有一个人听得懂，于是解脱者约翰和创巴一样，开始转译次级的修证方法——七个修证的阶段——直到不再追寻了，你才能开放地面对你那本自具足、永恒与无限的真相。这个真相从一开始就在你的眼前，却因为你那疯狂追寻的欲望而被忽略了。

不论你觉得这两位成就者的观点如何，事实就是事实：他们可能是最早在美国尝试引介"存在的只有神性"——追寻神性就是在阻碍我们对神性的领悟——的老师。此外他们都发现，无论我们对当下的神性有多么鲜活的觉知，转译和次级的转化训练几乎永远是彻悟的先决条件。

我的第二个观点是，在提供真实与激进的转化途径之外，我们仍需对次级的和转译的灵修保持兴趣。这种视野宽广的立足点，将帮助我们建立整合的转化途径，这个途径尊重并统合了许多次级或转译的灵修——涵盖人类的肉体、情绪、心智、文化和社会的各种面向——使我们准备好进入本自具足的彻悟境界。

当我们堂而皇之地批评转译宗教和所有次级的转化途径时，让我们同时认清灵修的整合途径乃是包含横向与纵向、转译与转化、正统与实修的最佳途径，它能使我们对人类的境遇抱持平衡和清醒的概念。

智慧与慈悲

我的观点是不是过于精英主义？老天！我真希望如此。因为如果你去看一场篮球赛，你会想看我还是看迈克尔·乔丹打球？如果你去听一场流行音乐会，你会因为我还是博罗斯·斯普林斯汀（Bruce Springsteen）而花钱买票？如果你想阅读一本文学作品，你会花一个晚上阅读我的书还是托尔斯泰的书？如果要你花 6400 万美元买一幅画，你愿意买我的画还是梵高的画？

所有最杰出的作品都来自精英分子，当然也包括灵修在内。但最上乘的灵修途径是欢迎所有人加入的精英主义。不论任何一位大师，从莲花生大士、阿维拉的特蕾莎修女、释迦牟尼、耶喜措嘉（Lady Tsogyal）、爱默生、艾克哈特、迈蒙尼德（译注：生于 1135 年，犹太教的法学家、哲学家与科学家）、商羯罗、拉玛那·马哈希、菩提达摩到噶拉多杰（Garab Dorje），他们的讯息都是相同的：让我的觉醒也成为你的觉醒。一开始你一定主张精英主义，结果你一定会成为"平等主义者"。

介于精英主义与平等主义两者之间的，就是从心中发出的愤怒、智慧的呐喊：我们所有的人都必须注意那激进和终极转化的目标。因此，任何一个整合或实修途径，都会从转化阵营对准转译阵营，发出具有强烈批判性的、有时充满辩证的呐喊。

如果我们以中国禅宗证悟者的百分比为例，假设只有 0.0000001 的人涉及了实修，那么就有 0.9999999 的人处于非转化、非实修而只是转译或横向的信仰系统，这意味着中国大部分的"灵修追寻者"遵循的都是不太真实的宗教途径。情况一向如此，目前也一样。这个国家并没有什么不同。

然而今日的美国更令人不安，因为这些横向的灵修支持者时常声称自己是灵修转化的先锋、改造世界的"新典范"与意识转化的先驱。情况并非如此，他们完全没有深入地转化自己，他们只是在气势汹汹地转译罢了——他们并没有提供彻底解构自我的有效方法，而只是带给自我不同的思考方式罢了。那不是转化的方式，而是新的诠释方式。事实上，他们所提供的大部分都不是修炼的方法或一套修炼程序——不是读法本、坐禅、打坐（译注：坐禅的一种，也就是无所依恃，安住于机警而清醒的觉知中。这是一种自然无念的状态，是诸佛之共法）或瑜伽。他们所提供的只是一种建议：请阅读我书中的"新典范"。这是非常令人不安、非常令人焦虑的现象。

虽然实修阵营拥有转化的伟大传承，但他们一向同时采用两种方式：欣赏并采用次级和转译的修炼（他们自己的成就通常就是以此作为基础的），并从心中发出呐喊：转译的途径是不够的。

因此，那些通过真实的转化途径而身心脱落的人，我认为他们有道义上的责任，他们必须从心中发出呐喊——也许是含着不情愿的泪水发出的轻声细语，也许是带着智慧的怒火发出的嘶吼，也许是给予缓慢而仔细的分析，也许是以无法动摇的公开举证说服对方——无论如何，实修者永远怀有一份责任：你必须尽最大的力量说出实话，摇撼这棵灵修之树，把你的前灯照向那些自满的人；你必须让那激进的领悟在你的血管中发出隆隆之声，振奋你周围的人。

如果你不这么做，你就背叛了自己的神性，隐藏了自己的真实身份。你不想令别人不悦是因为你不想颠覆自己，你只是在腐坏的信仰中行动。

因为深刻的证悟中都负有大责重任：那些被允许看到实相的人，必须以毫不含糊的话语，将洞见表达出来。这就是交易的条件。你被允许看到真相，因为你早已同意将它告知别人（此乃菩萨誓言的终极意义）。你已经见到，就必须说出。你可以怀着慈悲说出，或怀着愤怒的智慧说出，或以善巧方便说出，反正你一定得说出。

这真的是一份重责大任，一种恐怖的负担，因为在任何情况下，你都没有胆怯的份儿，即使怕犯错，也不能成为一个借口。表达正确或表达错误都不重要，重要的是，如同齐克果粗鲁地提醒过我们的，只有以高度的"热情"探察及说出你的洞见，真理才能穿透尘世的抵抗。不论你是对是错，只有你的热情能逼着人们去发现真相。促成这项发现是你的责任，你必须拿出心中所有的热情与勇气说出你的真相，你必须以你所能找到的方式发出呐喊。

这庸俗的世界早已充满着刺耳的恶言，真实的声音几乎听不到了。这物化的世界早已充斥着广告、诱惑与商业化的嘶吼，他们以哀号和叫卖招揽着你，要你向他们靠拢。我说这些话并无恶意，而且我们必须尊重次级的修炼。即使如此，你也一定注意到，在畅销书中，"灵性"已经是最热门的字眼了，然而在这些书中，所谓的"灵性"大部分指的是碍手碍脚的自我。在这一片疯狂的诠释声浪中，"灵性"所代表的不是你心中那个超越时间的东西，而是以最吵闹的噪音在时间中翻腾的自我。而所谓"灵性的关注"，也令人费解地意味着集中焦点于那炽热的自我。同样的，虽然每个人嘴上都挂着"灵修"，但通常它只意味着强烈的自我感受，即使"爱"也不过是自我紧缩之下的一些真诚的情绪罢了。

说真的，这一切都只是把老旧的转译重新加以浓妆艳抹。如果这些戏论不那么积极地声称自己就是转化，倒还可以被接受。换句话说，披上新的诠释外衣，而声称这就是伟大的转化，使这个把戏中隐藏了更深的虚伪。然而不论东西南北，世上大部分的人对这场灾难都是充耳不闻的。

如果你已经被允许看到真正的实相，你怎么可能对这个近乎耳聋的世界轻声细语呢？不！我的朋友，你必须大声呐喊，把你的所见以任何方式呐喊出来。

但不是不分青红皂白。让我们以审慎的态度，发出转化式的呐喊。让这一小撮孤军奋斗真的在转化自己的人，集中他们的力量转化他们的学生；让这一小撮人缓慢地、仔细地、负责地、谦卑地开始扩散他们的影响力。虽然你可以采用例证，可以热力四射，可以以明显的解放来提倡一种真实与整合的灵修，但也要对其他的观点抱持容忍的态度。让这一小撮真正在转化自己的人，温柔地劝导这个世界及其不甘愿的自我；让这一小撮人挑战它们的正当性，挑战它们受限的诠释，让这个充耳不闻的世界得到觉醒。

愿我们从此时此地起,怀着承诺,融入无限,直到无限成为世上唯一的声音为止。让我们的脸上放出激进的彻悟之光,让我们的心中发出怒吼,让我们的脑子发出雷鸣——事实是那么显而易见——在你当下的觉知里,整个世界不论寒与暑,荣耀与恩宠,胜利与泪水,全部尽在其中。你并不是在看太阳,你就是太阳;你并不是在听雨,你就是雨;你并不是在感觉大地,你就是大地。在这个简单、清澈而无误的洞见中,诠释的活动完全停止了,你转入法界的核心——非常单纯地,非常安详地,一切都脱落了。对你而言,迷惑和自责将变得十分陌生,自他之分、内外之分将不再具有任何意义。在这巨大的发现与震惊中——我的老师就是我自己,自我就是法界,而法界就是我的灵魂——你将缓缓走向这尘世的浓雾中,以无为来彻底转化它。

然后,然后——你将以慈悲之心,审慎地,明白地,在那从未存在过的自我墓碑上刻下:一切本自圆满。

2月12日,星期三

我最后终于选定金·威瑟斯布恩(Kim Witherspoon)做我的经纪人。我们选出了七个最杰出的主流出版社:兰登书屋、西蒙舒斯特出版公司、双日出版公司、矮脚鸡出版公司、百老汇书局、普特南出版公司、哈波柯林斯出版公司。今天金已经把书发给这几家出版社。我们静待着回音。

2月14日,星期五

好消息!四十八小时之内,七家出版社都给了金回音。她说这本书真是炙手可热,但是在出版界的宣传与叫卖中,你不得不怀疑下面这些话是什么意思。"事情是这样的,兰登书屋的主编安·葛道夫(Ann Godoff)愿意先出价——她是我们第一个选择。"

"多少钱?"

"我不知道，我想大约50万美元。"

"老天爷。问题是我已答应其他出版社加入竞标，把它们撇掉，我觉得有点奇怪。"

"因为你其他的十四本书还在再版，所以他们愿意加入。看起来我们好像在办一场拍卖会，情况可能很乱，你最好能来纽约一趟。"

"嗯，好的。"

"要尽快。"

"嗯，好的。"

"最好是下个星期。"

"嗯，好的。"

2月21日，星期五，博尔德→纽约

一大清早，搭飞机前往纽约，准备冲进主流中。我的心情非常矛盾：我当然希望这本书能卖得好，我希望它是最畅销的书，但是我并不想介入其中。我甚至不知道自己带的衣服对不对——我需要几件与自己的心不甘情不愿能吻合的衣服。

我将分别住在托尼·舒瓦茨的家中和下城（LoDo）的旅馆里。我很想见到托尼及他的家人——妻子黛博拉以及两个可爱的十来岁的女儿艾米莉与凯特。但是为了这场拍卖会，我必须住在闹区，曼哈顿中城的旅馆，应该是最好的选择。"请系好安全带，今晚的气流很不稳。"

2月23日，星期日，纽约

托尼和黛博拉拥有一个最美的家，它位于河谷区——曼哈顿北边布朗克斯（Bronx）一个豪华得有点反常的区域。我到达纽约是星期五，明天拍卖会就要开始了，我没有时间可以休息。头一个晚上他们忘了告诉我空调在哪里，这时正好是纽约的冬天，我真的快要冻死了，一整夜我都在努力说服他们的那两只狗跳上床来让我取暖。爱斯基摩人的做法。"来！你办得到的,你一定能办到的,跳上床来,就在这里,真是一只好狗。"但是这两个叛徒已经被训练成绝不上床,我倾全力也只能让它们上到一半,它坚持把后腿放在地上以免犯错。他们一定是拿刺棒训练这两只狗的。

明天拍卖会就开始了。

2月25日,星期二,纽约

托尼通过一些关系,让我住进了四季酒店,我认为这是西半球唯一够格的酒店,设计师是贝聿铭。非常精致。

昨天和今天都在开会,所有的出版人一致同意在四季酒店的餐厅与我碰面。从早上十点到晚上六点,他们每个人有两小时的时间和我面谈。我整天都坐在同样的位置,喝的是番茄汁。如同他们想带给我良好印象一般,我也企图带给他们好印象。我其实痛恨番茄汁。

金与我早就知道这本书已经引起一阵轰动,而这阵轰动还在持续中。西蒙舒斯特的女将艾丽斯·梅休(Alice Mayhew)也是《总统的副手们》等书的主编,她说她确定要出版我的书。普特南的发行人菲莉丝·格雷恩(Phyllis Grann)也是汤姆·克蓝希(Tom Clancy)等人的出版人,他说:"这是第一本我想出版的非小说类的书籍。"我被这些反应搞得有点目瞪口呆。这到底是怎么一回事?我觉得这里面似乎存在着一股更大的洪流,而我的书越来越陷于其中。轮到我和安·葛道夫见面时——她是今天最后一个人——她说的第一句话竟然是:"从我进入这个行业以来,从未见过一本非小说类的书能造成如此强烈的轰动。"

我回答:"真伤脑筋。"接着我们交谈了一两个小时。除了安的美言之外,我喜欢她是因为当我说不会为这本书作宣传时,她的回答是:"没问题。"其他的出版人一听到我对这笔交易的宣传缺乏兴趣,脸上都露出了显而易见的吃惊表情。

"安,我们必须看一看其他的出版社怎么做,但是请兰登书屋继续留在这场游戏中。"

"不必担心。"

2月26日，星期三，纽约

拍卖会一早就开始了，我们几乎立刻进入一场灾难。金通过电话告诉我竞标的价码，下午一点之前，价码已经接近四十万美元。但是兰登书屋只愿意出到二十万美元，这意味着他们一定会出局。我大吃一惊，这到底是怎么回事？

我们并不知道兰登书屋的发行人哈里·埃文斯（Harry Evans）在今天早上拍卖进行时看了我的书，他认为学术性的著作超过二十万美元稍嫌太贵了（我个人认为他是正确的）。

这回可难下决定了。虽然那笔钱对我而言很有用，我还是决定兰登书屋是唯一适合我这本书的出版社，金也甚表同意。拍卖进行时，我告诉了金我的决定，她立刻取消了这场拍卖，在场的每个人都吃了一惊。

我很高兴能签到兰登书屋，也很高兴与安合作。不知道谁能把这些话传达给她。

2月27日，星期四，纽约

我和安在她的办公室碰面。詹姆斯·希尔曼（James Hillman）的《破译心灵》登上了《纽约时报》畅销书排行榜的第一名，不算小的一项功勋。此外，安主编的《善恶园的午夜》（Midnight in the Garden of Good and Evil），也成为这十年来最畅销的一本书。昨天下午我送了她一束花，它们正摆在她的桌子上。

"哈里就在附近，你应该和他碰个面。"

哈里进来了，看起来短小精干，有点漫无目的。哈里是《迈克尔·艾斯纳传》的竞标者，有趣的是我正住在托尼家。我们两人的主编目前可能都在这间屋子里。

"肯·威尔伯，很高兴见到你！安，你记……不记得上一回是什么时候，大家为了一本非小说类的书吵成一团？"

"从未有过这种场面，哈里。""真的，从未有过。我们为这点感到非常高兴。"

我们闲聊了一会儿,哈里消失的速度和他出现在眼前的速度一样快。

安与我谈了一两个小时——我非常喜欢她——然后我就返回四季酒店了。她对这本书的美言带给我一股暖流,不过她很可能对每一个作者都说了同样的话。

从我开始写《科学与宗教的整合》到现在,一转眼已经五个月了。突然,一切好像都结束了。

三 月
MARCH

我们平常的清醒意识只是意识的一种特殊的类别，它的四周被最朦胧的薄幕所区隔，其外潜藏着截然不同形式的意识。我们终生可能都无法察觉它们的存在，如果施以必要的刺激，也许能稍微瞥见它们的完整形态……我们的自我造了一堵意外的围墙，用来阻挡这个宇宙意识的连续流，不过我们当中某些人的心智已投入到了这个母海或识库。

如果把这些其他形式的意识置之度外，我们就不可能完整地阐述整体宇宙了。

——威廉·詹姆斯

3月3日，星期一，纽约→博尔德

搭飞机回到博尔德，回到那个离自身似乎已经相当遥远的生活。

科学与宗教的整合？这个主题是否恰逢其时？还是我写了一本取巧的书，可以暂时引起某些人的兴趣，然后就以它出现的速度消失了？出版日期定在1998年年初，我们很快便能知道答案了。

3月4日，星期二，博尔德

整个早上都在工作，然后出去买日用品，付账，看了两部影片。《阖家观赏》是阿托姆·伊戈扬（Atom Egoyan）的早期作品，片子充满着奇想和才华。伊戈扬拍摄的每一部作品都很迷人，他的《脱衣舞娘》是一部足以令人绝倒的影片。我一直希望他很快又能出品新的作品。另外一部是霍尔·哈特利（Hal Hartley）的《业余者》，这是他的电影中我最喜欢的一部（《小人物狂想曲》与《不可信之事实》也是我的最爱）。哈特利的影片全都带着机智的滑稽感。

天上开始飘下细细的雪花，和地面的阳光共舞。我觉得仿佛被一层充满着光明的宇宙之毯温柔地包裹着。

3月5日，星期三

《科学与宗教的整合》这本书一开场便提出了有关长青哲学的概念。长青哲学是世界伟大智慧传承的核心教诲，它们各自以不同的方式提出共同的主张，那就是"存在"具有各种不同的层级或次元，从物质到活生生的肉体到象征思考的心智到精微的灵魂到不二的灵性。物质、肉体与心智是我们现代人可以接受的，但灵魂与灵性呢？如何证明灵魂与灵性是真实存在的？答案似乎涉及了实际的灵修经验——可以被重复的，可以被复制的，可以被实证的，此乃《科学与宗教的整合》试图论证的主题。

（请参阅图表一。这便是所谓的"大存有链"，虽然这个称谓并不十分准确。因为每一个高一等的阶层都能转化与含摄低等的阶层，因此应该称为"大存有巢"。与其说它是一种阶层之分，不如说它是以大包小的全像。）

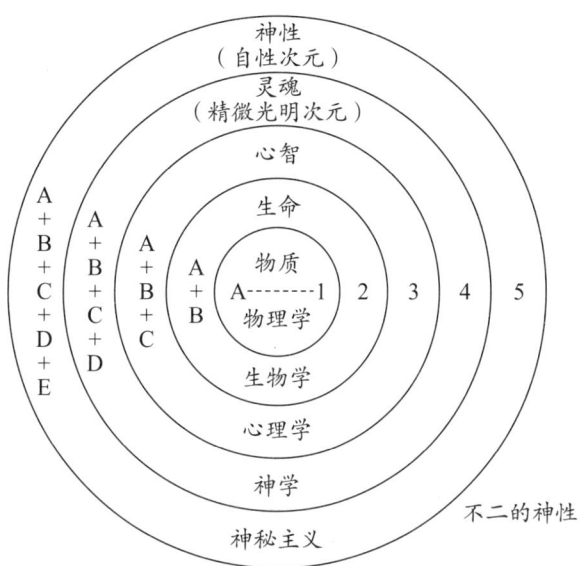

图表 1　大存有链（神性既是最高的阶层，也是所有阶层的不二场域）

各种文化所提出的证据是具有压倒性说服力的：人类的意识和统合感似乎能延展到意识的整个光谱，从物质到肉体到心智到灵魂到灵性。按照这个不可思议的连续流，意识似乎真的在进展或演化。我们认为的"自我"，在每一个阶段都有戏剧化的改变。当意识认同活生生的肉体时，我们就有肉体的"自我"或肉体的"小我"，也就是说我们认同的是自己的冲动、感觉或当下发生的肉体上的知觉。当意识认同心智时，我们就有了自我感，也就是从概念、头脑的活动和叙事所生出的自我感，它涉及了角色的扮演和对规范的尊崇。当意识认同精微的次元时，我们就有了灵魂——一种超越传统与俗世，在自我之上的存在感。当意识更进一步演化时，它所认同的是不二的实相，这时我们便进入了灵性的次元，也就是整个存有巢的背景场域或目的地。

任何人如果正确地依循意识的内证实验，他就能证实或否定这个依赖直接经验才能证实的意识光谱。这些实验通称为冥想或默观深思，你不能说它们只是主观或内在的领悟，而草草将它们打发了——毕竟数学也只是一种主观和内在的知识，我们不能因此便下结论说数学是不真实的和毫无意义的。这种内证科学已聚集了大量现象学上的数据资料——通过直接的经验——证实了灵魂与灵性层面的存在。如果你想弄清楚这些数据是否真实，你必须遵循默观深思的实证，亲自去发现真相。那些正确地做到这一点的人，大部分都会得出一个简单的结论：你可以直接见到自己的真我和本来面目，它和神是无二无别的。

3月6日，星期四

整个早上都在阅读（新历史相对论、文化研究、批评性的法律研究与新典范之类的书），它们大部分都令人失望，而且文笔很差。我并不期望大部分的理论家都能像威廉·詹姆斯一样用字遣词。有一次怀海德（Whitehead）被人问道："你为何不能写得更清楚一点？"他回答："因为我想得不够清楚。"没问题！这样的态度我可以接受，但是你有一种感觉很少人愿意承认……

3月7日，星期五

接到香巴拉寄来的邮袋，里面全是上个月的信件。大约四分之一来自于《恩宠与勇气》的读者，到目前为止我已经接到八百多封了。因为这些信都非常感人，所以我尽量回信，即使是只言片语（我决定出版这本日记时，曾考虑将这些信件删除——它们都涉及个人的痛苦隐私——然而它们已成为我生活中永难忘怀的一部分，我还是决定编入书中，只作了少许的更改。我将信件中对于作者的溢美之词删掉了绝大部分，因为付印出来会有自我推销的意味。我只希望这些信件能表达读者自己的故事，而不是他们对《恩宠与勇气》的感激）。写完《恩宠与勇气》，我以为大量的来函持续一年多之后就会冷却下来。但来函一直不断,每个月都接到几打非常沉痛的信件。我逐渐明白这将永远是我生活的一部分了。因此,每个月我都把这些信件浏览一遍。

亲爱的肯:

我的名字是×××,刚读完《恩宠与勇气》。二月份医生诊断我罹患了乳癌,一位住在苏黎世的朋友将你的书寄给我和我的先生。起先我认为这本书一定会令我沮丧,后来因为好奇而开始阅读。当我感到过于哀痛时,便只好将它暂时放下。后来继续读到某个段落,就不再害怕了。相反的,我觉得它带给我一份支持的力量。我很欣赏你能诚实分享作为一名支持者的心情,我也很高兴能认识崔雅。她真是一个不平凡的典范。我从这本书中学到的爱、慈悲与宽恕,比任何一本书都多。

你的书给了我一次痛哭以及与自己联结的机会。谢谢你。

敬爱你的 ×××

亲爱的威尔伯先生:

我要感谢你和你的著作《恩宠与勇气》。1994年的9月,我的妻子过世了,当年的圣诞节,我买了这本书。她罹患的是非霍氏淋巴肿瘤。

她在医院接受了一年多的化疗。三十年前,我的妻子从老挝搬来泰国居住。我和她有过六年美好的婚姻生活。她是个佛教徒。

我停止工作,陪她一起住在医院里,日夜都在她的身边。那时我并不知道你的书,今天我发现你所说的许多都是真相。

我的妻子最后死在医院,因为她已经无法下床。我对这种情况感到非常哀伤,但我们还是被迫留在医院。如果我能把她接回家,我会快乐一些,不过那是不可能的事。

她去世的那天下午,突然来了一阵狂风暴雨。我看到一团灰云从她的身体向上飘,然后飘出了窗外。二十分钟后,风雨才停止。

一个星期后,我将她的遗体运回泰国,我并没有在德国火化她。我的内心有个声音告诉我——带她回家——我照办了。

从上星期开始,我读了六七遍你的书。

每一次我都为自己的灵魂找到一些东西。希望许多人都能读你的书,并且为他们的生命带来一些改变。

你真的写了一本很了不起的著作,它将是我人生中举足轻重的一本书。我将一读再读,必须为这一点向你深深致谢。

× × ×

这些故事是那么感人,带给你一股剖心之痛。那位可爱的男人,将他的妻子运回了泰国。下面这封信比较轻松一些,它来自一名年轻的男子:

亲爱的肯:

我刚读完《恩宠与勇气》。我有一种感觉,好像我认识崔雅,或许应该说我对她的一切似乎能感同身受。我想和你分享读这本书的经验。

我读到最后两章时,可以感觉眼泪已经涌出。我不知道为什么要等到最后才哭?读到最后一页时,我"真"的哭了,我的身体开始无法控制地颤抖。我问自己:"到底发生了什么事?"然后起身在屋子里来回走动着,好像走动可以让我明白一些事情。就在这时,我突然领悟到生命的可贵,我想奔上楼去叫醒熟睡的父母,告诉他们我有多爱他们。但是某种东西制止了我,也许是我的自我,也许是夜色已深——不知道理由为何——然而我知道,我将不再以相同的方式看待他们。

接下来我又静静坐了几分钟,不再流泪,心中只有宁静和安详的感受。

肯与崔雅,我非常感谢你们和我分享这份特殊的礼物。这本书的信息就是我要传达的信息——生命与爱。

祝你平安!

× × ×

亲爱的肯:

去年8月我罹患乳癌。我动了部分切除手术、淋巴结切除手术，进行了三周的治疗。我的生命在每个层面都与癌症相关。几个星期以前，有位朋友告诉我你写了一本书，我知道我必须阅读它。这个念头令我非常恐惧，因为我已经知道结尾了。

"但是，"我心里又想，"她得的是另一种比较严重的癌症。"你看我否认的能力如何？其实，我罹患的癌症和崔雅是完全一样的。真相是这本书有时令人感到畏惧，有时又令人完全释怀。

当我读到崔雅的日记与你的呼应时，我好像听到自己和那些爱我的人的心声。同样的自虐，同样的"我可以办得到，谢谢你"之类的存在方式。我的朋友和家人都很困惑，为什么我看不到自己的美，看不到他们有多么爱我，看不到他们认为我有多么成功。我同样为以下的问题挣扎了许多年："我的任务是什么？我到这个世界的目的是什么？"我也愿意放下一切，尝试活在"活着不是一种奖赏，死亡不是一种惩罚"的认知中。

谢谢你，为你在撰写《恩宠与勇气》时的勇气与诚实而赞叹祝福，附上一张CD作为回报，愿你继续得到治疗和庇佑！

祝你平安！

×××

我接到许多女人的来信，她们告诉我，她们有多么认同崔雅——她所关怀的议题，就是她们人生中的挣扎。人们时常想告诉我他们的故事，不论和癌症有关还是无关。

敬爱的威尔伯先生：

从波兰带给你祝福。

刚读完你的《恩宠与勇气》，仍然在它的笼罩之下。我被这本书彻头彻尾地感动，已经很多年没有这种感觉了。

多年以前，我对弗洛伊德的心理分析很感兴趣，自从做母亲之后，我的兴趣必须有所改变。虽然忙着教书与照顾小孩，我一直试着觉察周围的人。我不快乐是因为缺乏个人成就,有时我会问自己一个问题:"为什么是我?"答案是:"为什么不是?"在你的书中我也发现相同的问答。我想过一种令我满意的生活,如同你的崔雅一样,但是很困难。她的人生不寻常得近乎不真实,令我觉得那只是一场梦,而不是你写的一本书。

我已经开始寻找我的守护神,我觉得自己的人生有点改变了。我在你其他的书里作了一些笔记,也记下了你所提到的其他作者和哲人。

在信尾我想告诉你,这本有关你和崔雅的书,是我读过的诠释爱与牺牲最美的著作。我很高兴阅读了它。

如果你能收到这封信,我会感到十分高兴。

祝你有一个最美好的夏季。

诚挚的 ×××

敬爱的威尔伯先生:

刚读完《恩宠与勇气》,我是多么的认同崔雅。她的挣扎有许多都与我相同——试着找寻自己的守护神,探索灵性与创造性,存在与做事,男性成分与女性成分,过度的自我批判——这些都是我人生中的主要议题。我的心中充满着这本书,我想它永远都不会离开我。你开放地陈述你与崔雅的感觉,真是既勇敢又令人痛心。我对你们俩人的敬佩与日俱增,你公开表达你的脆弱,使我学会不再苛责自己。谢谢你。我对崔雅接纳和转化自己的癌症以及其中的启示印象深刻。这本书激励我更加致力于冥想的练习,阅读《恩宠与勇气》时,我的心中一直出现"凄惨"与"美"这两个词,这确实是一本"凄美"的书。我只想说感谢你。

怀着感激和情谊 ×××

敬爱的肯:

我先生和我一起阅读《恩宠与勇气》,它充满着爱和情感且深具意义。我们读这本书时,常常觉得哽咽,因而几乎无法在泪眼模糊中继续阅读。允许我说一句话，书里表达的爱是那么的真实！我丈夫的妹妹正在接受化疗，此书帮助我们了解她的感受与经验。

诚挚的 ×××

我很惊讶地发现许多来信描述的都是夫妻高声朗读这本书给对方听。我想这是因为我大量撷取了崔雅的日记内容，夫妻俩喜欢轮流念诵这些片断。我没料到会是这样的情况。恋人通过我们的经验与崔雅的死来表达彼此的爱意是非常动人的事，至少他们不必等到一切都太迟了才吐露心声。

敬爱的肯：

　　虽然我不知道你是否能收到这封信，或者你是否会阅读一封无所求的来信，但我还是提笔了，为的是衷心感谢你撰写了《恩宠与勇气》。读完这本书到现在大约十天了，你以如此深邃而诚实的精神描写了你和崔雅在一起的时光，你的爱与勇气深深感动了我。你一定很想念她，然而矛盾的是，你如何能思念一个与你融为一体的人？

　　这样的爱我也很熟悉。1988年我和×××相遇，我们结婚一年后，她被诊断罹患了几乎使人瘫痪的淋巴球病变。充当了一年每日二十四小时的支持者，我发现我急需帮助，后来我找到了一位很棒的心理治疗师。五年之后，我的妻子从衰病中逐渐康复，但是她的背痛还是让她无法下地，几乎有三分之二的清醒时间必须躺在床上。我们对疾病和治疗所涉及的各个层面变得十分熟悉，同样的，我们也对那些"新时代"友人感到愤怒，他们竟然会说出："噢！你有背痛的毛病，你到底在逃避什么？"我们已经受够了这类的话。肯！我真正想说的是愿上帝祝福你，也感谢你与我们分享了一段不可思议的爱情故事。当我读完之后，我痛哭了一场，许多年来都没有如此深刻而哀伤地哭过了。

带着爱和感激 ×××

敬爱的肯：

怀着最充溢的情感，谢谢你以无比的率真、爱、诚挚和接纳，活出了《恩宠与勇气》里的真实故事。几天前我读完了你的书，书中的故事强而有力地穿透了我的存在，即使她已经过世多年。这份经验对我而言，可以算是一次奇妙的神秘体验，它以崭新和更进一步的方式打开了我的心（当然免不了涕泪纵横）！我觉得我和崔雅就像姐妹一般，我们人生的途径在许多方面都有交集，因此我对她有一份熟悉感。我会不会作相同的选择？如果我面临这样惨烈的病痛，我内在那个高贵的灵魂会不会被揭露出来？

虽然我没见过她本人，但是因为你清晰的引介，让我认识了她，我觉得非常感激。癌症这令人无法接受的事实曾令她挣扎，后来她逐渐接受，最后以热情的静定进入肉体的死亡。她以其丰富的人性带给我无法衡量的感动。我很渴望能有一位女性典范，许多灵性上师都是男性，我和他们之间永远有一道隔阂。然而崔雅的故事却是用我熟悉的语言对我倾诉着。愿上帝祝福你，因为你允许她用自己的话诉说自己的故事而从不越俎代庖。

你的挣扎，你为她付出的甘心服务，你对她全然的爱，令我非常感动。在她死后二十四小时里，你对她的奉献令我无法自持地流下眼泪，我从未见过这样的爱。以往我一直幻想命运或因缘能让我经验如此深刻的爱，然而我从未有过你们所拥有的那种爱。虽然如此，只要知道你和崔雅曾经有过这样的爱，已经令我感到安慰了！至少我没有疯！这种事确实存在，是的，确实存在。

你从未见过你的读者，也从未与他们交谈过，你竟然有能力让这么多人进入你的灵魂，这真是一件奇妙的事。我只是想让你知道你帮助了我，因为你活出了你的故事，因此而影响了我。衷心感谢你。

敬爱你的 ×××

敬爱的肯：

去年我罹患了转移性乳癌，有位朋友告诉我必须阅读《恩宠与勇气》，当我问到结局时，他告诉我说："她死了。"好长一段时间我都不敢看这本书。

读完之后我必须告诉你,我衷心地感谢你和崔雅。我知道我会死,但是崔雅的故事使我不再恐惧。我第一次感觉我从恐惧中解脱了。我有两次非常强烈的体悟,我猜那可能是一种见性的经验,刚好我阅读了你对高层觉知的描述。结尾叙述到崔雅的死,当时我觉得自己也死了,所以我不需要再担忧了。

非常,非常,非常感谢你。我想我逃不了一死,然而我确信崔雅会在另一端等候我。

诚挚的 ×××

我觉得和这些人是息息相关的,受苦使你时刻都想到作为人的苦,这也是使我们相互联结最根本的方式,因为我们在人生的某一个时刻都苦过。受苦并不是负面的,通过它,我们才能联结在一起。受苦真的是最大的恩宠。

敬爱的肯:

《恩宠与勇气》使我的生活中断。我必须读完它,或者应该说我必须耗到底,才能做别的事。阅读前面几页时,我坐下来无法控制地哭了好长一段时间。现在已经很难描述那股强烈的感受。压抑的情绪像急流般释放了出来,我整个身体都被淹没了。你应该知道那种痛哭的滋味,就像从你的肺腑爆发出来,整个人都在颤抖。我真的深受感动。我觉得《恩宠与勇气》是我读过的最美的爱情故事。我为你的喜悦和失落悲泣,你的至乐我只瞥见一眼,你的痛苦却是我无法想象的。我悲泣是因为这本书引发了我内心的喜悦与失落。

人是有可能经验你所透露的那份联结的。那种神圣的爱是真实的,绝非疯狂的幻想。我很高兴像你这样有深度的知识分子,也有能力与人建立如此深刻的情感。我的父亲是一位才智颇高却从未真的进驻自己身体的人(头脑与身体分了家),所以我也一直把这两样东西划分得很清楚。当我的哭泣快要撕裂我的身体时,我第一次深深感到人是有可能结合心智、肉体和情感的。

我哀伤是因为这样的联结感总是一闪而逝,我从未遇见任何男人愿意或能够长久维持这么强烈的情感。这是我内心深处最大的渴望,不过我已经不再相信它有可能发生了。

你的话语让我重新回到心中最深的那份信仰,它让我再次确定,我应该为这份深刻的渴望坚持到底,那还是有可能的。

我知道你是一位隐士,我还是希望有一天我们能够见面。

怀着敬重与爱 ×××

敬爱的肯·威尔伯:

我现在十四岁,从小我就非常怕死,自从读完崔雅的故事之后,我对死已经不再害怕,我想告诉你的就是这件事。

诚挚的 ×××

崔雅的日记真的是不可思议。她过世后的某一天,当我浏览它们时,突然发现一件惊人的事:里面竟然没有任何秘密。虽然记录的是非常私人的事,但其中的每一件,崔雅都和我或其他人分享过。家人面前的她与私下的她并没有任何分别——她们基本上是合一的。当你和崔雅相处时,你可以很清楚地知道她在想什么和感觉什么——她从不说谎或掩盖真相。惊人的诚实是她最吸引人、最令人赞叹的品质。这份诚实在书中表露无遗,不论面对生死还是恐怖的病痛,她展现的都是毫不妥协的真诚。读者最感激的就是这一点,许多人写信给我是为了感谢崔雅,我觉得很好;他们赞美我为的是赞美崔雅,我也觉得很好。

我本来打算在崔雅过世后烧了她的日记,也不准备阅读它们,虽然里面并没有秘密。崔雅很珍惜她写日记的独处时光,我不想因为阅读她的日记而亵渎了这段光阴。也许我很古怪,反正我就是不准备让任何人看她的日记。

在她过世前的二十四小时内,就在我最后抱她上楼之前,她指了一下她的日记,简单地说道:"你会需要它们的。"

一周前她曾要求我将我们的磨难写下来——婚后的第十天,她就被诊断罹患了乳癌。她说她希望我们辛苦学会的功课，将来能帮助其他人。我答应她我将撰写这本书。因此，"你会需要它们的"意味着"你写书时将需要我的日记"。那时我才知道我必须从头至尾读完它们，我以无法言喻的艰辛读完了这些日记。

十本日记最后一句话写的是："这真的需要一些恩宠——还有勇气。"

3月8日，星期六

乔伊斯·尼尔森（Joyce Nielsen）是《社会的性与性别》的作者，这可能是有关女性主义写得最好的一本书。它透彻、公正而又易懂。我最喜欢的女性主义作家除了尼尔森之外，还有珍妮特·查菲兹（Janet Chafetz）、卡罗·吉里根（Carol Gilligan）、玛莎·努斯鲍姆（Martha Nussbaum）……我一直不知道尼尔森目前任教于博尔德的科罗拉多大学。

今天我回到家，录音电话有个留言："如果你就是撰写《性、生态学、灵性》的肯·威尔伯——其实我很确定你就是——我很想和你谈一谈。我在科罗拉多大学教社会学，我将《性、生态学、灵性》这本书作为研究生的教材。我不知道你愿不愿意来学校和我们谈一谈。请打这个电话给我……"

我拿起电话拨了她的号码，然后在她的录音电话留了言："如果你就是撰写《社会的性与性别》的乔伊斯·尼尔森——其实我很确定你就是——那么我就是你忠实的读者……"我猜想她一定会回我的电话。

3月9日，星期日

花了一星期的时间，才恢复以往的觉察力和清醒的梦。在纽约的那段时间，我完全失去了全然目睹的能力，入梦和深睡时，我也失去了那份主体的恒常感。换句话说，在梦境和深睡中我是不知不觉的——过去的三四年里，这股觉察的能流时有时无地伴随着我。

经过二十多年的冥想练习，这份持续不断的觉察力——从清醒到入梦到深睡——才有可能出现。以我的情况为例,我一共花了二十五年才办到。其征兆却非常简单:在白天清醒时,你是有意识的;当你进入梦境时,你仍然意识到所有的梦境。那种情况很像是清醒的梦,但是和清醒的梦又有一点不同。通常所谓清醒的梦指的是你可以操纵梦境——你可以选择集体性交、享受一顿美食或飞越山峰,等等。然而持续不断的觉察意味着你不想改变从意识中升起的情境,你只是单纯而又天真地目睹着它。这是一种无拣择的觉察,如明镜一般,平等而完整地映照着一切。因此你在梦境中也维持着清醒的意识,目睹着梦境而不去改变它(如果你愿意你也可以改变它,但通常你是不愿意去改变它的。这种情况我称之为"澄明的梦",以此区分"清醒的梦"。在许多情况下,我还是使用大家熟知的"清醒的梦"这个词汇,即使如此,我指的仍然是"澄明的梦"。此外,我也采用澄明的深睡或在无梦的深睡中保持默然的目睹)。接着你就能进入无梦的深睡,却仍然维持着觉察,而那时你所觉察的除了纯然而又浩瀚的空寂之外,就没有其他的内容了。其实"觉察"并不是十分正确的字眼,因为其中并没有主客的对立性。那更像是一种纯粹觉知本身,它没有任何条件、内容、主体和客体。这纯然而又浩瀚的空寂并非什么都没了,而是一种无法被限制的状态。

当你从深睡中出离时,你还是能目睹心智和梦境的活动。换句话说,从自性的空寂中升起了精微的心智活动(梦、意象、象征、概念、幻影、形状),而你能目睹它们显现。这样的梦境持续一会儿之后,接着你开始醒来,你可以看到整个粗钝的物质次元——你的身体、床、房间、物质宇宙、大自然——都直接从精微的心智状态中出现。

换句话说,你刚才与我共同走了一趟"大存有链"之旅——从粗钝的肉体到精微的心智到自性次元的神性,同时进行着上溯空性和下及万有的活动(演化和向下回旋)。当你进入睡眠时,你就从粗钝的肉体(白天清醒状态)进入幽微的心智活动(做梦)再进入自性的空寂(深睡状态)——演化或上溯空性;当你逐渐醒来时,你就从自性次元进入精微次元,然后进入粗钝次元——向下回旋或下及万有。每二十四小时,每个人都会经历这个周期。但是持续不断的觉察或目睹,可以让你在经历这些变化时维持清醒的觉知，即使进入无梦的深睡也一样。

自我感大部分存在于粗钝的肉体状态，在幽微的梦境中也残存着自我感，一旦你认同持续不断的觉察，你就打破了对自我的执著。因为自我在精微的次元是几乎不存在的，在自性的空寂中则是完全不存在的（深睡的状态就是一种空寂的状态）。那时你停止认同自我，开始认同纯然无相的觉察，它是无色、无相、没有空间也没有时间的——纯净的空寂。因为你不再认同某个特定的东西，于是你就能拥抱任何一个出现的现象。自我一旦消失，你就与万有合一了。

这时你仍然拥有清醒状态的自我感，但你不再是小小的自我了。你最深的那个部分和整体法界的明光合一了。你即是每瞬间出现的每一样东西。你不仅看着天空，你就是天空。你不只触摸着大地，你就是大地。你不是在听雨，你就是雨。神秘主义者称这种状态为"一味"。

这不是在写诗，而是一种直接的体悟，直接得犹如在脸上泼冷水一般。某位伟大的禅师在开悟时说过这么一句话："我听到钟声响起，我和钟都不见了，存在的只有钟声罢了。"在那不二的钟声里便是整体法界，其中的主客对立变成了一味，无限终于快乐地交出了它的秘密。奥尔德斯·赫胥黎和休斯顿·史密斯曾经提醒我们，一味或宇宙意识——与创造的源头合一的感觉——乃是世界各大智慧传承在宇宙交感之下的核心教诲。一味的境界并不是一种幻觉、幻想或精神失常的产物，而是无数的瑜伽士、圣人和智者的直接体悟及圣约。

它是非常单纯、非常明显、非常清晰的——具体易懂而又无误的。

3月10日，星期一

奥尔德斯·赫胥黎写过一本著名的书——《长青哲学》，内容是世界各大智慧传承的核心教诲。休斯顿·史密斯所著的《遗忘的真理》，仍然是这本书的最佳导论。我曾经为《人本心理学月刊》写过一篇论文，其中谈道："世人所熟知的长青哲学——长青意味着在每一种文化，在每一个时代，它都以相同的面貌出现——不但是各大宗教，从基督教、犹太教、佛教到道教的核心教诲，也是东西南北最伟大的哲学家、科学家与心理学家的思想核心。因为长青哲学的分布如此之广（其细节我等一下会加以解释），所以它极可能是人类历史上出现的最严重的错误知识，但也可能是最真实最正确的知识（我将这篇论文收在《灵性之眼》的第一章）。"

那么长青哲学的细节到底是什么？简而言之，长青哲学就是大存有链终结于一味。

这并不意味着长青哲学所涉及的每一件事都是金科玉律。我写过一篇论文《新长青哲学》，指出长青哲学需要被赋予更现代化的诠释（我将这篇论文收在《灵性之眼》的第二章）。虽然如此，各大智慧传承的教诲仍然是我们在了解这个宇宙时必须认真而虔诚依恃的思想骨架。

它的核心精神就是对一味的体悟——清晰、明显、无误，而又无法动摇。

3月11日，星期二

无法动摇是需要进一步练习的。我一直很好奇，到底是什么东西中止了这不二的觉察，干扰了这连续不断的觉知？到底是什么东西将你从一切万有中抛出，使你进入分裂的自我和静待着你的痛苦中。以我的情况而言，只要喝一杯红酒，我就失去觉察了（睡前如果喝下一杯红酒，我对于梦境和深睡的状态便失去了觉知。我确信某些伟大的瑜伽士即使喝了酒，也能在三种状态中维持觉察，但不是我）。压力通常不会干扰这份持续不断的觉察力。在纽约停留的那几天，我喝了好几杯葡萄酒，这才是干扰我目睹的真正原因。从另一方面来看，我到纽约为的是推销自己，而我不善于优雅地处理这种事——不是做得不够，就是做得太过火——主要是我觉得很难为情。所以那一周我可能进入了自我紧缩的状态，而失去了稳定的目睹。

昨夜这一切又似乎得到重整。一开始，我的梦并不清醒，我梦到一个女人和我坐在拉玛那·马哈希尊者的面前，周围似乎有很多人，但我并没有去注意他们。那个女人正在解释如何自我探究，也就是练习参究"我是谁"，然后试着去感觉意识的源头，试图寻找当下纯然的目睹。不知为何那个女人的解释全错了，她把它解释成了一种努力觉察的结果。我看了一眼拉玛那，然后说："不，不需要努力，你只需注意到你早就在觉知了，那份觉知本身就是了，完全不需要努力。"拉玛那面露微笑，我的心和他的心立即融为一体。从那一刻起，我进入了清醒的梦，更准确地说，就是目睹梦境。目睹的能量和持续不断的觉察一直伴随着我，到目前为止已经几天几夜了。几年来，这种情况总是时有时无地出现。

那是一个非常迷人的过程。纯然的空寂中没有任何束缚，它灿烂、纯粹、自由、无限，超越光明，也超越至乐，而又没有任何条件。拉玛那将这深刻的目睹（或者说连续不断的觉知）称为"我即自性"，因为这目睹能觉察得到小我或自我的存在。肯·威尔伯只是"我即自性"在粗钝次元的示现罢了，他根本不是肯，而是"一切万有"。肯有生死，然而"我即自性"从未进入时间之流。"我即自性"是不生不灭的，整个法界的存在，感觉上就是我自己的存在。每一个有情众生都可以发出这样的声音，只要他能承担得起这"无我"的"我即自性"。

（吠檀多哲学强调的是"我即自性"，佛家强调的是"无我"，然而它们指的都是纯然不二，没有任何条件的空寂——shunyata 或 nirguna——此乃整个世界如实如是的真相，它和你当下的真实状态，那个纯然、自然、自发、永远存在于当下的觉知并无不同，也就是贯穿清醒、梦境与深睡的不二觉知。"目睹"进入最纯粹的状态时，会融入它所目睹的每一样事物——明镜之心和所有的客体合一，真空与妙有合一。因此，吠檀多哲学及佛家都强调，纯粹觉知本身是不二的，它没有实质性，也没有任何条件。）

练习冥想的人一开始发展（或注意到）这份持续不断的觉知时，他们会经验一种把心分成两半的觉察，然后才能发展出一种强而有力的平等心——毫不畏缩地、没有任何执著或逃避地目睹苦与乐。庄子说："像镜子一般运用你的心——只接受而不紧抓，只接收而不存留。"（译注：原文为"至人之用心若镜，不将不迎，应而不藏"）这明镜之心的觉知越强，粗钝的清醒状态就越像梦境，它失去了淹没你或动摇你的力量，也不再使你深信瞬息万变的感觉就是唯一的真相。人生开始像一场电影，你如如不动地观看着这场演出。快乐升起，你目睹它；喜悦升起，你目睹它；痛苦升起，你目睹它；哀伤升起，你也目睹它。在这所有的情境中，你都是那目睹本身，而不是那表面的惊涛骇浪。处在台风眼之中，你是安全的。一份深刻的祥和感开始萦绕着你，你无法再坚信不移地制造痛苦了。

但这并不意味你再也感受不到欲望、伤害、痛苦、喜悦、快乐、灾难或哀伤。你仍然能感受到这一切，它们只是无法再说服你罢了。就像在看一场电影一般，有时你深深陷入了影片的剧情中，你忘了那只是一场电影罢了。譬如你看一部惊悚片，你可能变得非常恐惧；如果你看的是一部浪漫爱情片，你可能会感动得流泪。这时你的朋友靠过来说："嘿！放轻松点，这只是一部电影，这不是真的。"于是你就跳脱了出来。

解脱就是，从人生这出戏中跳脱出来，觉醒，将它抖落。你就是，而且一直都是这出戏的目睹者。然而你一旦把人生当真——如果你认为这出戏是真的——你就忘了自己其实是那纯粹与自由的目睹，而开始认同小我或自我，好像你确实是你观赏的那出戏的一部分。你认同银幕上的某人，因此你害怕，你哭泣，你和他一起受苦。

通过冥想的练习，你开始轻松地坐在椅子上，观赏人生这一出戏，不带任何批判，不逃避，不执著，不强迫，也不强求。你只是目睹着它——以明镜之心，放松地安住于单纯、明晰、自发、不费力，而又永远存在于当下的觉察中。

如果你能持续注意这无拣择的觉知，这份觉知就会从白天的清醒状态延伸到梦境。你会注意到这个粗钝的世界——肉体、感官运作的世界以及建筑于其上的自我——都开始融入精微次元的意象和影像中。在任何一种情况下，你都维持着觉知。

再练习下去，这份无拣择的觉察，就会从梦境延伸到无梦的深睡。因为"你"仍然存在（这里指的不是自我，而是"我即自性"，或没有客体的纯粹觉知），于是你会发现一个更深更真实的身份。当客体、主体和意识的内容完全消失时——也就是没有痛苦，没有快乐，没有欲望，没有目标，没有希望，也没有恐惧——你仍然维持着那份觉知。这时你仍旧存在，以纯粹觉知的形式存在着，没有肉体感，没有自我感，也没有心智的活动，但是你却知道你是存在的，而且显然和那些低等的状态有所不同。这时你还是你，换句话说，存在的只有纯然不二的觉知，因为它是那么自由无限，不受束缚，没有任何条件，因此我们只能称之为"空寂"——这也是你实际上的一种感觉，像是一种浩瀚无边的深渊或空无，也就是一份无限的自由感。

3月13日，星期四

刚刚和迈克尔·墨菲（Michael Murphy）通完电话（我们交谈的内容非常丰富，通常不少于两个小时）。他和他的朋友西尔维亚·汤姆金斯（Sylvia Tomkings）正在进行一系列的计划，包括一张有关整合灵修的影碟和一本书——"长青哲学"的现代版本，与我的研究完全相应。西尔维亚考虑将我的整合观点放在影碟中，她和迈克尔近来联合了《塞莱斯廷预言》、《第十种洞察力》的作者詹姆斯·莱德菲尔德（James Redfield），此君在商业上拥有非凡的成就（读者超过一千五百万人），因此可以帮助他们的出版计划向更广大的群众的普及。

看来我必须到旧金山的费泽尔（Fetzer）研究所做一场演讲，于是我安排与迈克尔见面。迈克尔真是惊人，他是伊萨兰学院（Esalen Institute）的创办人之一，因而推动了人类潜能运动，自此之后，他就一直站在心理治疗与灵性发展的第一线。他刚写完《希弗斯·艾恩斯的王国》，这是他的经典作品《王国中的高尔夫》的续集。我听说克林特·伊斯特伍德（Clint Eastwood）将执导和主演由这本书改编的电影，另一位主角是肖恩·康纳利（Sean Connery）。老天，这么一来，迈克尔的生活很可能全毁了，他再也得不到片刻的安宁了。

3月14日，星期五，博尔德→旧金山

一大早便搭机前往旧金山。约翰·费泽尔所创立的费泽尔研究所是少数几个愿意研究真实灵修途径的自由派组织。自由主义与上帝一向不太合得来，在美国有关上帝的议题几乎全被保守分子包办了。这两个事实都很不幸。

所以费泽尔研究所是极为特殊的———个不畏惧神的自由主义慈善机构。他们曾赞助公共电视台的比尔·莫耶斯制作了《健康与冥想》。罗伯·雷曼（Rob Lehman）现在是费泽尔研究所的主持人，他的工作和董事会有紧密的关联。我的老友茱丽·史考区（Judith Skutch，《奇迹课程》的出版人）长久以来是董事之一，他说服其他几位杰出人士加入了这个机构，其中包括弗兰西丝·方恩。费泽尔研究所目前正在改组，他们要我和他们谈一谈未来可能的发展方向。

我现在就在它的上空三万六千英尺的地方，马上就要下降了。董事会在星期五及星期六将召开两次全天的会议，我演讲的时间大约是下午两点到五点，采取问答的方式。我打算一下飞机便直奔会场，会议距离现在还有几个小时。

3月15日，星期六，旧金山

我以为得花上一两个小时才能厘清转化式的整合途径，就如我在《万法简史》中整理出的概论。当我走入会议厅时，他们已经把《万法简史》的图解投影在墙壁上，在座的每一个人都很热切地探讨着那些学术上的名词。接下来的讨论，我可能讲得太复杂了，中场休息时，我经过罗杰·沃

尔什的身边——他以顾问的身份出席这次会议——他凑过来对着我耳语："简化一点。"

今天还有更多的会议，我的演讲时间仍然排在下午。问答多半集中于什么是真正的整合途径以及如何进行最有力的实践，好让大部分的文化与个人都能用得上。

解释整合学有很多种方式，最常见的解释是：这是一种统合物质、肉体、心智、灵魂和灵性的研究途径，也就是涵盖整个"大存有链"的研究途径。譬如物理学涉及物质的层面，生物学涉及肉体的层面，心理学涉及心智的层面，神学涉及灵魂的层面，神秘主义涉及灵性的层面，因此，整合途径对于相对与绝对境界的研究包括了物理学、生物学、心理学、神学与神秘主义等各门学科（请参阅图表1）。

虽然这是诠释整合学的一个不错的起点，然而我在著作中还是指出，每一个阶层又可以细分为四个重要的向度或次元。也就是说，每一个阶层都可以从内在、外在、个人和集体四个次元来进行观察。

譬如，你的意识可以从内心的向度来观察——也就是你自己当下的觉知或主观的体验——以第一人称的"我"来经验事物（所有的意象、冲动、概念和欲望通过你的心浮现于眼前这一刻）。另外你也可以从客观的、经验的、科学的角度来研究意识，这是以第三人称的"它"来进行的（譬如脑子含有醋胆素、多巴胺、血清素等等，这是以第三人称的"它"来加以描述的）。这类名相不只是单数，也可以是多数——不只是"我"或"它"，也可以是"我们"，而这个集体的语言形式也有内外之分：譬如人们在内心所分享的文化价值（道德、世界观、文化意义），外在具体的社会形式（生产方式、工业技术、经济结构、社会体制、资讯系统）。

因此"大存有链"的每一个阶层都可以分为内在与外在以及个人和集体的形式——每一个阶层的存有又可划分成四个向度（或"四大象限"）。（请参阅图表2，其中的名相会在后面的讨论中加以解说。）

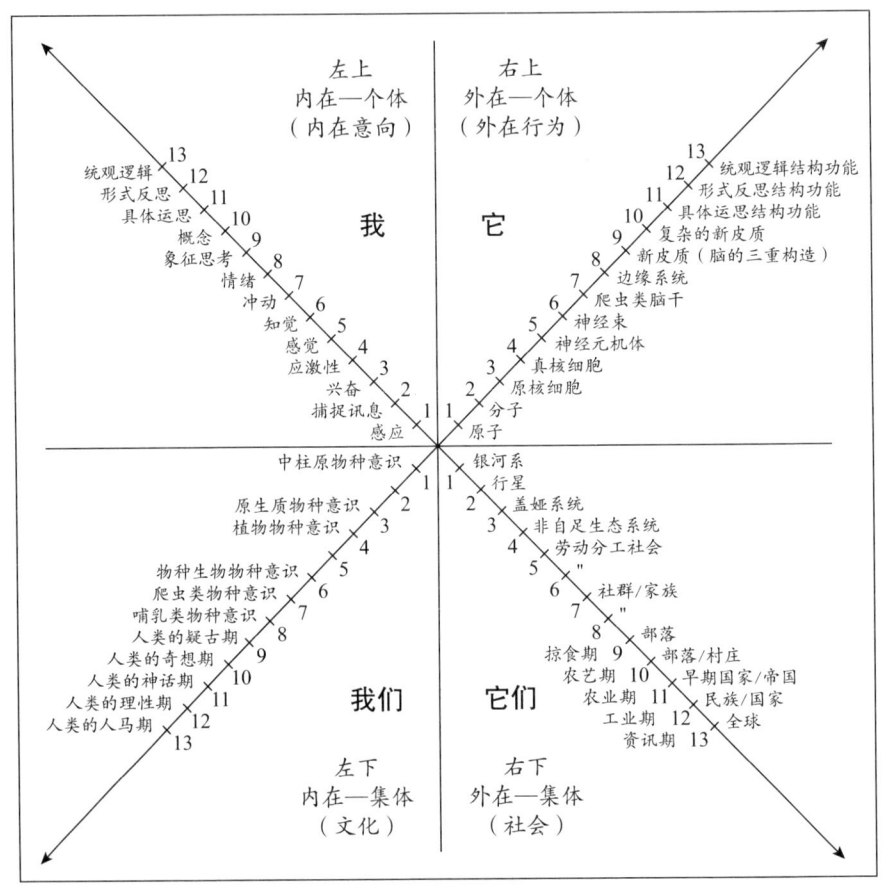

图表2　四大象限的内容

右手边的两个象限都隶属于客观的"它"或"它们",因此可以归类为一种,所以我也常把四个象限简化成三个:我、我们与它;或第一人称、第二人称以及第三人称(这些也都包括在图表2)。

另外有一个比较简单的方式,可以帮助我们记住这三个基本的象限:"美"存在于观者的眼中,也就是观者的"我"之中;"善"指的是"你"和"我"或"你们"和"我们"之间的道德与伦理的行动;"真"通常指的是客观经验上的事实,也就是"它"或"它们"。因此这三大象限"我"、"我们"和"它"也可以划分为"美"、"善"和"真",或是艺术、道德与科学。

因此真正具有整合性的观点，不会只探讨物质、肉体、心智、灵魂和灵性——因为每一个阶层都涉及到艺术、道德与科学，我们必须详加说明这一切。譬如，我们有物质、肉体次元的艺术（自然主义、写实主义），我们也有心智次元的艺术（超现实主义、观念艺术、抽象派），我们还有属于灵魂与灵性次元的艺术（默观的、转化的）。同样的，我们也有从感官次元产生的道德（享乐主义），还有从心智次元产生的道德（互惠、公平、正义），以及从灵性次元产生的道德（宇宙大爱与慈悲），等等。

如果将这三大象限（我、我们、它，艺术、道德、科学，美、善、真）结合存在的几个主要阶层（物质、肉体、心智、灵魂和灵性），我们就有了真正整合的研究途径（请参阅图表3，如果想进一步研究这个主题，请阅读《感官与灵魂的交融：科学与宗教的整合》）。

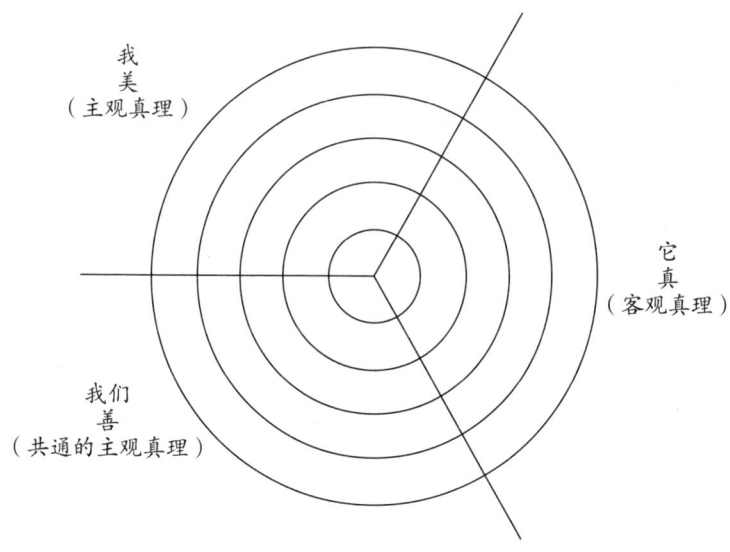

图表3　真善美的阶序

费泽尔研究所想要支持与提倡整合学，包括教育、医药、灵修、科学研究、意识研究，等等。董事会的成员认为我所提出的象限／次元图，对他们的探讨很有帮助，所以接下来的几个小时，大家都把焦点集中在这几个议题之上。

很显然，我今天的表现较好，因为会场中没有人再对我耳提面命了。

3月17日，星期一，旧金山

今天我从苏沙利多（Sausalito）的"潮上旅店"（Inn Above Tide）搬往旧金山联合广场上的凯悦（Hyatt）酒店。我坐在旅馆顶楼，也就是三十六层高的餐厅里，俯瞰着美国最优美的城市。我的左边是衔接都市与海洋的金门大桥；右边是湾区大桥，它直接通往无趣的奥克兰（Oaklang）；正前方则是阿尔卡特拉斯（Alcatraz）监狱——一个筑在危岩峭壁上，象征男性暴力的建筑物。

我爱旧金山。如果我负担得起，而博尔德的那幢房子又不是最佳工作场所的话，我一定住在旧金山。我准备花几天时间在城里逛逛，再回去面对"法界三部曲"第二部的苦役。

我的老友米切尔·卡普尔（Mitch Kapor）也在城里，他就住在对面的坎普顿街，不久将参加一个为期数日的闭关修行。昨天我邀他到弗兰西丝和罗杰的家中小坐，顺便替他们介绍彼此。弗兰西丝与罗杰是我人生中最重要的夫妻档朋友，我们的友谊已经二十多年了。一直到现在，我都认为我们是不可分的三人小组。少了他们，我的人生一定有许多缺憾。我们一同经历过各种人生的起伏以及起伏之间的事物。对我而言，他们在各方面都是我的榜样，因为他们充满关怀，聪慧而又才气横溢。两人写过几本成绩卓著的书，我亲眼目睹他们对别人献出无私的服务。他们在做这类事情时，自我是完全不存在的。

早在我住在林肯镇的时代，我就认识米切尔了。他读完《意识光谱》之后，到我家造访了几次。我立刻对他产生了好感——米切尔聪明绝顶，言语辛辣，又不至于令人无法忍受，你会很快地喜欢上他。他从那时起便成了杰克·克里特登的朋友和禅坐方面的老师。当时杰克与我正在创办《回观》杂志，后来我搬到波士顿与杰克和米切尔同住。不久，米切尔回到麻省理工学院读商学，拿到硕士学位之后，便创立了莲花电脑软件公司——当年最成功的软件系统。后来莲花软件公司以几百万美元的高价售出，他与其他人又创立了电子先锋基金会，并且成立了卡普尔企业。介绍朋友彼此认识总是一件好事，米切尔、弗兰西丝、罗杰和我整个下午都在愉快地闲聊着。

3月19日，星期三，旧金山

早上我租了一辆车开往缪尔（Muir）海滩，去看一看崔雅和我在婚后住过的那幢房子（*我们当时向山姆·金恩 [Sam Keen] 租下这幢房子，今天里面空无一人*）。我在玄关坐了一两个小时，感觉她仍然与我同在。心中的哀伤非常强烈，海滩上雾气弥漫，令人感到呼吸困难。

她死后的那两个星期，我一直处在和她一样的光辉与恩宠中，既没有主体，也没有客体的存在，每样事物都恰如其分地、优美地出现在眼前。我确定那时我们已经融为一体。不久自我紧缩的情况再度出现，如同往常一般，我又成了肯。

看着前方的海滩，我们共同生活的一些情景从云端浮现，朝着我迎面而来。我似乎总是忆起崔雅和我在这幢房子里共处的时光。她罹患癌症之前，我们在这里住过几个月，那是仅有的一段与癌症无关的美好时光。就在这幢房子里，我看到她圆满而充实，美得令人心惊。她的光芒直射你的灵魂深处，她的话语温柔得无法言喻。就在这幢房子里，我们共舞，我们流泪，我们做爱，我们欢笑，我们紧紧拥抱着彼此，如同拥抱整个人生一般。就在这幢房子里，我第一次开口说出："泰莉得了癌症。"那是一个恐怖而又令人不忍卒睹的夜晚，我通过电话把这个消息告知了家人和好友。

我现在很少想起她，因为她与那个会思想的东西已经合一了，她在我的血液中流动，也在我的心中跳动——她已经是我的一部分，因此我无需再想象她的样子。她从未离开过我，她就在我的肌肤中，她和我共同成长，共同逝去。我们一直都是一体的两面，未来也将是如此。

3月20日,星期四,旧金山→博尔德

搭飞机返回博尔德。前天晚上与迈克尔·墨菲及西尔维亚共进晚餐。我们谈到他跟乔治·利奥纳德(George Leonard)正在创办的"整合转化研习中心"。迈克尔说服了"斯坦福(Stanford)疾病预防研究中心"帮助他记录整合训练的过程及其有效性。这真的是非常重要的工作,我认为这根本是工程中的破土动工,他们将诠释出心理与灵修转化的崭新途径,其中包含了古老的智慧和现代知识。不出所料,迈克尔再度成为这个领域的先锋。

3月21日,星期五,博尔德

一个辉煌的清晨——博尔德也可以如此美好。上街购物,把冰箱填满,浏览了一堆又一堆的信件,听了六十二个电话录音……

读完《安迪·沃霍尔日记》,现在我们终于知道什么是肤浅的成就了。其实,我还蛮喜欢沃霍尔和他的艺术。他是杜尚(译注:二十世纪初法国画家)的旁枝结成的果,也是平板世界中达到极致的艺术家。他的作品是那么的浮面、明亮、活泼、强烈、耸动,而又全然没有任何深度。我不喜欢平板世界,但我喜欢他对平板世界的惊人描绘。"浮面,浮面,人们只对浮面的东西感觉有意义。"沃霍尔真是诠释后现代主义充满敌意而又毫不妥协的肤浅性的先驱。

3月23日,星期日

坐在走廊上看太阳西沉,然而观者并不存在,只有太阳持续地沉没、沉没。从全然的空寂中放射出灿烂夺目的澄澈。远方传来鸟儿的鸣叫,天上有几缕云彩,但是心中没有"上""下"或"彼""此"之分——因为我并不存在,因此方向就失去了意义。存在的只有那单纯的、明澈的、毫不费力的、永远都在当下的"如是"。

我听到拉玛那·马哈希尊者所说的一句话之后，便开始非常认真地练习冥想。那句话是这么说的："在深睡的梦境中，不存在的东西就不是真的。"

这是一句很惊人的话，因为基本上，无梦的深睡中什么也不存在。然而拉玛那又曾经说过，终级实相不可能一会儿出现在意识中，一会儿又不见了。它一定是持续不断，不受时间限制，永远存在于每个当下的。因此终级实相也必定存在于无梦的深睡中，在无梦的深睡中不存在的东西，一定不是终极实相。

这句话严重地干扰了我，因为当时我已体验过几次见性的滋味（瞥见一味），不过仍局限于白天清醒的状态。换句话说，能让我关心的事大部分存在于白天的清醒时段。然而清醒的状态显然不是恒常的，它在二十四小时里时有时无地出现。根据伟大智者们的说法，我们每个人的心中永远有一个清醒的东西——它在醒时、梦境或深睡中，一直都维持着觉知。那永远存在于当下的觉知，就是我们的神性，那份潜伏的、持续不断的觉知（不二的觉察），就是神性的不灭之光，也是我们通往"神"的管道。

想要领悟我们的无上神性，我们必须接通这股持续不断的觉知电流，使得醒时、入梦与深睡都充满着电力。它将使我们不再认同肉体、心智、自我或灵魂，并且帮助我们认出那持续不断的或不受时间限制的"神"。

我听到拉玛那尊者的那句话时，已经认真坐禅二十年了。我曾经在片桐大忍和前角博雄禅师（Maezumi）的指导下习禅，与卡鲁和创巴仁波切学习藏密，与贝诺法王（Pema Norbu）和恰都祖古仁波切（Chagdud Tulku Rinpoche）学习大圆满；此外我或长或短地研究过吠檀多哲学、超觉静坐、喀什米尔识知派哲学、基督教神秘主义、卡巴拉秘教、解脱者约翰的教派、苏菲派神秘主义，等等。当我读到拉玛那的那句话时，我正在进行一次大圆满闭关修炼，指导老师是恰都仁波切。仁波切也强调梦境与深睡状态中的明镜之心。我开始具备这份持续不断的不二觉知，同时也得到了仁波切的认证。一年之后，在一次为期十一天的闭关中，我的自我终于激进地、彻底地死亡——一切似乎都有了结果。那十一天我完全没有入睡，换句话说，日夜我都是清醒的，即使我的身体和心智经历了清醒、梦境与深睡的情境。我在这些变化中是如如不动的,并没有一个"我"可以被动摇,存在的只有不动的、没有内容的觉知,它如明镜一般和它所目睹的每样东西合一了。从那时起,我就这么直接地恢复了我的自性,一直到现在,我大部分的时间都处于这样的状态。

这持续不断的、不二的觉知一旦成为明显的事实,你在这个物质世界就会拥有崭新的命运。你将发现你本然的佛心或本然的神性,那个无形、无相、超越时空而又无限的空寂,你可以称它为大梵、王冠、基督意识、光明本体,等等——这些名相指的都是"一味"的境界。只有它才是你真正的身份——纯粹的空性或无条件的觉知——有了这份体悟,你就可以从主客对立的渺小世界所造成的恐怖和折磨中解脱。

你一旦发现自己无相的佛心、真我、纯粹的神性或神的源头,你就可以带着这份持续不断的不二觉知进入次等的境界,包括精微的心智状态和粗钝的肉体状态,并且以光明恢复它们的生机。这时你并不固着于无相和空寂,你会把那空寂也空掉,你将自己投入心智的世界与粗钝的世界,以平等之心进入它们,并且赋予它们创造力。这个独特的心智和肉体就是所谓的"你"(以我为例,这个"你"就是所谓的肯·威尔伯)。这次等的你,就是你神性的工具。

然后,所有的事物,包括你的小我的心智、肉体、感觉和思想,开始从你那广阔无边的空性中升起,因为你不再认同它们,并且有能力任其生灭运化,所以它们在升起的那个当下就自行解脱了。这时你开始察觉那股激进的自由,而唱出解脱之歌,放出醒目的无限之光,饮下至乐之水。月亮是你身体的一部分,你如此看着它;太阳也是你自心的一部分,你以这样的心境向它顶礼。一切都如实存在着。恒久而永远地,恒久而永远地,存在的只有"这个"。

然而,你并不是找到了或达到了这自由的境界。自由从一开始就居住在纯然的目睹中,你只不过是发现了一开始便具足的自然觉知、纯然而又空寂的自性或激进的"我即自性"。长久以来你并没有发现它的存在,因为你在人生的这场如梦似幻的戏剧中迷失了。

3月24日，星期一

　　这份持续不断的觉知一旦醒来，你就会成为一名"神圣的精神分裂症患者"，套句流行的术语，你的心分成了两半，因为你既拥有目睹的能力，又有一份自我感。其实你的心是完整的，但它看起来像是分裂的，因为你一方面能察觉那持续不断的目睹或自性，一方面又能觉察人生的这场戏和自我的起起伏伏。因此你虽然仍旧感到痛苦和哀伤，但是它们再也无法说服你了——你不再是人生的受害者，你只是它的"见证"罢了。

　　事实上，你不再害怕自己的感觉，所以你能够更强烈地参与其中。人生的这场戏变得更加活泼与生动，你不再执著于它或逃避它，所以你也就不再强化它或淡化它。你不再把音量调低。你可能会哭得更凶，笑得更狂，跳得更高。无拣择的觉察并不意味着你停止了感受，而意味着你的感觉更丰富、更深刻，你感受的是无限本身，于是你欢笑，你哭泣，你爱，直到心痛为止。因为你不再退缩，人生就从银幕上跳脱出来，而你和它完全合一了。

　　假设你正在做梦而你却认为是真实的，那么这场梦就可能变得很吓人。譬如，你梦到你正在尼亚加拉大瀑布上走钢索。如果你掉下来，那是必死无疑的。于是你走得很慢、很小心。这时如果你开始进入清醒的觉知，你会发现那只是一场梦罢了。请问你怎么办？变得更小心、更谨慎吗？不，你会开始在钢索上跳来跳去，甚至可能翻个筋斗，狂欢一场——因为你已经知道那不是真的。你一旦知道那只是一场梦，你就玩得起了。

　　同样的，如果你领悟了日常生活只是一场梦、一出戏、一部电影，你也会拥有相同的心境。你不可能变得更小心，更谨慎，更保留。你会开始跳上跳下，甚至翻筋斗，因为这一切只是一场梦，都是纯粹空性的示现。你的感受不会减少，反而会更强，因为你玩得起了。你不再惧怕死亡，所以也就不再害怕活着。你变得激进而狂野，强烈而生动，惊世骇俗而又傻兮兮。因为这全是你的梦，于是你让它从心底涌现。

　　生命于是承担起它真正的强度、活跃的光明和激进的沸腾。痛苦变得更痛苦，快乐变得更快乐，喜悦变得更喜悦，而哀伤也变得更哀伤。在明镜之心的映照下，一切都更有生命力，因为此心不再抓取或逃避，而只是目睹着这一场戏，所以它就玩得起了。

如果你发现万事万物都是你最高自性的一场梦，那么还有什么事会让你有所行动？活在这梦幻世界，还有什么事能真的感动你？基本上每一件事都会变得很有趣，除了下面这件事之外：当你看到你的朋友因为把梦境当真而受苦，你会有强烈的意愿想要释放他们的苦，帮助他们觉醒。看着他们受苦绝不是一件有趣的事，觉醒的人心中一定会升起深刻而又强烈的慈悲。他们只有一个愿望，那就是觉醒其他的人，帮助他们从痛苦、自怜、折磨、哀伤、恐惧和苦恼中解脱，因为他们把这场愚蠢的人生之梦过于当真了。

因此你现在是一名"神圣的精神分裂症患者"，你的心分成了两半，你能同时觉知纯粹的目睹以及自我所捏造的幻相世界。但事实上你是完整的，因为这两个世界并不是分裂为二的，自我只是"目睹"的一场梦，"目睹"以自身无限的圆满与充实创作出这场戏，让自己有个东西可以观赏。

在你那持续不断的觉知中，整出戏就这么登场了，其中并没有内外或彼此之分。"一味"里的不二宇宙，以你真正本质的自然姿态示现。你可以吞下月亮，品尝太阳，四季都在你的掌中。纯粹的"我即自性"或伟大的本我面对着无限呼吸，它创造出法界，如同它谱出自己的歌曲一般，慈悲之海通过你的本来面目泫然泪下。

昨夜我看见月亮映照在水晶般的池塘上，除此之外并没有任何事发生。

3月28日，星期五

我的房子后面有一条喃喃低语的小溪，如果你以光体之耳倾听，你真的可以听见它在轻歌。阳光在绿叶上戏耍，每一片叶子看起来都像晶莹的绿宝，在这样的时刻，神的声音总是比往常响亮一些。"我变成了一只透明的眼球；我什么都不是，却能看见一切。"这里没有一样东西是坚实的，所有坚硬的东西都融化了，所有僵化的东西都变成透明的了。这个世界的本质就是透明的，虽然表面并非如此。我消失于这场透明秀之中，我们都是光中之光，意象中之意象，轻松地漂浮在宁静海上。

自然是佛陀的外在形式，自然是基督的有形肉体。这是我的肉，吃掉它；这是我的血，喝了它。可怜的、可亲的大自然，它是实相的众多表情，它是无限的一股冲动。对永恒而言，它是透明的，它是无限神性之海上晶莹的表层，它在神性的日光中起舞，在无明的黑夜里藏匿。对那些不觉识永恒的人而言，自然是他们仅有的一切；对那些没有品尝过无限的人而言，自然就是他们最后的晚餐；对那些需要救赎的人而言，自然诱使你将它视为唯一的真实；然而对那些解脱的人而言，自然只是一个更深真相的亮丽外壳罢了。因此，自然、心智与神性，或化身、报身与法身，或粗钝体、精微体与自性，乃是隐藏在法界中从未失去也从未被发现的永恒三身。

在今天这个日子里，我们都是光中之光，意象中之意象，轻松地漂浮在宁静海上。

四 月

APRIL

  现在让我告诉你这全然目睹的本质。如果你发现了它，你就能从无明的束缚中解脱，获得真正的自由。

  有一个实相是本自存在的，它就是我们的自我意识的基地。那实相乃是对自我意识和肉体的目睹，那实相也是对三种不同的意识状态——醒时、梦境与深睡的见证。它才是你的真我。那实相弥漫着整个宇宙。它独自散发着光芒，整个宇宙在它的映照下光华璀璨。

  它的本质是无限或无始无终的觉察。它是全知的，它目睹着一切，从自我到肉体。它是欲乐、痛苦与感官所及之事的见证。它就是你的真我，你至上的存在，最古老的你。它从未停止经验无条件的自由。它是如如不动的，它就是神。

——商羯罗

4月2日,星期三

安住于无相的目睹,既带来了激进的解脱,也带来了急迫的责任感。解脱使你从客体的束缚中解放,让你不再陷入生死和痛苦的过程。然而处于这无条件的解脱中,你又升起了一份急迫的责任感,想要帮助别人获得同样的救赎,因为纯然的空寂、纯粹的神性或神的源头,才是他们的真我与最深的境界。无一众生可度乃是最终极的形上奥秘,问题在于人们无法领悟这个真相,因此无明驱动了无情的生死轮回及道不尽的痛苦。

帕坦加利提醒我们:"无明就是观者认同了能观的工具。"我们从目睹肉身中升起了对肉身的认同,从目睹自我中升起了对自我的认同,从目睹痛苦中升起了对痛苦的认同。于是不可避免地,我们被自己认同的东西所掌控,也被自己无法转化的东西所折磨。我们以大量的痛苦鞭笞自己,我们在时空和恐惧的凌虐下受苦。

某位诗人传达了佛陀的讯息:

> 你为自己而苦,没有任何人在逼你,
> 没有人在掌控你的生死。
> 这生死之轮的轴心是空无一物的,它的轮子却是由眼泪所构成。
> 你随着轮子呼呼地转动,还拥抱亲吻着它所带来的痛苦。

4月10日,星期四

亚力克·楚卡多斯是崔雅的老友,后来也成了我的好友。他在多所大学里教商业学与经济学。他经常举办肯·威尔伯读书会,前几天他带着一群人到家里来探访我,我顺便邀请了两位朋友,他们分别是公共电视台(PBS)的制作人凯特·奥尔森(Kate Olson)和那洛巴进修研习中心的主任菲尔·雅各布森(Phil Jacobson)。

晚上我们谈话时探讨了冥想可能造成的脑部变化。一位正在接受心理治疗师训练的年轻人,要求我放映那卷我接受脑波测试的录像带。他完全不相信冥想能改变脑波，因此他希望看到一些"证据"。

录像带中的我和一个脑波测试仪相连，仪器上显示出左右脑的阿尔法、贝塔、西塔与德尔塔四种脑波状态。阿尔法波代表的是醒时放松的觉知；贝塔波显示出专注的分析思维；西塔通常在梦境中产生，有时也在强烈的创造状态下出现；德尔塔则只出现在深睡无梦的境界。因此阿尔法波及贝塔波是粗钝次元的产物，西塔波是精微次元的产物，德尔塔波则是自性次元的产物。或者我们可以说，阿尔法波和贝塔波显示的是自我的状态，西塔波显示的是灵魂的状态，德尔塔波显示的则是灵性的状态。德尔塔波据推测可能与纯粹的目睹有关，大部分的人只能在深睡无梦的状态经验到它。

录像一开始放映的是我头上贴了许多电位极的脑波测试仪：当时我处在正常的清醒状态，因此你可以看到脑部的两个半球出现许多阿尔法和贝塔波的活动。但你同时也可以看到大量的德尔塔波：两个脑半球所显示的德尔塔波都是最多的，可能因为持续的目睹一直在进行着。接着我试图进入止念三摩地——脑部活动完全停止——于是在四五秒之内，仪器的指针全变成了零。看起来这个被测试的人，好像进入了脑死的状态，仪器上没有任何阿尔法波、贝塔波、西塔波，只有大量的德尔塔波。

过了几分钟之后，我开始进行本尊观想与持咒，这是我平常一直在进行的，属于精微次元的修炼——很清楚，大量的西塔波开始在仪器上出现，然而最多的还是德尔塔波。通常西塔波只在梦境中出现，而德尔塔波只在深睡无梦中出现，因此受测试的人能够在完全清醒的状态下产生这两种脑波，表示他可以同时示现粗钝、精微及自性三种境界。无论如何，这样的景象是引人注目的。

我拿出了这卷录像带供大家观赏。山姆说我展示这卷录像带，完全把自己变成了一个驴蛋，因为我看起来像个吹牛大王。也许他有他的道理，不过对我来说，这只是一个客观的事件。可惜受测试者不是别人，因为对大部分的观者而言，这项测试的结果都是很惊人的，显然比我的书更引人注目。它说服了那位即将成为心理治疗师的年轻人，其他类别的科学研究人员也被说服了。

我作这些录像的记录——进入不同的冥想境界，录下当时出现在测试仪上的脑波——为的是从整合的途径来研究更高层次的意识（也就是联结我所谓的左上角的主观意识和右上角的客体大脑）。我发现不同的脑波确实与不同层次不同种类的冥想有关，起码这项测试可以帮助我们进行更妥当及更有节制的研究。当然，查尔斯·亚历山大（Charles Alexander）和从事超觉静坐的人士在这项研究上有更深入而复杂的认识，我一向很欣赏他们的工作。我大部分的朋友，譬如罗杰·沃尔什、弗兰西丝·方恩、迈克尔·墨菲、托尼·舒瓦茨、莱克斯·希尔森（Lex Hixon）等看过这卷录像带之后，立刻发现了这类测试的有效性。

总而言之，人们看完这卷录像带都会变得非常认真，因为他们发现那本然的觉知并不仅仅是概念，通过真正的练习，它确实能改变你的脑部活动。但也有些人看完之后觉得相当气馁，因为他们认为自己不可能办得到。然而大部分的人都受到了鼓舞，他们也想接受真正的灵修训练，开展持续不断的贯穿清醒、梦境与深睡状态的觉知，发现自性之光。

4月12日，星期六

山姆明天将来家里小聚。我邀请了扎尔曼·沙克特·夏洛米拉比（Reb Zalman Schachter-Shalomi）及他的妻子依芙（Eve）和山姆碰面。扎尔曼是一位光彩耀眼、优美圣洁而又受到祝福的人，他是犹太教复兴运动的先锋，研究卡巴拉与犹太神秘主义的杰出学者，也是替迈克尔·莱纳（Michael Lerner）施洗的犹太教牧师。在我看来，迈克尔完全是扎尔曼的精神后裔——他们的眼底都有同样的智慧之光。迈克尔的新书《富有真意的政治》，是一本试图结合自由主义和灵修的重要著作（他们创办的杂志《Tikkun》也具有同样的重要性）。上次迈克尔到博尔德时曾经告诉我，他对这本书相当失望，因为编辑为了使这本书的销路更好，在编排上作了大幅度的更改，他还是比较满意他的前一本书——《犹太文化复兴运动》。

发生在迈克尔身上的事是很好的警训，可以帮助我们了解美国的自由媒体对灵修之事所采取的态度。我自己的政治理念可以说是后保守主义和后自由主义的结合，目前正准备撰写几本有关这个主题的书。自由主义和保守主义各有长处与短处，我们必须结合两者的长处而舍弃其短处。

自由主义最大的长处就是强调个人的人权，最大的短处则是恐惧灵性与精神层面的事物。现代自由主义的产生主要是因为人类对抗神话式的宗教信仰而逐渐趋向解放，因此它的起点是好的。但是自由主义犯了一个典型的前理性、超理性谬误——它以为所有的灵修或宗教都是前理性的神话，因此把任何一种超理性的灵修和宗教都舍弃了，这绝对是一大灾难（如同罗纳德·里根 [Ronald Reagan] 所说，这种行为完全是在朝着婴儿丢盘子）。自由主义企图杀掉上帝，而以自我中心的人道主义取代超个人的神性。虽然我在许多社会价值观上都是自由主义分子，但是我必须说，它令人感到遗憾的缺点就是对神圣之事的恐惧。

典型保守主义的长处之一乃是对神的信赖和依靠。然而他们所信赖和依靠的神，几乎都是前理性的、神话式的、基本教义派的和民族优越感的。保守主义分子通常都太急于把自己的信仰和"家族价值观"强加在别人身上，因为神是站在他们这一边的，所以他们对自己的策略感到信心十足。逮捕女巫的行动通常都隐藏在保守主义的微笑之后。

因此诀窍就在取两者之长，将个人之人权加上灵性或精神的导向，也就是将自由主义的人本价值观接上后理性而非前理性的神性。这样的灵修是后自由主义的、具有革命性的、渐进式的，它不是前自由主义的、反应式的或退化式的。

从最广义而言，这也是一种政治，因为它将它最主要的动机——慈悲——压缩在社会行动中。然而，后保守主义与后自由主义的灵修并不是强加于社会的"公共"服务政策（后理性的灵修仍然主张教会及国家应该作理性的划分，国家既不该保护也不该提倡某一种有特殊立场的改善人生的宗教见解）。那些想要转化世界的人，通常会要求别人拥护他们的新典范、他们特有的神与女神、他们对盖娅的解释版本或是他们最喜爱的神话——这些都可以被定义为最糟糕的、反应式的、退化式的宗教态度。在他们的全球策略中，逮捕女巫的前自由主义的心态并没有消除。真正后自由主义的灵修是一种文化上的鼓励，它只提供一个既不阻挠也不强制的环境，让真正的神性从其中滋生（请参阅 12 月 10 日的日记，作为进一步的讨论）。

迈克尔·莱纳正在对这个最重要的议题下工夫，我全力支持他。他的组织想颁发道德奖章给《性、生态学、灵性》，然而我很少外出，所以我们试着研究出一个可能性，由我定期给《Tikkun》杂志写专栏。我不知道能不能办到，不过这项计划听起来十分诱人。

另外有一个发人深省的小道消息，迈克尔与克林顿及希拉里是好友，他撰写的《富有真意的政治》特别受到希拉里的推崇。自由派媒体发现了这件事，于是大肆报道了一整天，什么"圣希拉里"、迈克尔是希拉里的"上师"之类的论调，充斥着媒体。这件事令迈克尔非常难堪，一直到琼·休斯顿成为白宫的代言人之后，他们才放过迈克尔。一个被上千名心理治疗师时常运用的观想技巧，竟然被媒体形容成希拉里接通了伊莲娜·罗斯福（Eleanor Roosevelt）的魂，好像除了积极观想之外，她什么事也不做。对于自由派媒体而言，任何一件与内心攸关之事都是他们极为陌生的，他们在讨论这类议题时，不是暗自窃笑，便是压抑着怒火。

这就是为什么我会认为《科学与宗教的整合》是重要测试的理由。我写这本书的时候特别考虑到自由主义分子对灵修的恐惧，我试图握着他们的手让他们认清，灵修乃是"蟾蜍先生的逍遥游"（译注：蟾蜍牛牛是美国童书《柳林风声》系列故事中的主角，是冒险人物的象征）。最后一个章节强调的是保留自由主义解放的利益，并且略述了超自由主义而非反自由主义的观点，也就是结合西方的解放（政治的自由）和东方的解脱（心灵的自由）。当然，这里所谓的"东方的解脱"，指的显然是真正的转化。我的观点是，以现代西方社会法律、政治和民权上的自由作为基地，让它来滋长慈悲和心灵的解脱。这就是为什么我会把《科学与宗教的整合》视为一项测验的理由，看看自由主义分子在超理性的灵修途径上能走多远。

4月13日，星期日

昨晚我和一位美丽而又和善的女子玛西·华特斯（Marci Walters）约会。我们一同到她最喜爱的餐厅玛坦费兹（Mataam Fez，摩洛哥式）用餐。我们坐在地上用手抓饭吃，我尽力不让口水掉在身上。她是那洛巴学院的研究生，另外还兼两份工作（照顾残障人士），从学校毕业后加入过和平工作队。她一直致力于静坐修炼与举重运动，参加过十二次以上的马拉松竞赛及六次三项全能竞赛。如果我越界的话，我怀疑她会一拳把我打扁。

4月16日，星期三

回到往日的作息。我在三点至五点之间醒来，打坐一两个小时之后，立刻坐在书桌旁工作，直到下午一两点钟。我进行的冥想种类不一，基本的形式是究竟上师相应法，亦即心智的真正本质就是你的根本上师。这项练习的方式如下：从梦中醒来的那一刻，便直接看进心意识的本源，然后参究"我是谁"。如果你喜欢的话，也可以直接看着观者。当你深入探究自我时，自我就消失了，它会融入光明的空性，而意识也会安住于绝对的自由中，它是不生不灭、不受束缚与未知的。

在那浩瀚无边的空寂中，精微的灵魂活动开始升起，但你并不是它；在那浩瀚无边的空寂中，粗钝的自我活动开始升起，但你并不是它；在那浩瀚无边的空寂中，粗钝的肉体、大自然和物质世界的活动开始升起，但你也不是它们。你是光明的真我，你在世界之前诞生，并以灵妙的一瞥拥抱住它。你的恩宠令旭日东升，而月亮反映的就是你的荣光。在这浩瀚的空寂中，你是完全不存在的。

4月17日，星期四

处于超凡的境界，德尔塔脑波便开始运作。进入清醒的状态时，如果你还能保持稳定的"目睹"或明镜之心，德尔塔脑波便持续运作着。那卷录像带所显示的就是这种情况。无论如何，这都是一个值得研究的丰富领域。

你一旦脱离自性或隐而未显的境界——也就是完全无念、深睡无梦、止念三摩地、真知三摩地或没有客体的纯粹觉知——就能直接觉知到精微或心智次元的升起，很明显的，这些精微的次元其实是自性次元的凝缩、收缩或结晶化。换句话说,精微次元感觉上似乎是自性次元的神性的各种姿态,譬如你把手握成一个拳头,拳头乃是你的手的一种姿态。

同样的,如果你能维持目睹,接下来你就开始脱离"精微次元"——具妄念三摩地、超个人原型式的精微光明境界、梦境或具有创造性的灵视等各种不同的名相——直接觉知粗钝次元的升起。这个属于肉体、物质或大自然的次元,乃是从感官运作的世界中升起的。这些粗钝次元在感觉上也像是精微次元的一种姿态,就像是精微次元的一种造作的活动。

向下回旋,自性凝缩成精微的灵魂次元,再凝缩成自我和大自然的粗重世界,最终的结果是,整个显化的世界都是你的本来面目、你神性的源头、你的自性、你本初觉知的一种姿态。法界的万事万物都是大圆满的化现——从清净无染的至乐中示现。

现象本身并不是罪恶的,在现象中迷失才是罪恶。我们以为自我和大自然是这整个法界唯一的真相,这才是我们的罪恶和我们的痛苦。我们已经在人生的这场粗糙的戏中迷失了,我们忘了那放映机的光线和银幕都是"终极一味"的各种形式,它们只不过是光明空性之上的涟漪罢了。

你一旦重新建立起明镜之心或稳定的目睹,在清醒、梦境与深睡中都能维持起码的觉知,你就会开始认清,各种境界不论高低、圣凡或深浅,都是你本初神性的示现,因此所有被正统宗教人士视为"罪恶"的低级事物,其实都是对神性丰富而奔放的创造性的欢庆。

这就是"谭崔"的整个观点:每一种污染,不论是愤怒、嫉妒、执著,愚痴还是羡慕,其核心都隐藏着超凡的智慧——清晰度、平等性、开放性、贯彻到底和辨识的能力。"谭崔"奠基于一个毫不妥协的洞见:神性乃是唯一的存在,或"道"是唯一的存在。这不是一个比喻,而是真相。禅有一句话:"能够让你出离的,就不是真正的道。"(译注:我怀疑此句出自《中庸》:"道不可须臾离也,可离非道。")因为"道"是唯一的存在,所以根本不可能离经叛道——每一次的离经叛道,仍然在道之中。(这就是为什么那些企图警告我们离经叛道或脱离女神、背离真道的书籍,其实都离道甚远。)

这就是"一味"的体悟,法界中的万事万物不论高低圣凡都是同一滋味,而这滋味是神圣的。万事万物都是神的姿态，也是你本初的"圆满"姿态，它们从你的空性和你不二的觉知中示现。整个宇宙都在你的掌中，你可以用手指夹住月亮，也可以送给太阳圣诞礼物，而一切其实都没发生。

4月18日，星期五

到处都是一堆堆的残雪，它们紧贴着苍松的根部，安逸地覆盖在屋顶上，阳光就在这些残雪上戏耍着。万物从神性的空寂中生起，这无限延展的空间就是我们每个当下无拣择的觉知。它的美令我臣服，使我屏住了呼吸，并迫使我向自己最深的境界降服，我就在这份美感中完全脱落。

这也是为什么"美"一向具有深邃的意义。在那无拣择的觉知中，在"一味"彻底的单纯中，所有的次元从粗钝的身心到大自然，全都美得令人心悸。这时美开始展现出截然不同的重要性。这里所谓的美，指的是所有领域的美：肉体的美、心智的美、灵魂的美与灵性的美。万事万物一旦被视为神性的表达，一切都变得深幽而又美得令人心悸。

昨日我在购物中心坐了好几个小时，看着来来往往的行人，他们每一个人都像绿宝石一样珍贵。欢乐虽然偶尔出现在他们的话语中，但他们脸上的表情却多半是痛苦的，眼神带着哀伤，迟缓的步履带着沉重的负担——这些印象我都没有存留下来。我只看到一颗颗的绿宝石散发着光彩，每个人都像行走的佛陀一般。虽然并没有一个"我"在那里看着一切，然而一颗颗的绿宝石依然历历在目。人行道上的尘埃，街道上的碎石，孩子们的哭闹声，购物中心看起来就像是天堂，而谁又曾怀疑过呢？

4月19日，星期六

刚刚收到乔伊斯·尼尔森寄来的一封不同凡响的信。她一共写了六张信纸，从头到尾思考得非常周详。她所讨论的重点是《灵性之眼》这本书有关女性主义整合的议题。在那一章我指出，有关女性主义的学派至少有一打以上，然而能获得共识的只有一点——女人确实是存在的。其他有关女性主义或女性的观点,则各自抱持不同的意见。我运用了"所有象限和所有次元"的归纳法,试图指出这一打以上的学派只强调了"所有象限/次元"中的某一个象限或次元。虽然这些学派都有一些重要的事要告诉我们,毕竟还是有限的,因此最清醒的途径就是"整合的女性主义",它撷取了每一个学派的长处,而舍弃了它们的不足。因此真正的"整合女性主义"是包括四大象限的(内在意向的、行为的、社会的与文化的),每一个象限又可划分成前成规期、成规期和后成规期三个次元,于是我们又有了多次元的女性主义——不只是平板世界、一个象限或一个次元而已。总而言之,我在《灵性之眼》里表达过这些观点,乔伊斯说大部分的观点她都赞同。

虽然如此,我们还是有一个最大的不同:她认为生物的因素无法用来解释性别的形成,而我竟然接受了这种观点。本来性别上的阶层之分是我们应该避免的,如此一来却助长了它。我能理解她的考量,但是我并不赞同她的意见。我认为她过于强调我在性别差异上所扮演的角色。以我的观点来看,性别差异是绝对重要的(譬如女人怀孕这件事,对农业社会的男女而言,绝对会影响他们的生产力,而且怀孕本身并不是一种社会建构),但我并不认为生物性是唯一或最重要的因素。在男女两性(右上角)的生物差异之上,还存在着社会的影响力(右下角)、个人的差异(左上角)和文化价值的差异(左下角)。文化建构下的价值观在性别阶层的形成上扮演着重要的角色,这是我一直强调的,但是我拒绝认同建构论者将所有的象限化约成一个象限——四大象限都同等重要。

也许乔伊斯可以读一读第二部的《性、神、性别:男人与女人的生态学》。我希望她能阻止我变成一个不折不扣的驴蛋,虽然这个要求有点太过分了。

4月21日,星期一,丹佛

整个周末玛西和我都待在丹佛的牛津酒店,这个区域被称为下城(LoDo),它是仿效苏荷区(SoHo)而建立的。我喜欢这个区域,也喜欢这家富有古风的酒店。坐落于对街的是八层楼高、长达半条街的联合火车站,转角有一家名叫"破烂封面"的书店,有好几家通讯社都把它标榜成地球上最好的书店。我的朋友戴夫·奎里(Dave Query)曾经在马尔科姆·福布斯(Malcolm Forbes)的游艇上做过两年的大厨,不久之前他在隔壁开了一家杰克斯(Jax)餐厅。这里有一连串的画廊、商店、咖啡馆、酒吧、餐馆,等等。它真的像是苏荷的翻版。

过去的五六年,我对于各种领域的美与美学越来越着迷,我认为这是觉知力增强的缘故。伟大的默观传统并不憎恶这个现象世界,它们一直致力于将美感注入其中(当然还有慈悲、关怀和清澈的认知)。譬如优美的禅园、欧洲中古世纪神秘主义者的精致手稿,以及泰姬玛哈陵或吴哥窟的惊人建筑之美。真正的神秘主义者绝不憎恶这个世界,他们是它的欢庆者。圣托马斯(St.Thomas)曾经说过:"天恩使自然臻于完美,而不是将它一笔勾销。"

肉体的美是神性通过感官运作向世界放光的方式之一。托马斯·曼认为对许多人而言,肉体之美乃是通往神圣之美的途径,是神性浩瀚无边之美的迷你版本。柏拉图的"飨宴"当然也提醒我们可以通过肉体之美向上提升到至善或终极之美。

然而我们这个国家一向认为审美——对建筑物、对人、对服装——似乎是一种罪恶,这真是令人感到悲哀的、具有侵略性的、纯清教徒式的、只强调向上回旋的观念。

当然,从相反的角度来看,这个观点并没有错,因为许多美国人认为肉体的美就是一切了。我们不知道还有更高层次的美——心中的美梦、超个人原型的精微光明之美、灵魂次元令人心悸的至乐之美,以及那从未示现的美外之美。所以我们才会崇拜服装模特儿,而她们都嫁给了摇滚巨星或运动明星。

我喜欢下城只因为它看起来很美,一个美的提醒者。玛西和我开心得不得了——画廊、书店、卡布其诺、深夜里的裸体。玛西想买一些化妆品,她选择了迪奥,于是女销售员和我谈起了英国的约翰·加利亚诺(John Galliano)取代让·保罗·高提耶(Jean-Paul Gaultier),成为了迪奥的首席设计师。我喜欢保罗,而她喜欢约翰,因为她在他的店里工作。克鲁斯酒吧的马提尼,杰克斯餐厅的大号沙拉,对于一位长期在书桌旁写作的人而言,都是极佳的享受。

4月22日,星期二,博尔德

山姆打电话来告诉我,香巴拉准备明年出版我的全集,我想他们会一次把所有的书都出齐,以下是可能出版的内容:

第一部:《意识光谱》(The Spectrum of Consciousness)与《事事本无碍》(No Boundary)。

第二部:《梵我合一计划》(The Atman Project)与《出伊甸园》(Up from Eden)。

第三部:《可亲的神》(A Sociable God)与《眼对眼》(Eye to Eye)。

第四部:《意识转化》(Transformations of Consciousness)与杂文(包括《全像典范》和《量子问题》里的引言)。

第五部:《恩宠与勇气》(Grace and Grit)。

第六部:《性、生态学、灵性》(Sex,Ecology,Spirituality,"法界三部曲"的第一部)。

第七部:《万法简史》(A Brief History of Everythings)与《灵性之眼》(The Eye of Spirit)。

第八部:《感官与灵魂的交融:科学与宗教的整合》(Science and Religion)以及杂文。

4月27日,星期日

在我家又举行了一次那洛巴读书会,读书会通常持续三四个小时,采取问答的方式。我最喜欢听学生提出他们的困惑,因为这能帮助我在日后的写作中加入必须探讨的议题。他们有时也会指出他们在我的著作里所遇到的困难,这也能帮助我作一些澄清。

这回学生们特别感兴趣的是"目睹"的议题,我们把读书会进行了全程录像,以下是其中的某些片断:

我曾经谈过贯穿清醒、梦境与深睡的目睹,然而目睹在每一种情境中都可能存在,包括当下你所处的觉知状态。现在我要运用"直指"的方法,试着引导你进入这样的状态。我并不是要将你导入一种不同的觉知或是某种不凡的境界,我只是要指出那个早已存在的、属于你自己当下的自然觉知状态。

让我们从周遭的一切开始觉察。请你看着外面的天空,然后放松你的心,让你的心融入天空中。注意天空漂浮的云朵,并且体会到这么做并不需要费力。你看着漂浮的云朵的这份觉知是非常单纯、非常自在同时又是自发的。你只需要注意有一份毫不费力的觉知正在觉察着云朵,同样的觉知也正在觉察着那些树、那些鸟、那些岩石。你单纯而不费力地目睹着它们。

现在回过来看着自己身上的各种感觉。你可以觉察此刻身上的任何觉受——也许此刻你坐在椅子上的那个部位有压力感,也许腹部有一股暖暖的感觉,也许颈部感到有些发紧——即便这些感觉是紧张的,你仍然能轻易地觉知到它们。这些感觉出现在你此刻的觉知中,这份觉知是非常单纯、自在而又自发的,你单纯而毫不费力地目睹着它们。

现在看着从你心中升起的各种念头,你可能会发现各种不同的意象、象征、概念、欲望、希望与恐惧,它们都自发地从你的觉知升起。它们升起之后,驻留一会儿,很快就消失了。这些念头和感觉从你此刻的觉知中升起,那份觉知是非常单纯、毫不费力而又自发的。你单纯而又毫不费力地目睹着它们。

现在请你注意:你能看到云朵飘过,因为你不是那些云朵,你只是那目睹者;你可以感觉到身体的觉受,因为你不是那些感觉,你只是那目睹者;你能看到念头的生灭,因为你不是那些念头,你只是那目睹者。这一切事物从你此刻毫不费力的觉知中自发而自然地升起。

因此你到底是谁?你不是那些生灭的东西,你不是那些感觉,你也不是那些念头——你既然能毫不费力地觉知到这一切,可见你并不是这些东西,那么你到底是谁?

现在请你对自己说出以下这些话:我有感觉,但我不是那些感觉,那么我是谁？我有思想，但我不是那些思想，那么我是谁？我有欲望，但我不是那些欲望，那么我是谁？

你就如此这般地推演到你觉知的源头。你推回到目睹本身，然后安住于目睹中，接着告诉自己：我不是那些感觉，我不是那些欲望，我不是那些念头。

这时人们通常会犯一个大错，他们以为安住于目睹中，就能看到或感受到某种特别的境界。其实你什么也不会看到，如果你看到了某些东西，那也只是一种客体罢了——也就是另一种感觉、另一种念头、另一种觉受或另一种意象。这一切都只是客体罢了，它们并不是真正的你。

当你安住于目睹的状态时，你必须领会你并不是那些客体、感觉或念头——你所觉知的只有自由、解脱和解放的感受——从认同这些渺小而有限的客体所产生的恐怖束缚中解脱。你渺小的肉体、心智和自我，都是可以被见到的客体，所以它们都不是你的真我或纯然的目睹。

因此你并不会看到特别的东西。云朵从空中飘过，感觉从身体掠过，念头从心中闪过，你能毫不费力地目睹它们——它们都自发地从你当下那毫不费力的觉知中升起。这种能目睹的觉知并不是什么独特的东西，它只是一种浩瀚无边的自由感或纯然的空寂，那纯然的空寂就是你，而整个现象世界都是从其中产生的。你就是那自由、开放与空寂，而不是从其中产生的可爱的小东西。

安住于那空寂、自由与毫不费力的目睹中，你注意到从自己那浩瀚无边的觉知中升起了一些云朵，那些云朵是从你之中升起的，你可以品尝它们，你和它们是一体的，它们似乎就在你的肌肤里，它们与你是紧密相连的。天空和你的觉知以及你变成了一体，天空中所有的东西毫不费力地穿过你的觉知。你可以亲吻太阳，吞下山脉，感觉上和它们是如此的亲密。禅宗有一句话："一口吞下太平洋。"（译注：禅宗原典为"一口吸尽西江水"）这其实是世上最容易办到的事，只要主体与客体不再二元对立，内在和外在不再划分为二，而观者及所观之物成为一味时，就办到了。你明白吗？

五 月
MAY

　　从少年时期开始,每当我独处时,经常会在清醒的状态下出神。我只需要将我的名字重复念上两三遍,个人的存在感就会消失,而融入一种无限的存在感中;那并不是一种充满着困惑的状态,而是再清晰不过,再确定不过,但又完全超越语言的境界。处在这种境界中,死亡成了可以嘲弄的、不可能发生的事,自我虽然消失了,你并没有熄灭,你成了唯一真实存在的生命。

——丁尼生爵士（Lord Tennyson）

5月2日，星期五

阳光戏耍着雨滴，让每一颗都成了五彩的钻石，它们落地的那一刻，似乎爆发出巨大的能量。我觉得它们落地的那一刻像是在彼此交谈着，但显然我知道的比这个要多一些。

《意识转化》出版之后，《灵性之眼》是另外一本可以涵盖发展心理学与灵修，而又能使我的著作赶上时代的书。它也让我有机会更详细地写出自己的灵修生活，并且再度说明了那个本自存在的真相。此外我也从整合的观点谈到哲学、人类学、认识论、冥想和女性主义。最后还加入了我写的一篇有关艺术诠释的长文，这可能是我最喜欢的一篇文章。它的起源非常有趣。

长久以来我一直在研究诠释学——有关诠释的一门艺术与科学，亦即试图发现某一句话的意义或昨夜之梦的意涵，举凡数学、艺术品、戏剧、电影，任何一样事物的意义，即使是现在谈到的"意义"二字，都要加以诠释。要想厘清这些事不是很容易，我们必须考虑到各种因素，才能理解人生、神、文学或彼此。我后来发现了一种方法，它似乎能结合象征（书写的文字）、象征之物（它的内在意义）、造句法（语言形式的原则）以及语意学（文化背景），而成为一个在象征意义与诠释上的统合观点。这个方法也可以替艺术和如何诠释艺术带来特定的结论。

同一时期，有几件安德鲁·怀斯（Andrew Wyeth）的画作从某位匿名的收藏家手中流出——当时这是一件大事——有人计划在亚特兰大奥运会期间展出这些画作。他们要求我写一篇艺术评论，我很高兴地照办了（这篇名为《我们该如何看待艺术》的论文，收录在玛莎·塞弗伦斯 [Martha R.Severens] 著，纽约赫德森-希尔 [Hudson Hill] 出版社1996年出版的《安德鲁·怀斯：美国的画家》中。后来我将这篇论文收录于《灵性之眼》的第四章和第五章）。我想他们会要求我写论文，是因为他们已经厌烦了规格化的后现代理论，这些论文什么都谈，就是不谈艺术作品本身，因此我采取了一种奇特的途径来探讨艺术。

首先我说明了几个重要的艺术派别和诠释学的历史概论，包括再现论、意向性的再现论、征候学派、形式主义以及接受与反应学派。接着我试图说明如果运用全子（全子既是整体，又是另一个整体的局部。宇宙基本上是由全子所组成的：原子是分子的局部，分子是细胞的局部，细胞是有机体的局部，有机体又是整个生态系统的局部，以此类推。全子是依全像阶序的方式组合成的，每一个高层全子均能转化与含摄低层全子，譬如有机体包含细胞，细胞包含分子，分子包含原子——反过来则行不通，因此是一种级别次第或是全像阶序：灵性能转化与含摄灵魂，灵魂能转化与含摄心智，心智能转化与含摄肉体。每一个高层的全子都能包容与涵盖低层的全子，这就是整体与局部、全子与全像阶序的本质——大存有链越来越趋近于完整，包容性也越来越大）、意识光谱与四大象限，这所有的艺术派别都可以得到非常严谨的整合，甚至每一个学派的诠释工具，都可以在整合诠释的条目中找到有效的位置。

接下来就是我的结论：如果科学带给了我们客观的"真相"或神性的"它"，而道德带给了我们"善"或神性的"我们"，那么美——存在于观者的眼中——就能帮助我们向神性的"我"开放。论文的结尾是这样写的：

> 想一想你曾见过的最美的人。回想一下，当你凝视他或她的双眼时，那一刹那你几乎全身瘫痪——你无法离开你的所见。你愣住了，你在时间中冻结，你在美感中陷落。现在请你想象那份历历如绘的美感，从宇宙的万事万物中散发出来——每一个石块，每一棵植物，每一只动物，每一片云朵，每一个人，每一座山，每一条溪水，即使是垃圾堆和破碎的梦，也都散发着美。你被周遭升起的万物之美，安详地冻结了。你从执著、时间与逃避中解放，你以灵性之眼默观这永无止境的艺术之美。
>
> 这无所不在的美并不是你的想象，它是这个宇宙真实的结构。这无所不在的美就是你眼前的法界本质。你不需要想象，因为它就是所有领域的认知结构，如果你安住于灵性之眼，每一个客体都充满着光华灿烂的"美"。如果知觉之门清理干净了，这整个法界就是你失而复得的爱人，就是原初之美的本来面目，永远，永远，无止境的永远。

面对那惊人的美，你将彻底进入自我的死亡，永不再被见到或听闻，除了某些温柔的夜晚，当微风拂过山丘低唤你的名字。

5月5日，星期一，丹佛

玛西和我周末又在丹佛度过，回到下城，回到牛津酒店，回到那些美学上的奇观。

我一直注意着流行文化：音乐、书籍、电影、服装、流行时尚。第一，我觉得它很有趣；第二，通过它可以辨认出"时代精神"，也就是组成一般流行观点的认知结构，只有注意流行文化，才能观察得到。目前的大潮流正缓慢地从现代理性主义转向后现代的"多元非透视观"，你可以从流行文化，尤其是时装上，清楚地看到这一点。

譬如乔治·阿玛尼（Giorgio Armani）就是纯粹的现代主义设计师——整齐、清淡、高雅、美观、色彩单一；范思哲与高提耶则是典型的后现代主义设计师——狂放、华丽、多元主义、不齐整、多样得近乎四分五裂，虽然试图统一，其实是近乎分裂。后现代的主要认知结构就是所谓的"整合多元非透视观"（我有时也称之为统观逻辑）。所谓的"多元非透视观"指的是没有特别受宠的观点，而"整合"指的是因为没有特别受宠的观点，于是为了防止整件东西四分五裂，就必须找到其中的连贯性。譬如弗兰克·盖里（Frank Gehry）便是其中的佼佼者。他是后现代主义的天才人物，他创造出了惊人的以整合多元非透视观为基础的典范，他的建筑设计结合了曲线、典型与多元的局部，看起来近乎四分五裂，却又神奇地结合成一个绝妙的整体——体现了真正的整合多元非透视观或"异中求同"。

后现代主义最大的问题是，它从一开始强调的就是多样性，而忽略了整体性，因此最后变得四分五裂，在自己孤立的小世界中抽搐、窒息。这是多元非透视观的病态形式，我把这种病称为"多元非透视观癫狂症"——只有多样性，而没有整体性；精神分裂式的四分五裂。到目前为止，几乎所有的后现代主义都无法超越多元非透视观之癫狂，他们正等待着盖里这样的天才人物出现在其他的领域，将考虑不周的多元运动所形成的无法联结的线头，重新编成一件实际的织品。

算了！管他那么多，我想我真的恋爱了。

5月11日，星期日，博尔德

今天是母亲节，打了一通电话给老妈。她真是一位可爱的人，不过她为了托尼·舒瓦茨在《事关紧要》里描写我的那一章而大为光火，因为托尼暗示了我对她有弗洛伊德所说的"恋母情结"。她希望这本书惨遭厄运，无人问津。除了这个心结之外，她一切安好。去年我去看望爸妈之后，他们受了我的影响，开始进健身房练举重——他们都年过七十了。我带他们加入了一间健身房，他们很喜爱这项运动。

接到迈克尔·齐默曼（Michael Zimmerman）的一篇论文，这位海德格尔学派的学者是一位杰出、机智而可亲的人。去年他在旧金山的肯·威尔伯研讨会上发表过演说，据说他是听众最喜爱的一名讲师。这篇论文的题目是《海德格尔与威尔伯谈深层生态学的局限》。迈克尔是一位杰出而富有同情心的生态学者，从他的著作《激进的生态学》就可以明显地看到这一点，同时他又能察觉大部分各种形式的"灵性生态学"的局限。

他在论文中写道："以我之见，威尔伯成功地剖析了现代性回归浪漫主义和生态学的危机。他接纳了海德格尔在超验领域的观点，而舍弃了令海德格尔遭受政治困扰（与纳粹集团挂钩）的反现代主义者的悲情。威尔伯的超验观点更包含了那些被海德格尔或舍弃、或截取、或引用的灵性传承的重要面向。威尔伯的论点是，现代主义者及环境保护分子采取的是现代科学的物化世界观，他认为除非大自然、人类和神性的超验次元被重新发现，否则，只凭着善意去膜拜大自然是不会有什么善果的。"

今天能读到这些东西感觉很好，然而我似乎又陷入了怀疑与悲哀。论文接着又写道："我确信威尔伯在神性、大自然及人性的当代议论上有莫大的贡献。对现代主义者和灵性层面的深层生态学者，他特别提出了重要的建言：在生态危机之下，还有一个更深意义上的危机需要解决，那就是这些人采取的只是单一层面属于平板世界的物化本体论。威尔伯很清楚地指出,凭着一时发作而否定人生的超验论或对超世俗的向往,是不可能解决这个危机的。反之,我们必须发展出多次元(也就是整合的)、非二元对立的本体论,才能赋予那被排除已久的东西一个存在的空间。真正深刻的灵性生态学一定能认知真实界的深度次元,而不会坚持主张凭借物质的自然系统——生命之网理论——就能阐述神性的无限次元。威尔伯在深层灵性生态学的发展过程中扮演着重要的角色。"

不知道为什么,我感到非常悲哀。我现在只有一个念头,要想改变这个世界,机会是微乎其微的。不只是我的著作,就连那些真正在做整合工作的好友,譬如齐默曼、罗杰、弗兰西丝、托尼、杰克、墨菲以及其他人,可能都起不了什么真正的作用。外面的世界好像空空洞洞的。我虽然能完全安于这份空寂,但空寂也会把你卷入低潮中。

5月12日,星期一

一时兴起,玛西和我决定度个短假。许多年来,我一直没真正度过什么假。曼哈顿与旧金山虽然很有趣,但还是工作的地方,我一点也没得到放松。既然目前并没有真的在写作,只是进行一些资料的研读,我想休息几天应该是没什么关系的。

我们需要找到可以满足各项要求的地方。玛西和我都喜欢阳光、沙子与海滩,不过我大部分的时间都是离群索居独自工作的,因此我也很想在人群中挤挤撞撞。我们都喜欢文化和大自然,最好能找到一个附近有市立文化中心的地方。我不但想躺着晒太阳,也想吸一吸汽车的废气,享受人们对我吼叫的滋味。如果假期中没有被人枪杀或抢劫的可能,这个假期还有什么意思?我们花了好几天的时间深入研究,最后决定变换一下情调,去一个非常肤浅、俗丽而又无趣的地方。

毫无质疑地,我们直奔迈阿密的南方海滩。

5月18日，星期日，南方海滩

噢！真是痛快极了，多么乱糟糟的一个地方。南方海滩可能是这辈子我们最不想来的地方，因此它也是最完美的度假胜地。

其实，南方海滩非常非常的美，它距离迈阿密海滩只有两条街远。以前它是一个破旧而荒废的区域，但是过去的十年，它有了惊人的发展，主要是因为受到上流社会权贵之士、模特儿、经纪公司和百万富豪的青睐。麦当娜在德拉诺（Delano）酒店开了一家餐厅，斯莱·史泰龙（Sly Stallone）拥有一家迪斯科舞厅，迈克尔·凯恩（Michael Caine）经营着一间啤酒屋，范思哲（Versace）坐落于滨海大道的那幢房子看起来就像是大使馆。这里有二十多间装饰艺术（Art Deco）风格的酒店，充满着最绚丽的霓虹灯饰和最柔和的粉彩色调，看起来华丽极了。这些酒店都是面海的，海滩上的沙子没有任何会伤脚的石块或贝壳。大西洋的海水多半呈现冰冷的灰蓝色，这里的海水却是湖绿与青绿色，光是看着它，已经令我十分愉悦了。透明的海水闪耀着波光，就像本觉璀璨的装饰品，没有任何内容，只有光明的跃升。站在这地球的边缘，内心与外在世界是没有分别的。

我们住进滨海大道上最热门的骑士酒店，我只能用"酷毙了"来形容这家酒店。南方海滩上的人不是同性恋者、模特儿，就是演员，或者三者皆是。这些旅馆的附近有许多可爱的餐厅，大部分都附有露天咖啡座，你可以坐在椅子上看着半裸的躯体从身旁走过。玛西为了赶时髦，也把肚脐穿了脐环，她已经正式成为X时代的一员。我们有时到沙滩上晒太阳，有时跑进餐厅试吃一番，或是到酒吧喝几杯，到服饰店购物，简直是呆透了。我们决定每天都要干掉一瓶葡萄酒——她，红得像个三项全能的选手；我，惨白得像个娘娘腔男子。再见了"目睹"；哈罗，残酷的俗世。

每天早上十一点左右我们去海滩，一直待到下午四点左右。这真是我所见过的最好的海滩，除了干净的沙滩外，你可以长途跋涉，而不会踩到任何石块与贝壳。水温完美无缺，大约八十度左右，所以不论你在水里待多久，都不会感到冷。我每天在水里一待就是三个钟头，海水刚好淹到我的脖子，水波温柔地上下浮动着，我必须踮起脚尖才不会被淹没。玛西是游泳冠军，她在我的四周不停地绕着圈子游来游去，这个女人把她的肌肉藏到哪里去了？身为一名运动员，她的曲线未免太好了一点。三项全能的女选手不是只有百分之零的脂肪吗？她们不都属于无脂肪宇宙的吗？她们为什么不欠这个世界一点脂肪呢？

以我们喝廉价葡萄酒的时间表来看，失去目睹的能力完全是意料中的事。头一天的情况果然如我所料，但是在海中漂浮不但使我再度目睹，而且进一步促成了目睹的消失和一味的出现。（纯粹的目睹仍然属于自性次元，因为还存在着主客对立的痕迹——你平等地目睹，目睹着这个透明的、闪闪发亮的世界。然而再往下发展，目睹本身就会消融于它所目睹的每一样事物，主体与客体变成了"一味"，或纯然的"如是"，这就是不二的境界。简而言之，就是从自我到灵魂到纯然的目睹到一味。）因此我非常开心地吃了一惊，漂浮在大自然的宝血之上，竟然也能浸淫于一味，而且这宝血还带着几分咸味。

处在这样的境界中是没有时间感的，虽然时间从其中穿过。云朵从天空飘过，念头从心中闪过，海浪从身边流过，而我就是这一切。我并不是在看其中的任何一样事物，因为并没有一个自我中心在那里刻意觉知看什么。每一样事物只是在瞬间单纯地升起，而我就是这一切。我并不是在看天空，因为我就是天空，而天空正在看着自己；我并不是在感觉大海，因为我就是大海，而大海正在感觉自己；我并不是在聆听鸟鸣，我就是鸟，而鸟正在听着自己的叫声。没有一样东西在我之外，也没有一样东西在我之内，因为我根本不存在，存在的只有万事万物，一向都是如此。没有任何东西在催促着我，也没有任何东西在拉扯着我，因为我根本不存在——存在的只有万事万物，一向都是如此。

我的脚踝有点疼，因为昨晚去跳舞，但这疼痛并不会伤害到我，因为我根本不存在。痛感像鸟鸣、海浪、云朵和念头一样自然地升起，我既不是这一切，而又是这一切，万事万物都是相同的一味。这不是一种出神的状态，也不是觉知变弱了，反而是觉知变得更为强烈了——不是潜意识，而是超意识；不是在理性之下，而是在理性之上。这份觉知如水晶一般清澈，它觉知每一瞬间升起的每一样事物，但是那个觉知者却是不存在的。这不是一种灵魂出体的经验，我并没有漂浮在上空看着下方，我其实根本没有在看什么，我不在任何事物的上方或下方，因为我就是一切。

大体而言，一味是非常单纯的状态。处在精微和自性次元的神秘经验中，你时常会有宏伟、有预知性的敬畏感，神秘的巨大冲击感，或是光明、至乐与美，以及感恩和喜极而泣。但是进入一味的境界时，一切又变得不可思议的平常与简单，只是如此。

我在深及脖子的海水中待了三个小时。三个小时里有多少时间是属于自我、目睹或一味，我并不清楚。然而那一味的感觉从未离开过你，不论你有多么困惑，因此你并没有一种进入它或脱离它的感觉。它一直都存在着，而且永远存在着，即使是当下，即使是世界末日。

然而当下该是吃晚餐的时间了，我必须拖着这副肉身去做那令人厌烦的事。除此之外，我确信玛西可能又要在身体上多穿几个洞，不论是自我、灵魂或上帝，我想都不会愿意失去观礼的机会。

5月20日，星期二，南方海滩

改变一下情调，我们从骑士酒店搬进了卡萨格兰德（Casa Grande）酒店。骑士酒店热闹而时髦，卡萨格兰德优美而雅致，两者都不像凯悦和四季那种大型的酒店。它们与南方海滩大部分的酒店一样属于小型装饰艺术风格的建筑，顶多三四层楼高，古雅之中带着一份风情。

我们去服饰店购物时——我们都喜欢妮可·米勒（Nicole Miller）的店，其他还有十几家很棒的小店——和店员热切地讨论谁是最热门的新锐设计师。我支持的是汤姆·福特（Tom Ford），他接管了索然无味的古琦（Gucci），并且造成了轰动。他设计的男装与女装都令人惊艳，看起来性感、典雅而又利落。他们那帮傻人支持的则是加利亚诺。玛西喜欢伊萨克·米兹拉希（Isaac Mizrahi），因为我们看过《拉链开了》这部电影，她觉得他的设计十分令人崇拜。很可惜好莱坞已经把阿玛尼变成了陈腔滥调。我认为目前还没有任何人比得上他，他是现代主义的奇才，如同一道防护堤一般,防堵着以拉克鲁瓦(LaCroix)、高提耶、范思哲、杜嘉班纳(Dolce & Gabbana)为首的后现代主义的愚蠢设计。后现代主义在时装设计上还未出现像建筑界的盖里那样的天才,虽然高提耶已经接近了,谁知道?也许加利亚诺或麦昆(McQueen)可以达到那样的水准。

晚餐很棒,我们吃了一条鱼,但是不记得名字了。为什么我会不记得?噢!对了,葡萄酒的缘故。

昨晚我们在范思哲的服装店门口遇见一对友善的夫妇,大家很自然地谈了起来,接着又一起共进晚餐。那位女士很显然越来越想尝试一下文身的滋味——这对夫妇非常聪明又富有观察力,但还是有点保守。她的酒喝得越多,尝试文身的想法就越坚定。

我们一起到玛西穿脐环的那家店,它看起来像是一个全方位残害肉体的店铺。我认为这家店铺的名称应该叫"毁损身体我们包办"。玛西兴高采烈地怂恿那位女士:"你快来看这只美国白头鹰!"她的手指着一个像餐盘一般大的图样。我开始替那位女士感到紧张。"噢!快来看这颗可爱的小心。"——大小跟豌豆一般。那位女士最后决定文上那颗小心,两分钟后便大功告成。

星期一我们又回到了海滩,这一次"目睹"和"一味"都不见了,剩下的只有宿醉后的自我。海水依然幽美,我们在这个裸体(只裸上身)海滩(topless beach)吃着三明治,喝着啤酒,在阳光下煎着自己身上的肉。玛西越来越融入南方海滩的精神,也就是毫无精神可言,只有油光闪亮、颓废与肮脏。当天晚上,她决定把两个乳头也穿环。我对她发表了一段很严肃的"让我们有点责任感"的演说之后,便直奔"毁损身体我们包办"那家店铺。付过一百元之后——以及数个我不会轻易忘却的画面——玛西的乳头上挂了两个看起来像浴巾环的东西朝我走来。(每次我告诉婴儿潮时代的朋友这件事,他们的反应都充满警戒和厌恶,甚至有点作呕;X时代的人却直说"酷!")

明天我们就搭机返家了,这次的假期绝对是个笑柄。玛西是一位很棒的游伴,她从不生气,她真的很快乐,而且懂得享受人生。她为人诚恳,却一点也不严肃。坐在飞机上,我俯瞰下方在空寂中闪闪发光的海水,这真是一次奇妙的梦幻之旅——真的是一场梦。

5月25日，星期日，博尔德

又举办了一次那洛巴读书会。学生们提出了许多问题，包括"慈悲"和"愚蠢的慈悲"有何不同，"前"与"超"的谬误，冥想和神经官能症的差异，以及提出整合观点时引起的某些理论者的愤怒……以下是其中的片断：

学生：有一回我和其他同学讨论整合学的观点，他们认为我是在批评，一点都不慈悲，我却不认为如此。

威尔伯：在灵修圈子里，这大概是最令人困惑的议题了。基本上，大部分的问题都源自人们混淆了慈悲和愚蠢的慈悲，创巴仁波切曾在这两个名相上作了重要的区分。在我们这个国家里，尤其是新时代的圈子，流行着一种温吞的平等主义与圆滑的自以为是。他们声称没有任何一个观点比其他的观点更好，因此所有的观点都应该平等视之，这样才能显现丰富的多元性。如果我们不作任何好坏的论断，我们就能彰显真正的慈悲。换句话说，一般人都以为慈悲和批判是二元对立的。

但是你知道吗？这个观点本身就是自相矛盾的。从某一方面来看，这个观点声称所有的观点都是丰富的、多元化的展现，因此每一个观点都是平等的，没有任何一个观点比其他的观点更好；从另一方面来看，它强烈地暗示自己的观点是超越其他选择的，因此这个"慈悲"的观点虽然声称没有任何一个观点比其他的观点更好，其实它是在暗示，这个世界不该有任何观点超越其他的观点，除了它自己之外。此乃以某种阶层来否定所有的阶层，以某种批判来否定所有的批判，因此它的意图虽然良善，但还是一种伪善，因为它强烈地谴责了其他所有的人。

伪善与真正的慈悲毫无关系，那只是一种愚蠢的慈悲。愚蠢的慈悲以为自己是在行善，其实是非常残酷的。如果你有一位酗酒的朋友，你知道再多喝一杯酒会令他丧命，而这时他却向你讨酒喝，那么真正的慈悲是否意味着你该把酒拿给他？毕竟，给别人想要的东西是一种善行，不是吗？你怎么可以把自己的观点强加在别人的身上，你算是老几啊？所以把酒给他喝就是彰显慈悲，对不对？不对！

　　真正的慈悲是包含着智慧的，而批判的出发点是关怀与关切。你应该说某些事是好的，某些事是不好的，我的行动是从智慧和关怀出发的。送一箱威士忌给严重的酗酒者，只因为他需要，而你也想行善，这样的行为根本就不是善行。那是一种愚蠢的慈悲，并非真正的慈悲。

　　禅把这两者区分为"祖母禅"与"正宗禅"（译注：即禅宗传统所称的"老婆禅"和"祖师禅"）。为了从轮回之梦中醒来，自我必须被好好修理一番，否则，你将继续玩你最拿手的把戏。然而"祖母禅"绝不会带给你挑战，为了行善，"祖母禅"会如你所愿地，让你晚一点起床或允许你早一点结束静坐，任由你沉溺于自我之中。"正宗禅"则会拿出一条长长的香板，对着你大声吼叫，你的骨头可能会被打断，你的自我可能被粉碎。真正的慈悲作风可能是踢你的屁股，辱骂你，令你十分不悦。如果你没有准备好接受这种火炼，那么你就去新时代的圈子里找一位轻松而又和蔼、永远面带微笑、总是轻言细语的老师，然后学着运用充满灵性的辞藻，替自己的自我加上新的标签。我的朋友，你千万别靠近那些真正慈悲的人，因为他们会让你尝到油炸屁股的滋味。大部分人所说的"慈悲"其实是：请对我的自我好一点。然而你的自我就是你最大的敌人，善待你的自我其实是不慈悲的。

　　目前你和我都不是彻悟的大师，我们不可能永远知道什么是真正的慈悲，什么不是。所以我们必须开始学习给予真正的慈悲，而不是愚蠢的慈悲。我们必须学会作定性区分，这是一种涉及不同层次价值观的等级判断。如果你不喜欢阶层等级，没问题，这就是"你的"阶层等级——你对于无阶层的评价，超过你对于阶层的评价。对我而言，只要你能诚实地替自己的行为冠上正确的标签，一切都没什么问题。如果你不喜欢把价值观分成各种层次，没问题，这就是你的分层次的价值观——你认为无层次之分比有层次之分更高——这也是一种阶层区分。其实阶层区分在价值观上是无可避免的，因此你至少该清醒地、诚实地、光明正大地做这件事，而不要以伪善的态度声称自己是"毫无批判性的"，毫无批判性其实就是最大的批判。

学生：无拣择的觉察不是毫无批判的吗？

威尔伯：无拣择的觉察就是接受每一样升起的事物，包括批判与不批判在内。你知道吗？不批判本身其实是一种二选一的拣择，因此它和无拣择的觉察是截然不同的。无拣择的觉察就像一面明镜，它毫不费力地映照着一切升起的事物，它不会选择不批判而排斥批判。

无拣择的觉察指的就是佛家所谓的"毕竟空"或"绝对菩提心"；批判指的则是相对菩提心或慈悲心——这里指的是真正的慈悲心，而不是愚蠢的慈悲心。真正的慈悲心是从智慧中产生批判，因此不论从绝对或相对的角度来看，"不批判"都不是明智的立足点。处在绝对菩提心中，我们安住于毕竟空，而毕竟空根本不关心我们是否在批判，因为批判与不批判都平等地从空中升起；处在相对菩提心中，我们从智慧与慈悲产生批判，也就是说，我们的批判是奠基于定性区分、不同层次的价值观和深度之上的。

因此当你听到有人说他们是"无阶层之分的"和"不批判"的时候，你应该赶快逃跑！我们需要学习清醒的定性区分，我们需要奠基在不同深度上的批判。愚蠢的慈悲几乎将整个灵修领域摧毁，而且无法产生真实的灵性上的进展。

学生：只因为我作了定性批判，这些人就对我大肆抨击，他们才是假装神圣……

威尔伯：你知道吗？定性批判和言语可憎是截然不同的。我建议你，每当你碰到这种情况时，要先检查一下自己的态度与动机。我们也不该假装诚实，认为自己才是真慈悲，而那些笨蛋只有愚蠢的慈悲。我们很可能会落入这种陷阱，我知道我自己就是这样。当批判失去了善巧，就变成了言语可憎，因此要注意这点。但你一开始提出的问题是，因为提到了整合观点的重要性而遭到打击。

学生：是的。

威尔伯：这又是另一个问题了。经验告诉我们，如果你强求别人扩大他们的观点，能扩大到百分之五以上的人可能都不多，这时如果你还想塞给他们一个更大的画面，他们可能会立刻把自己封闭起来，甚至会光火，然后就会开始给你扣帽子——缺乏慈悲心啦，骄傲啦，等等。如果你还不罢休，那就是你的问题了。也许你的自我很享受这种把东西硬塞进人们喉咙里的滋味，我就曾经干过这种事，结果是一点帮助也没有。假设你真的想帮忙——真慈悲——那么就不要放太多的食物在汤匙里，对不对？

此外你必须记得信念系统不只是信念而已，它们还是自我的居所或自我紧缩的家园。即使是整合的信念系统，譬如"生命之网理论"，也一向是自我的居所。信念只是一种心智的活动，如果超越心智的东西没有被发现，那么所有的心智建构都是顽固的自我居所。当你向任何一个信念系统挑战时，自我就会经验到死亡的威胁，继而引发所有的求生本能。所以你不只是在探讨一个理论的真伪，甚至还涉及了生死存亡的挣扎。当我们在做这件事的时候，我们面对的是一只无处可逃的老鼠，包括我们自己心中和别人心中的那只老鼠，因此要十分小心。

学生：为什么愚蠢的慈悲这么受欢迎？

威尔伯：因为它不会威胁到任何东西。它会在这么多的灵修圈子里猖獗地盛行，是因为自我基本上不喜欢任何挑战。它要的是"祖母禅"。人们宁愿花一大笔钱去参加那些助长自我的周末工作坊，因为他们可以学到一些新的观念，然后称之为灵修，接着又把这些观念输入生命的幻化之网，以为凭着这些观念，就可以进入终极的合一境界。美国的灵修书籍拥有巨大的市场，人们买这些书的最大动力是：婴儿潮时代的人希望别人能告诉他们，自我就是"神"，而他们的自我紧缩就是"神性"。于是自我紧缩从此被冠上了"神圣"的标签，而"祖母禅"只是面带微笑地看着这一切。

但我不认为这些途径都是坏的或恶意的，我只是认为他们有一点头脑不清罢了。我想主要是因为他们没有一张完整的宇宙地图，他们在高尚的寻道过程中稍微走偏了一些，所以我希望能有一个更具整合性的观点，来帮助他们厘清困惑。

学生：为什么整合观点会威胁到这么多人？

威尔伯：因为整合观点一向要求人们将自己的信念扩大，并且要远超过百分之五，很少有人愿意这么做。

学生：他们所投射出来的愤怒令我十分惊讶。

威尔伯：那确实是很不幸的事。我曾经以为如果指出方法 A、方法 B

和方法 C 都是同样重要的，人们会因此对你大表感激，但事实上 A、B、C 三组人都被你激怒了，因为你明白表示他们的领域并不是唯一重要的领域。如果你声称弗洛伊德、皮亚杰与佛陀在意识的理解上是同等重要的，佛教徒就会说你为什么鄙视佛教；如果你明白表示粗钝次元的大自然、精微次元的灵魂和超验次元的灵性都很重要，生态学者就会质疑你为什么憎恨大自然。

当然我必须补充一句，某些人可能会因为整合观点是错的而产生负面的反应。我的意思是，我们这些相信整合观点的人也可能是错的，因此那些清醒而又理性的人才会产生负面反应。我们必须永远记住这个可能性：当人们受到威胁时，我们并不一定是对的，而他们就是错的，事实可能刚好相反。

5月27日，星期二

整个早上都在工作，阅读，阅读，阅读。下午玛西和我先去买了日用品，然后到健身房运动。一起举重的家人可能长久生活在一起吗？我看最后很可能一起出现在急诊室。

5月28日，星期三

《唯理科学评论》十周年的纪念特辑最近出刊了。他们要求我对过去十年的意识研究写一篇总评，同时还邀请了艾尔文·斯科特（Alwyn Scott）、杜安·艾尔金（Duane Elgin）、珍妮·阿科特伯格（Jeanne Achterberg）、彼得·罗素（Peter Russell）、威尔·基彭（Will Keepin）撰写回应的评论。他们的回应都富有洞见，而且思维缜密。我认为这一期的评论是十分精彩的，必须感谢执行编辑芭芭拉·麦克尼尔（Barbara McNeill）和副主笔大卫·约翰逊（David Johnson）、卡罗儿·盖恩（Carol Guion）、克里斯琴·德·昆西（Christian de Quincey）以及基斯·汤普森（Keith Thompson）。

编辑的引言如下："在我们十周年庆的特辑中，有一篇威尔伯撰写的有关意识研究领域的特别评论。威尔伯为我们这个时代最富有挑战性的议题,列举了十二种真正的整合途径。"这确实是我努力要做到的事——先举出十二种不同的意识研究领域,再用整合的观点加以统合。这十二种主要的学派如下:认知科学、内省主义、神经心理学、个别心理治疗法、社会心理学、诊疗精神医学、发展心理学、心身医学、非常态意识研究、东方宗教与默观传统、量子意识研究、精微能量研究。

我的重点是:"我对意识研究领域的观察如下:这个领域的研究员在他们事业起步的初期,通常会选择一两个门径加以研究,原因可能是受到某位老师、某个组织或某个学术部门的影响,从此以后他们就很难再支持或认识其他的途径了,这就是人性。凡是能支撑他们立场的证据,他们便热切地予以累积;不能支撑他们立场的证据,就予以忽略、贬低或为自己辩解一番之后置之度外。

"但是我们应该反过来作一种假设:人类的心智是不可能制造百分之百的错误的,换句话说,没有一个人会聪明到永远都在犯错。

"这句话意味着,这十二种途径不可能全错了。从正面的角度来看,每一种途径都可能传达极为重要和有价值的讯息。这意味着,不可避免地,我们必须朝着真正的整合途径发展,将这十二种研究途径加以整合凯摄。很明显,这是一个吓人的挑战,然而如果做不到这一点,便无法声称自己是具备整合性的。"

经过一段漫长的探讨,这篇论文的总结是:

"我们在这条整合途径上到底进展到什么程度了?过去的十年虽然出现过一些意义深远的例外,然而这十二种研究途径还是最具整合性的方法。

"在一系列的著作中(尤其是《灵性之眼》),我试着归纳出一种整合的意识理论,来涵盖这十二种主要的途径。但重点不在我所发展的独特整合观,更重要的是,我们应该开始进入一种全面的有关整合途径的对谈——整合冷硬的头脑与温柔的心,整合自然科学与唯理科学,整合客观的真实与主观的真实,整合经验主义与超验主义。

"在我们期待十年之后,某些人已能探察到意识研究的大趋势——也就是真正具有整合性的研究。让我们现在就开始分享,分享这份对于整体主义与整合性的关切；让我们从此时此地便开始伸出双手，扩大自己。

"真正具有整合性的意识理论有可能存在吗？这就是我抛给你的问题，也是我带给你的挑战。我们的伞有多大？我们的善意之网能撒到多远多深？有多少张神圣的面容会对我们的努力展开微笑？在我们的彩虹联盟中，我们到底能识出多少种色彩？

"让我们暂时停止我们的研究，把理论放置一旁，轻松地进入我们的本初觉知。这时我们会发现什么？当知更鸟在清明的晨曦中欢愉地鸣唱时，我们的意识在哪里？当阳光从覆盖白雪的山头向四方照射时，我们的意识在哪里？它在时间所遗忘的地方，在没有时间的永恒刹那中，在时间碰触到永恒、空间对着无限呐喊的秘密洞穴中。当雨滴落在庙宇的屋脊上而它的每一个脉动都在传播神性之美时，当月光反映在每一颗清纯的露珠上而让你知道自己是谁时，当整个法界只剩下迷雾里寂寞的瀑布在温柔地呼唤你的名字时，你的意识在哪里？"

5月29日，星期四

今天早上，世界安详地升起，在空寂之海上闪耀着微光，存在的只有"这个"——浩瀚无边、开放、清澈而又赤裸的明光境界。所有的问题都在这单一的答案中消融，所有的疑虑都在这单一的呐喊中化解，所有的担忧都只是这平等之海中的一圈涟漪。

这"一味"可以和所有的尘世抗衡，然而吊诡的是，只有在唱出拥抱整体的圣歌时，它才感到欢愉。这就是为什么整合的意识理论必须涵盖与统合四大象限里的所有次元——也就是"我"、"我们"和"它"所组成的三大象限的所有次元；或是意识中的第一人称、第二人称及第三人称。

目前有一场炽热的战争正在第一人称或内省式的论述（也就是立刻反省心智的内容，然后将其展现给自己的觉知）及第三人称或客观、科学的论述（也就是把意识所有的内涵转译成经验科学所揭露的客观实体或"它"）之间展开。然而两者都忽略了第二人称的重要性。假设缺少了语言结构、道德背景、共通的语意学以及文化背景互为主体的领域，那么"我"或"它"

连被认知的可能性都没有了。但是从另一个角度来看，人类的属性和文化研究，强调的都是文化背景，它们试图将所有的觉知（我）以及所有的客观知识（它），化约成文化的建构（我们）。

这三种途径都错了，因为它们都有对的地方——虽然只有部分是对的。换句话说，这三者都必须平等地摆在整合的台面上。我还没发现任何一个人采用相似的整合途径（平等地支持第一人称、第二人称和第三人称不同的次元），当然除了我们这个星球上最聪明的人尤尔根·哈贝马斯（Jurgen Habermas）外。然而哈贝马斯完全不赞同任何超理性及超个人的领域，所以他只能算是整合了所有的象限，而非所有的次元。

无论如何，我在《灵性之眼》这本书中很清楚地说明了这个途径。在《意识研究》月刊上我也写了一篇学术性的文章，取名为《意识的整合理论》。这是一份相当特别的刊物，出刊到现在不过四年，却已经成为主要的焦点，因为参与讨论的人包括了许多杰出人物，譬如约翰·塞尔（John Searle）、丹尼尔·丹尼特（Daniel Dennett）、弗兰西斯科·瓦里拉（Francisco Varela）、约翰·埃克尔斯（John Eccles）、罗杰·彭罗斯（Roger Penrose）、大卫·查尔默斯（David Chalmers）、彻奇兰（Churchlands），等等。那一期的封面标题是《分类法还是剥离术？》，这个题目起得非常聪明：意识到底应该被分类成活生生的东西（分类法）？还是一团死肉（动物标本剥离术）？

5月31日，星期六

今天早上我静坐冥想时，并没有安住于无修无证或无拣择的纯然觉察中，我采取的是双运身的"谭崔"观想或无上瑜伽——把性能量转化成光明的至乐与慈悲的胸怀。这些练习多半属于精微次元（从通灵次元开始，再导引至精微次元，有时也融入自性的次元，很少能到达一味或自然无念。这是从通灵到精微次元的典型练习法）。这类的练习被总结为"慈悲乃是不离空性的至乐"。

它的练习方法是这样的：在静坐中你观想自己和自己的伴侣进入性的交合。你把自己和自己的伴侣观想成神或女神、天使或菩萨、佛或圣人——

任何一种意象，只要它能代表你最深和最高的本质。你必须观想得非常清楚，非常专注：你和你的伴侣是透明的神圣光体，而它们正在做爱。你会真的生起性欲，但你必须将这股欲望与呼吸互相调和：吸气时，你把"明光"从头顶吸到生殖器的部位，也就是"生命力"的居所；吐气时，你把生命力从身体的后方沿着脊椎的方向往头顶吸（这是另一个版本的退化、进化，或由高入低，再由低层回返高层，形成下降与上升的能量循环。如果你和一位真实的伴侣做这项练习，你可以配合着呼吸来进行）。

任何一种在性器官的部位所蓄积的愉悦感，都可以随着吐气沿着脊椎的方向导引至顶轮的明光——你可以把身上的任何愉悦感导向顶轮，也就是无限明光的居所。吸气时，你直接将头顶的明光吸入身体——尤其是身体的前方，从脸部到喉部到胸部到腹部到底端的生殖器。这个循环就是这样运行着：把天国的明光引向人体的生命力，然后将生命力引向明光。随着你每一次的呼吸，你都在结合向下回旋的"神对世人之爱"以及向上回旋的"性爱"，也就是将慈悲与智慧结合起来。

当你的全身充满愉悦的至乐时，你就直接运用眼前的乐受来冥想"空性"。"空性"指的是存在的奥秘、尘世的透明面或浩瀚无限的神性。只要对你起得了作用的，你就利用它来进行冥想。最简单的方式便是安住于那无法被目睹的纯然目睹中，维持彻底的开放与空寂，让那份至乐感充满你所具足的无限神性，让你的觉空中充满你神圣双运身的至乐。

一旦安住于这广大无边的至乐，你就变得无限圆满了，没有任何欲望和渴求。这时让自己生起一个温柔的念头：我愿所有的众生都得到解脱，体尝空性。这时从浩瀚无边的至乐之海中会兴起一圈慈悲的涟漪，这份慈悲心就是由空性生起的至乐构成的。如同大海的波浪一般，慈悲乃是从空性中生起的至乐行动。

所以，不离空性的至乐就是慈悲。换句话说，至乐与自己的神域重新联结，然后将这份狂喜而又自在的恩宠扩大到众生身上，这就是利益他人的慈悲。

我下床去做早餐，然后开始工作。

六 月
JUNE

你为什么不快乐?
因为你的思想与行为,
百分之九十九都是为了自己,
而这个所谓的"自己"并不存在。

——魏无为

6月1日，星期日

T·乔治·哈里斯（T George Harris）和凯特·奥尔森（Kate Olson）来访。凯特是公共电视台吉姆·拉瑞（Jim Lehrer）《新闻时间》的制作人，他制作了一些相当杰出的灵性节目，譬如托马斯·基廷神父（Father Thomas Keating）等人的专访。凯特是一位聪慧、充满吸引力、将自己奉献于灵修的出色友人，我们时常聚会聊天。

T·乔治正准备创办一份全国性的灵修杂志，能办成这件事的人，我认为非他莫属。《当代心理学》就是由他创办的，他负责主编的那段时间，这份刊物一直有非凡的表现。几乎每个人都在阅读它——对于我们许多人而言，它是真正的生命线。那已经是二十多年前的往事了，直到今日我还保留着许多期的复印件。乔治后来又创办了《美国人的健康》杂志，目前他正准备出版《灵修与健康》。他已经七十多岁了，如同休斯顿·史密斯一样，他们都树立了不受年龄威胁的典范。

我们坐在阳台上，遥望着远方的平原，开始吃午餐。乔治和我通常的话题都围绕着如何使这份刊物具有亲和力、受欢迎，同时又能兼顾深度及精微度。这是格式化的、商业运作上的两难之局——产品越有深度，观众或读者就越少。我只能提供小小的帮助，为这份刊物作出分层规划，让某些部分是简明易懂而富有亲和力的，另外的部分则必须达到高标准，符合前进的要求。贡献虽小，如何能真的办到？反正乔治还在筹款的阶段，目前他正在跟时代华纳洽谈这件事。我希望此事能有个结论，因为在实修的议题上，我们确实需要一个全国性的论坛。

我们在前、超谬误的主题上进行了长时间的讨论。前、超谬误的概念其实很简单，只因为前理性期和超理性期都是非理性的，所以很容易被混淆；一旦被混淆了，就会有非常不幸的事发生。一来人们可能将成熟的、属灵的、超理性的境界，贬低成婴儿期的或前理性期的状态；二来人们也可能将婴儿期的、自恋式的或前理性的状态，抬举为超理性的荣光。此乃所谓的贬低派与抬举派。弗洛伊德是典型的贬低派，他企图把不二的神秘境界贬低成自恋主义或婴儿期海洋式的非二元状态，见《幻觉的未来》（译

注：弗洛伊德原著名为 The Future of an Illusion）。荣格则是典型的抬举派，他时常将前理性期的神话抬举为超验的伟大境界。

（神话只是一种故事，信仰神话的人往往把故事当真了——摩西真的把红海分开，耶稣真的是从处女之身诞生的，等等。如果神话能清醒地被运用成寓言、象征或是一种诠释的方式，它就能带给我们认知的能力，引领我们进入统观逻辑的层面，也能帮助我们向超个人的境界开放。通常当我提到"神话"时，我指的都是前理性期的、将故事当成具体事实的神话。）

过去贬低派一度成为实修研究上的危害，后来在新时代运动的影响之下，抬举派反而成了更大的威胁。这些人虽然怀抱着良善而高尚的意图，毕竟还是把婴儿期的、幼稚的、自我中心的心境，误认为神圣或属灵的境界，只因为这两种情境都是"非理性的"。这样的观点绝对是有问题的。

真正的成长是从前理性期到理性期到超理性期，从潜意识到自我意识到超意识，从前成规期到成规期到后成规期，从前个人期到个人期到超个人期，从本能冲动到自我到神。但是如果混淆了前、超，那么"前"就会被抬举为"超"，而自恋就会取代真实的成长与转化。

在我看来，横扫美国的"灵性复兴运动"，大部分属于前理性期的退化状态，而非理性期的成长。这是令人很担忧的现象。前理性期的行为被误认为超理性期的觉察，前语言期的感觉和冲动被抬举为超语言期的洞见，前道德期的自我放纵被混淆成超道德期的自性，前成规期的大自然膜拜被提升为后成规期对神性的体悟，前理性期的本能冲动被混淆为超理性期的神性。

出版商与读书俱乐部以惊人的速度贩卖着包装成灵修的书籍，有人以为我们真的进入了"整合文化"及"灵性复兴运动"，我认为这样的认知是相当含糊不清的。据威廉·欧文·汤普森（William Irwin Thompson）估计，大概有百分之八十的灵性复兴者都属于前理性期，不到百分之二十的人是属于超理性期的。我虽然基本上对这样的估计表示赞同，但真实的情况比这糟糕多了。我自己的分析显示：超理性期的灵修者还不到总人口的百分之一。运动研究报告一向显示，能达到"个人成长"最高阶段的人还不到百分之五，你可以想象进入"超个人阶段"的灵修者有多少了！

就一份杂志的市场性来考量，上述的现象根本是一场噩梦，这就是乔治、凯特与我需要讨论的事项。如果灵修市场多半倾向于前理性期的奇想和神话，你如何能兼顾那些勤勉的、超理性的、真正在从事灵修的一小撮人？这是非常困难的事，因为这两组人都认为自己是属灵的，彼此却不能相融——其中一组人是属于转译的，另外一组则是属于转化的。他们通常都无法赞同对方的观点，因此如何才能把他们不同的喜好放在同一本杂志里，又不至于造成离间，成了一个问题。更进一步要考虑的是那些属于前理性期的灵修人士，有许多都想进入真实的超个人、超理性的灵修境界，因此让大家都能各得其所是极为重要的事。幸好乔治能充分认识到这个问题，因为读者如果都是婴儿潮时代的灵修者，这是一定会面临的市场困境。

6月2日，星期一

清晨，橘黄色的太阳缓缓上升，在空寂的明光中向四方照射。心与天空是一体的，太阳在本觉浩瀚无际的空间中升起，一切只是如实存在着。安谷禅师（Yasutani Roshi）曾说：见性是世上最珍贵的一件事，因为所有伟大的哲人都企图理解终极实相，然而都失败了。一旦见性或觉醒，你心中最深的疑问便能获得解答——一切只是如实存在着。

6月3日，星期二

我们是否该担忧后现代世界的艺术形态？《5280》杂志有一段话：

> 电视节目《六十分钟》报道过有关后现代艺术的荒谬世界。莫里·萨弗（Morely Safer）提及一个高达八尺的烟灰缸，里面装满了真实的香烟和雪茄烟头，这可算是现代艺术品中最粗暴的例子了。萨弗同时还指出，这件艺术品最近被丹佛美术馆以六万美元的高价收购。

我们是否也该担心今日世界的商业伦理？《成人健康》杂志有过一篇

报道：

在工作中展现出来的最佳品质是：效忠。最近的一项调查显示，86%的主管认为他们最重视的工作品质就是部属的效忠程度，而他们认为最糟的工作品质却是诚实。只有3%的主管认为他们最重视的工作品质是诚实。

6月4日，星期三

整个早上都在工作，然后决定到屋子后面慢跑。如果你在慢跑时维持着目睹，你会发现在移动的并不是你的身体，你就是那如如不动的目睹。更精确一点说，你没有任何的属性、特征、动作或骚动，你只是安住于浩瀚无边的空寂中。你既然能觉察所有的动作，可见你并不是那些动作。因此当你在慢跑时，你真正的感觉是自己并没有在移动——目睹本身是超越动与静的——地面似乎自己动了起来。就像你正坐在电影院里，你的身体并没有移动，却能看见银幕上的画面不断地变化着。

（在高速公路上开车也很容易进入这样的状态。你只需要放松地坐着，"假装"自己没有在动，动的是外面的景观，这么做很容易让人快速进入纯然目睹的状态。在这种状态中，你只是安住于无拣择的觉察，如如不动地看着这个世界从旁掠过。这纯然觉察如如不动的中心，其实就是整个法界的中心或宇宙的台风眼。这如如不动的中心——世界只有一个中心，而它是存在于每个生命之中的，它无所不在却又没有任何边界——也就是你灵魂的引力中心。）

因此，禅宗才会说："纽约有一个人喝伏特加，洛杉矶有一个人醉了。"这"大心"是超越时空的，所以它可以同时出现在两个地方。对如如不动超越空间的目睹而言，在纽约喝酒或在洛杉矶喝醉了是同一件事。为什么禅宗会说："如如不动地走到纽约。"答案是："我早就在那里了。"

我即是自性，我即是目睹，我并不在时间中移动，而是时间通过我在动。如同云朵从天空飘过，时间也从我本觉的空间流过，而"我即自性"从未被时空及其怨言染指。永恒并不意味着永远活在时间里，而是超越时间的当下这一刻——它先于时间及其搅扰。同样的，无限并不意味着一个巨大无比的空间，因为它完全超越了空间。"我即自性"是超越时空的，它活在永恒与无限中，它就是目睹，而目睹是不受时空限制的，因此我可以在纽约喝伏特加，却在洛杉矶醉了。

今天早上我去慢跑，除了人生这部戏的场景之外，没有任何东西在移动。

6月5日，星期四

阿南达·库马拉斯瓦米（Ananda Coomaraswamy）上师和休斯顿·史密斯都说过：长青哲学的核心就是大存有链或大存有巢。然而以现代的眼光来看大存有链，至少有四点不妥之处。为了能适用于现代与后现代的世界，并发展出真正的整合途径，这些缺点必须详加细述。

大存有链在传统上指的是物质、肉体、心智、灵魂和灵性（请参阅图表1）。某些传统又将它加以细分，譬如灵魂经常被细分为"通灵阶段"和"精微光明阶段"，而灵性又被划分为"自性"和"不二的一味"。因此扩张之后的大存有链应该包括物质、肉体、心智、灵魂（通灵与精微光明）以及灵性（自性与不二）。

当然，这些阶层也应该包括所有的真实界在内。然而如同我说过的，它们大部分只属于左上角的象限（属于内在意识的光谱）——这是第一个不妥之处。我时常强调大存有链的每一个纵向的阶层都可以细分为四个横向的次元，因此在主观的意识光谱之上，我们还需要添加客观的相关事物（右上角的象限）、主观上共通的文化背景（左下角的象限）以及集体的社会制度（右下角的象限，见图表1、2、3），否则大存有链根本无法承受现代性加诸它的正确痛批。

精神药理学、精神病理学和意识研究促成了革命性的理解，这是过去的那些伟大的传统所无法领会的——左上角内在意识的研究已经结合了右上角脑部科学的研究。同样的，过去的传统很难理解个人意识乃是由文化背景下的世界观铸造的，而技术、经济及生产形式也会影响个人意识，因此大存有链开始遭受各方的攻击，包括生物科学、马克思主义以及文化与历史研究，等等。它们都证明了意识不仅仅是超验的、有别于肉体的本体，同时也是深植于客观事实、文化背景与社会建构之下的。然而大存有链的理论家对这些指控根本无法作出任何可信的说明（因为他们对这些领域缺乏认识）。只有将肉体、心智、灵魂与灵性再细分为四大象限（或三大向度）才能应付这些反对的声浪（有关这个议题的讨论，请参阅《科学与宗教的整合》）。

大存有链的第二个不妥之处是，心智在早期的发展阶段就应该加以更细微的划分，在这一点上，西方心理学的贡献是非常明显的。简而言之，心智本身至少可以分为三个主要的成长阶段：两岁到五岁属于奇想阶段，六岁到十一岁属于神话阶段，十一岁以上则属于理性阶段以及整合多元非透视观或统观逻辑的阶段。

如果我们将东西方所有的证据集合起来，那么一个比较完整的大存有链应该包括以下十个阶段，而每一个阶段在发展的过程中都包含了较低的阶层：

一、感官与生理本能阶段（Sensorimotor）——属于物质和肉体的次元。

二、情绪欲力阶段（Emotional-sexual）——生物的本能冲动，感觉，认知，情绪；生命力，欲力，气，生物能。

三、奇想阶段（Magic）——早期的心智运作形式（早期的象征思考与概念），还无法将主体和客体加以清楚的区分，其特征是自我中心，不自然，相信万物皆有灵，认为人类是宇宙的中心，相信语言的神奇性。因为无法清楚区分内在与外在，于是将自我的意志强加于外在的事物。同时，充满自恋地深信它能直接而神奇地改变世界（星期六的晨间卡通节目，大多属于魔幻式的结构：超人英雄只要看一眼，山就移动了；他们可以飞翔，融化钢铁，迅速击垮敌人，用魔力转变世界）。简而言之，因为无法清楚区分主体和客体，于是充满奇想的自我就把世界视为自己的延伸，并将自我的特性强加于外在世界。在这个阶段，自恋与自我中心掌控着一切。

四、神话阶段（Mythic）——心智发展的中间阶段（又称为具体运思以及以角色和规则来进行思考的阶段）。这时自我神奇的魔力开始转化成对神与女神的崇拜：如果自我无法神奇地转变这个世界，至少神和女神可以办得到。在第三个奇想阶段，自我永远认为自己有能力展现奇迹；而到了神话阶段，展现奇迹的能力永远属于一个更巨大的神（耶和华真的帮助摩西分开了红海）。如果奇想阶段运用的是"仪式"来展现自己的神力，那么神话阶段就是以"祷告"祈求神或女神来展现奇迹。无论如何，自我从神话阶段开始领悟自己无法神奇地转变世界，所以它的自恋倾向开始减弱，自我中心的倾向也开始缩减。

五、理性阶段（Rational）——心智开始有能力清楚地进行区分（又称为形式反思阶段），它开始去除具体运思的神话信仰，而通过证据与理解来满足自己的需要，因为它发现自我中心的奇想或神话式的神都无法奇迹般地改变宇宙中的事件或满足自我的欲望。如果你想从宇宙得到什么东西，你就必须以它的方式来进行理解；真正的科学态度于焉诞生，自恋倾向又减弱了一些。

六、统观逻辑阶段（Vision-logic）——心智在粗钝次元的最高层次运作，开始产生一种统筹和整合的认知力。处于统观逻辑的阶段，心智不再忽略事物的差别性，开始以有容乃大的胸怀达到统合——亦即整合多元非透视观——它发现了宇宙的多元性以及异中之同。

七、通灵阶段（Psychic）——心智在这个阶段开始进入超个人或属灵的次元。这个阶段的特征是出现强烈的与大自然合一的神秘体验，因此又称为"大自然神秘境界"的居所。也有人说这是"盖娅"及"世界灵"的次元。

八、精微光明阶段（Subtle）——这个次元才是神的居所，而非粗钝次元神话式的人格神或女神聚焦于你的自我之上。心智处在这个次元时，将直接而活生生地认知自己的神圣形象，因此又称为"本尊神秘境界"的居所。

九、自性阶段（Causal）——无相的自性、涅槃、纯粹的空寂、混沌或宇宙深渊、阿因，也就是目睹的根源，因此又称为"无相神秘境"的居所。

十、不二境界（Nondual）——这是所有阶段的最高目标，也是永远存在于当下的背景场域。这是真空和妙有的合一、神性与现象世界的合一、涅槃与轮回的合———又称为"一味"、自然无念三摩地、超越第四境，或是"不二神秘境界"的居所。

这才是一个比较完整的"大存有链"或"意识的光谱"（比较完整的左上角象限）。这只是一种简略的说明，因为我没有详细区分基本结构、过渡性结构（譬如世界观）与自我发展的演化点。请参阅 11 月 16 日的日记和《灵性之眼》的详细解说。虽然如此，这个简单的概论已经足以适用于后续的探讨。附带提一下，大存有链的意识阶段是按照每一阶段的基本结构而定义的（感官运作，具体运思，形式反思，统观逻辑，等等）。而每一个阶段又有它独特的世界观（奇想式的，神话式的，理性的，存在主义的，等等），我通常都采用比较易懂的名相来描述这些层次。但是基本结构与世界观还是不应当混淆（请参阅 11 月 16 日的日记）。上述每一个阶段都有四个次元或四个象限，但即使是这些阶段本身，已经能立刻帮我们作出以下的重要判断：

- 不再将奇想和神话抬举为通灵与精微光明的境界。这种将奇想式的自恋倾向抬举为超验的觉知，可能是新时代运动最显著的特征，不论它的意图有多么良善。
- 不再将神话故事和直接而又即时的超个人觉知混为一谈。这种把神话阶段抬举成精微光明境界的现象，普遍地存在于反文化的灵修圈里。
- 不再将奇想式的不加区分的状态与整合的统观逻辑阶段混为一谈。这种将奇想式的认知（无法区分整体和局部）抬举为统观逻辑（统合整体与局部）的现象，盛行于提倡生态及回归原始的圈子里（这些人相信只有猎食的部落民族才懂得整合自我与大自然，然而从伦斯基到哈贝马斯再到盖伯赛都指出，那些部落民族根本无法清楚地区分自己与外在世界）。
- 不再将生物能、生物圈或气（第二阶段）与"世界灵"（第七阶段）混为一谈。这种将生态学抬举为"世界灵"的现象，时常是生态心理学、生态女性主义与深层生态学最明显的特征之一（这些人在拥抱猎食或农艺世界观时，时常助长了上述的困惑——混淆了奇想及统观逻辑）。

上述的例子可以无限地增加下去。如果我们有一个更完整的"全像存有链"，我们就可以发现人类许多思想运动的退化本质。如果这些伟大的智慧传承能加进西方心理学，我们就会向前发展，而不是向后退化。

譬如智慧传承中有一个问题，可以通过西方发展心理学予以修正：传统的"大存有链"（物质、肉体、心智、通灵、精微光明、自性与不二）所指的心智次元一向意味着逻辑或理性的能力，而任何非理性的状态都会被纳入更高的超理性次元，因为早期前理性的意识发展，古人了解得很少。我们只能对婴儿和幼儿进行科学研究，才能理解这些早期或前理性期阶段，因此这项贡献几乎由现代西方世界包了。

换句话说，传统的"大存有链"理论（遍布于基督教、印度教、佛教、伊斯兰教的苏菲派、道教、异教思想与女神崇拜）一向都犯了前、超的谬误，因为它无法区分奇想和神话阶段为何不同于通灵与精微光明阶段——它们全都被设定为超个人或超理性的境界。这种不幸的混淆，严重地造成西方解放运动对灵修的彻底拒绝，因为"大存有链"确实充斥着教条式的奇想及神话。西方世界正式泼掉了前理性的洗澡水，然而不幸的是，他们把浴盆里的超理性婴儿也泼掉了。

"大存有链"的第三个不妥之处是，因为传统"大存有链"的理论家不了解人类发展的前理性阶段，所以他们无法理解早期出现的心理疾病。尤其需要注意的是，如果在第一到第二个阶段，幼儿的心理出现了问题，长大之后就会形成严重的精神病；如果在第二到第三个阶段出现了问题，日后就会形成边缘型人格异常和自恋型人格异常；如果在第三到第四个阶段出现了问题，日后就会形成精神官能症（有关心理病症光谱的探讨请参阅《意识转化》。9月10日的日记探讨的是神经生理学所扮演的角色）。

西方深度心理学已经搜集了惊人的佐证，来证明这些心理疾病以及它们产生的原因，因此"大存有链"急需补充这些发现。每一次当"大存有链"的理论家被问及精神失常的现象时，由于他们不了解人类在前理性期的发展，只好假设这些现象都肇因于超理性之神的附身，然而这些现象多半是前理性期本能冲动的复苏。这些不幸的混乱之人，很少处于真正为神迷醉的状态，他们大多是边缘型人格失调的患者，如果把他们视为开悟之人，那真的是错把圣牛当神了——这完全无法缓和现代性对灵修知识的怀疑。如果疯子和牛都能解脱，为什么还要听信艾克哈特、圣·特蕾莎或鲁米呢？

"大存有链"的第四个不妥之处是缺乏对生物演化论的认识，这项贡献又被西方世界包了。许多理论家曾经指出，如果你让"大存有链"在时间中逐步显露自己，而非依循传统的方式，一次便施以静态的完整揭露，你将看到整个演化的轮廓。俗世化的柏罗丁＝演化。

换句话说，演化论发展到今日——从宇宙大爆炸论开始——已经揭露了五分之三的"大存有链"理论——从无情物到活生生的肉体到概念思考的心智。你只需要认清"大存有链"并不是静止不变的，也不是已经彻底完成的，它仍然随着时间在演化、进展，每一个更高的层次，都是通过较低的层次显现的。除了西方生物学家虚张声势外，没有任何人理解那些较高的层次是如何在演化中显现的，除非我们假设它们是通过"性力"或"创造中的神性"而显化的。

当然，从政治的角度来看，演化论在文化的领域并不是一个妥当的议题，然而这正意味着它是笃实的。无数的理论家就这一点发表过他们的看法。下述的这些人近年来通过各种方式拥护文化上的演化论：尤尔根·哈贝马斯、杰拉尔德·赫德、迈克尔·墨菲、W·G朗西曼（W.G.Runciman）、西萨库玛·戈斯（Sisirkumar Ghose）、艾雷斯泰·泰勒（Alastair Taylor）、格尔哈德·伦斯基（Gerhard Lenski）、琼·休斯顿、杜安·埃尔金（Duane Elgin）、杰伊·尔利（Jay Earley）、丹尼尔·丹尼特、罗伯特·贝拉（Robbert Bellah）、欧文·拉兹洛（Ervin Laszlo）、基肖尔·甘地（Kishore Gandhi）以及让·盖伯赛（Jean Gebser）。让·盖伯赛开辟性的研究是这些人的典范：他发现文化上的世界观是一直在演化的——从拟古期到魔法式的奇想期到神话期到理性期再到整合期。听起来很熟悉是不是？

我要说的重点是，"大存有链"一旦衔接上演化论与发展心理学的观点，就可以和西方的"上帝"(演化论,有关这个主题的申论请阅读《感官与灵魂的交融》)快乐地共处。它还进一步提出了一个惊人的可能性:如果演化论到目前为止已经揭露了五分之三的"大存有链",它是否有可能在未来揭露更高层的五分之二?如果答案是肯定的,那么上帝应该在我们的前方,而不是在上方;只有往前走才能发现它,我们不能倒退;伊甸园在我们的未来,它不在我们的过往。

以上就是"大存有链"的四个不妥之处,它们造成了现代性对"大存有链"的抗拒(因为它无法涵盖四个象限;没有考虑到前理性期的心理发展,而造成大量的前、超谬误;不理解早期的心理疾病;不懂得演化论)。我相信如果修补了这些缺失,"全像存有巢"便赶得上西方世界的研究、佐证与资料,如此古老的智慧就能结合最先进的现代知识——这就是整合途径的精髓。

写到这里我无法不联想到休斯顿,"大存有链"是他留给这个世界的遗产,他以毕生之力将这个观念介绍给西方世界。如果"大存有链"想存活下来,必须重新打磨,重新构造成整合的形式。

6月6日,星期五

在概括地描述"大存有链"的过程里,我突然发现以第三人称来描述意识的次元是很累人的事。虽然这种客观的描述是有用的,也是必要的,但毕竟不是重点。我想我会写一篇东西,我将称之为"忆起"(Anamnesis)——每一个次元都以第一人称的语言来加以描述:我要描述的不是每个次元的内在状态,而是每个次元所看到的外在世界。

6月7日,星期六

整个早上都在工作,买日用品,举重。回到书桌时,我看见我的小狐狸朋友。它把我的走廊当成了家,因此我经常扔一些鸡蛋给它吃。几个月前我发现它有女朋友了,当时我正在写作,我瞥见它们双双坐在我的窗外,抬头一看，它们正在盯着我看。它们看起来像是一对双胞胎，真是可爱极了。最近我很少见到它，不知道它跑到哪儿去了？

6月8日，星期日

今天早上存在的只有无边的空寂。
"我即自性"孤寂地处在这空寂中，
全然融入了一切万有。
圆满令我不复存在，
耀目的光明令我无法看清周遭的事物。
我看到的只有无限的自由，
这意味着我什么也没看见。
我挣扎着想让灵魂再度活跃起来，
将意识转化成精微的次元，
再将它拉到自我和肉体的次元，
然后下床开始活动。
那份无限的自由感仍然存在，
在这阴阳交接的清晨，
我以最微小的动作示现这光辉耀目的身份。

6月12日，星期四

斯科特·华伦（Scott Warren）对我进行了一次采访。斯科特是迈克尔·马霍尼（Michael Mahoney）的学生，后者是《人类改变之过程》的作者（他发表的作品多达数百篇，可以称得上成绩斐然）。斯科特也是一位禅宗修行人和超个人心理学学者，因此我答应接受他的访问。以下是访问的片断：

斯科特：你一天的日程表是怎么安排的？
肯：我通常在早上三四点起床，打坐一两个小时，五六点开始工作，一直到下午两点。然后举重一个多小时，接着出去办事，五点左右吃晚饭。晚饭后我通常会去看一场电影或在家里看录像带，出去和朋友聊天，或是写封回信，读一些轻松的书，或打几通电话，十点左右上床睡觉。如果有交往的女友，我们就一起共度夜晚。

斯科特：你刚才说一直工作到下午两点，你工作的内容是什么？

肯：这就要看我是在研究还是在写作了。如果是研究，我会一直不断地阅读，一天通常可以看两到四本书。我以很快的速度翻阅它们，有必要就记一些笔记。如果发现某一本书很重要，我会花一个星期或更多的时间阅读，写大量的笔记，真正的好书我会读上三四遍。

写作时又是另一回事了。我写作时会进入一种类似意识转换的状态，我以惊人的速度处理各种资料，有时可以工作十五个小时。这些工作通常是令人非常疲惫的，这也就是为什么我要举重的原因。

斯科特：一本书需要多少时间才能完成？

肯：我写作的模式是这样的：我一年通常要阅读几百本书，过程中脑子已经在酝酿我要写的书了。换言之，我先有了腹稿，才坐下来打字，通常一两个月或三个月就能完成一本书。

斯科特：所以这些书通常几个月就完成了？

肯：是的，除了《性、生态学、灵性》之外。这本书花了我三年的时间，真是折磨人。但这本书实际的写作时间也很短，几个月而已。

斯科特：为什么会折磨人？发生了什么事？

肯：《意识光谱》或《梵我合一计划》已经很难构思了，因为你必须把各种不同派别的心理学都写进去，而它们只涵盖了左上角的象限，《性、生态学、灵性》则必须涵盖四个象限的学科，因此像是一场永无止境的噩梦。大概有三年的时间，我的生活真的变成了一般人心目中的样子——一个离群索居的隐士。除了买一些日用品外，三年里我只见过四个人。那种情况很像传统的三年禁语闭关。到目前为止，这是我所做过的最困难的事，虽然是自发的。

斯科特：你没有发疯吗？

肯：最糟的情况出现在闭关后的第七个月，我发现我想念的不是性，也不是交谈，而是肌肤的接触。我渴望和别人有单纯的肌肤接触，我称之为"肌肤饥渴症"。我的整个身体因为渴肤而痛苦不堪。大概有三到四个月的时间,每当我结束工作,就坐下来痛哭,一哭就是半个小时,真是痛苦极了。然而除了目睹之外,你又能怎么样?逐渐地,一种冥想式的平等心慢慢发展了出来,我发现这份深深的渴望被烧光了,因为我强迫自己目睹它。从此以后,我的冥想有了量子式的跃进——我开始进入持续不断的觉知,明镜一般的觉察力开始延伸到梦境与深睡。我想原因是我被迫觉知渴肤的状态,而没有任何试图解决的行动;换言之,只是觉知,而没有行为的造作。这种渴肤的情况是非常原始的执著,也是主体的一种非常深的欲望。目睹它使它变成了客体,于是我就不再认同它,因而转化了它,这古老的生物趋力便这样从我的意识中释放了。不过我还是坐了一段时间的云霄飞车。

斯科特:现在我要问一些理论问题。你以东西方文化的资料作基础,将超个人与灵性的发展区分成四个更高的次元或光波,也就是你所谓的通灵阶段(集中于粗钝的清醒状态)、精微光明阶段(集中于幽微的梦境)、自性阶段(集中于深睡无相的境界)以及不二阶段(整合上述的所有阶段)。从其中又产生四种灵性上的体验:大自然神秘境界、本尊神秘境界、无相神秘境界、不二神秘境界。

肯:基本上这样的说法是正确的,重点是要觉知所有的境界,让觉醒和无拣择的觉察弥漫生命的所有次元——醒时、梦境及深睡——如果做到这一点,你就是个觉醒的人,不过这意味着你只是平常而如实地存在罢了。

斯科特:许多超个人和灵修领域的理论家都认为,他们只需要记住你所提到的那些较高的阶层就够了。他们认为他们不需要禅修、瑜伽或回到觉知中心的祷告,因为你把结果都说出来了。

肯:他们不修炼是因为我?天哪!这完全和我的意图背道而驰。我不是一直都强调你必须选择一种修炼的方法,才能体悟较高阶层的发展吗?!你不是在跟我开玩笑吧?

斯科特:我说的是真的,他们确实以为只要记住你所提出的那些较高的阶层,就可以变成优秀的超个人心理治疗师。

肯:我完全反对这样的态度,这就好像在说,我画了张巴哈马的地图,所以你不需要到巴哈马去度假,你只需要在家里看这张地图就够了。这真是糟透了,一个从没到过巴哈马的人,如何做人家的向导。

斯科特:一般人所进行的修持似乎是一种集中在肉体感觉上的觉知,这种对肉体感觉的觉知似乎与灵性上的觉知互相混淆了。

肯:是的,这是很普遍的错误。对身体的各种感觉的觉知确实很重要,但还是有别于灵性上的觉知,不二或灵性的觉知是"身心脱落"的,也就是说你不再认同身心及其思想与感觉。虽然这一切仍然存在,而且正活跃地运作着,你却能在一切的活动之上,发现一个包容一切的更大的你——集中焦点在身体上,绝对无法涵盖一切。

斯科特:这些理论家都声称,觉知肉体的感觉,同样能让人得到解脱。

肯:大错特错。虽然冥想时常从身体的觉知开始进行,譬如随息、集中注意力于身体的各种感觉和感受,但绝不是这样就完了。冥想的觉知力——平等地目睹或注意每一样升起的事物的能力——会逐渐从几分钟延续到好几个小时,甚至一整天。一旦能维持一整天的稳定目睹,明镜之心就能延续到梦境,也就是"清醒的梦";再延续下去,便能进入深睡无梦的境界。因此最后你会发现超越上述三种境界的"纯然目睹",也就是被称为"turiya"的"第四境"。最后你会进入了"turiyatita"——"超越第四境"的"一味",永远都处于当下的觉知,或持续不断的觉察,或本觉与无拣择的觉察。它能转化也能含摄所有的状态,因此是不受限的,它已经不再是"目睹",而是与根本的神性无别的不二觉知。如果你说这一切都能通过对身体的觉知而予以发现,那不是大错特错吗?同样的,在深层生态学、生态女性主义、新异教思想、荣格学派、生命之网理论、生态心理学或新典范的理论中,你都无法发现这持续不断的觉知。也就是说,他们并没有涉及到持续不断的觉知、明镜之心或恒存于当下的不二神性。

斯科特:这正是我接下来要问的问题。另外有一种常见的灵性上的治疗,例如系统理论、盖娅理论、生态心理学和生命之网理论,等等。他们的论点是,如果你朝着众生一体的方向思考,你的日子就会好过一些。他们最终的观点是,盖娅或生命之网理论就是神。

肯:生命之网理论只是一种观点、一种想法而已。终极实相并非想法或观点,而是对那个观点的"目睹"。请探究一下这"目睹",是谁在觉知这分析与整合的观点,是谁在觉知这所有的理论?答案就在"目睹"之中,而不在那些思想里,因此这些想法是对或错并非重点,重点是我们的真我,也就是"目睹"本身,其实是空无一物的。分析式的概念一升起,我们"目睹"它;整合式的观点一升起,我们也"目睹"它。终极实相就在"目睹"中,而不在概念里。如果你一直停留在思想、概念、观点和意象上,你永远也无法体悟终极实相。

斯科特:纯粹的意识就是纯粹的空寂?

肯:是的,本觉是没有任何属性的,因此隐喻式的说法就是本觉乃纯粹的空寂。但是我必须再一次强调,空寂并不是一种概念,它就是单纯而直接的觉知。譬如现在你能看到不同的色彩:那棵树是绿的,那边的土是红的,天空是蓝的。你可以看得见颜色,因为觉知本身是无色的。它有一点像你的眼角膜——如果你的眼角膜是红色的,你不可能看得见红色;你看得见红色,因为眼角膜是无色的。同样的,你目前的觉识能够看到色彩,因为它本身是无色的;你看得到空间,因为你目前的觉识是无空间性的;你觉察得到时间,因为你的觉识是无时间性的;你看得到形体,因为你的觉识是无形的。

因此,你当下的本觉——不是你觉知到的客体,而是知觉或目睹本身——是无色、无相、无时间性也无空间性的。换句话说,你的本觉没有任何属性。你当下的觉知就是纯粹的空寂,整个宇宙都是从这空寂中升起的。蓝色的天空存在于你当下的觉知中,红色的大地存在于你当下的觉知中,那棵树的形象存在于你当下的觉知中,时间也从你当下的觉知中流过。

因此,整个有形世界都从你当下无相的觉知中升起,换句话说,真空与妙有是不二的,它们都是当下这一刻的"一味",而你就是这"一味"。空寂和本觉指的是同一个实相,亦即这浩瀚无边的开放与自由,整个宇宙在每一个刹那从其中升起。这空寂就是你当下的本觉,它虽然有各种不同的名号,但指的就是你根本的"神性"。

此外还有一个截然不同的议题:从空寂中显相的世界到底是什么模样?我认为它是一个由相互渗透的过程或是"全子"所交织成的网络,一种整合式的典范。我们必须探查这个有形世界,才能决定那个典范是否属实；同样的，我们也必须探查内在的"我即自性"，才能决定"神性"是否属实。当然最后你会发现内在即是外在,但只有跟随内在的"我即自性",你才能发现这个真相。在客观的物质世界中忙着寻找生命之网理论,是不可能发现终极实相的。如果你一直朝着这个方向追寻,将永远不得要领。

斯科特：那么你认为灵性上的治疗师应该扮演什么角色？刚才我们谈过一些无法生效的治疗方式——只记住高层的意识而不去实修,混淆肉体的觉知和灵性的觉知,将生命之网理论和生态心理学的理论与灵性意识相混淆——那么,到底什么样的方法才能产生真正的疗效？

肯：我自认为有一个点子很棒,虽然没有任何人感兴趣。在医学界,全科大夫的训练是相当好的观念,他们受到的不是某种特定的医学训练,所有的医科他们都得懂。虽然他们无法动脑部手术,或进行复杂的专科诊断,或从事实验室的工作,但是他们知道哪些专家能做这些事,当你有需要的时候,他们可以提供你一些建议。

我认为灵性上的治疗师应该像全科大夫一样。他们至少要懂得"意识光谱"的理论：物质、肉体、心智（奇想期、神话期、理性期和整合多元非透视观期）、灵魂（通灵及精微光明阶段）以及自性（自性与不二境界）。此外,他们也该懂得每一阶段所出现的心理疾病。他们应该受过肉体的觉知训练和对心智活动的诠释能力。他们应该知道如何对治人格面具、心理阴影以及自我的各种问题。他们自己应该从事高层的默观练习,对整个"意识光谱"的病理学也该熟悉,并且有能力找出特定的病症。如果碰到无法对治的问题,应该将求诊者转介给其他的专家——禅修、内观法门、太极、吠檀多哲学、超觉静坐、基督教回到觉知中心之祈祷、苏菲派动禅、犹太教之避静、钻石途径、瑜伽等高层的治疗方法,或者低层的治疗方法——举重、有氧舞蹈、营养食疗、罗夫深度按摩、生物能治疗,等等。重点是他们通常不会亲自替求诊者动脑部手术,他们主要的责任是：第一,为求诊者进行一般的心理治疗和某些超个人的心理治疗；第二,如果有必要,可以介绍给其他的医疗专家；第三,帮助求诊者整合所有的转化治疗方法,他们自己却不包办所有的治疗方法。现在有许多超个人与灵性治疗师以为自己可以包办所有的治疗方法,对他们的求诊者而言,这是非常不幸的事,所以我才想出了这个不受任何人欢迎的笨点子。

6月13日，星期五

看了一场《革命之子》，主要是想看一看朱迪·戴维丝（Judy Davis），她真的很杰出。在伍迪·艾伦（Woody Allen）执导的《丈夫与妻子》中，她扮演了一个歇斯底里的女人；在《即兴演出》这部电影里，她饰演的则是乔治·桑夫人，演技十分精彩。《革命之子》是一部还算成功的黑色喜剧，虽然风格不大稳定，有时倾向于"纯属交际舞"，有时又倾向于"丹尼尔"，不过戴维丝的表演还是令人目不转睛。我喜欢这出戏的剧本，因为它掌握了一项事实，那就是对全球无数的人而言，马克思主义与列宁主义其实是一种基本教义派的信仰。这是首度出现的最大型的现代宗教——一个企图把科学物质主义、粗钝次元的自然主义和平板世界的整体主义变成上帝的宗教。从这个角度来看，它可以称得上是现代世界向下回旋的宗教运动的先驱，这里说的"向下回旋的宗教运动"包括深层生态学、生态女性主义、盖娅崇拜、新异教思想及生命之网理论的理论复兴。越是平板的宗教思想，越能引起信仰者的狂热反应。

6月14日，星期六

"比较聪明的熊和比较笨的人如果狭路相逢，我的麻烦就来了。"
——优胜美地国家公园（Yosemite Park）主管史蒂夫·汤普森

6月15日，星期日

兰登书屋要我替《科学与宗教的整合》取一个比较文艺腔的书名，我联想到奥斯卡·王尔德的名言（"能医治灵魂的只有感官，能医治感官的也只有灵魂。"），于是建议采用"感官与灵魂"这两个词，最后他们决定取名《感官与灵魂的交融：科学与宗教的整合》。由于我对"灵魂"与"灵性"这类的字眼时常叫嚣谩骂，现在我终于罪有应得了。

6月17日，星期二

二十年来，我一直以哈达瑜伽作为身体上的锻炼。五年前，我开始练举重，它对于我的写作、冥想和免疫系统都有极大的帮助。我现在四十八岁，我的身体从未如此舒服过。

当身心强壮与健康时，你很容易转化它或放下它，因此你不能苦修或鄙视身心。身心的运作如果顺畅而没有阻碍，你的觉知就不会绕着它打转，这时你就能轻易地放下身心，进入纯然的"目睹"和"一味"。

当然，处在高层的意识状态，自我和身体并没有被遗弃，它们仍然在运作，发挥着它们原有的功能。这时如果有人叫你的名字，你还是会有反应，你很清楚地知道你的身体何时该运作，何时该停止——因为高层的意识状态绝非边缘型人格异常，也不是精神病的解离症，而是你的认同不再局限于这些低层的工具了。如果这些工具的运转顺畅，你就不需要在吱嘎作响的轮子上添加觉知的润滑油，如此一来，你的觉知就能进入更深及更高的领域。当然你随时都可以进入更高的意识状态，但是强壮无碍的身心总是比较容易脱落，那无限之海才是它真正的居所。

6月18日，星期三

谈到整合灵修途径，我们可以确定它将是灵修圈子的"下一件大事"。然而未来这个流行的时尚，可能只有百分之一真正想转化自己的人才会奉行。

整合灵修有许多种称谓，奥罗宾多（Aurobindo）及他的学生乔赫里（Chaudhuri）称之为"整合瑜伽"。它指的是结合人体向上回旋和向下回旋的一种能量练习——不只是转化意识，还要转化身体（译注：等同于道家的性命双修）。（不幸的是，乔赫里创办的"加州整合学院"已经没有什么整合训练了，所以我无法将它推荐给学生。）迈克尔·墨菲所著的《人体的未来》可以算是整合观点的最佳纲要，托尼·舒瓦茨的《事关紧要》也有这样的作用。我将自己归纳出来的整合途径写在《灵性之眼》里。墨菲和利奥纳德合著的《我们天赋的生命》提供了某种整合修炼的实用指南，这也是一本值得阅读的书。

其实任何人都可以发展出自己的整合途径，重点是你能不能同时兼顾人类身心——肉体、情绪、心智、社会、文化和灵性——的所有层面与次元。下面我们举几个例子来说明四大象限的每一个次元具有代表性的练习方法。

右上角的象限（个人的、客观的、外在行为的）：

肉体的层面

- 食疗：宾迪肯（Pritikin）食疗法、奥尼希（Ornish）素食疗法、伊德斯（Eades）食疗法、阿特金斯（Atkins）节食法、维他命、荷尔蒙。
- 强化组织：举重、有氧舞蹈、罗夫深度按摩，等等。

神经学的层面

- 药理：各种类型的药物，必须是适当的。
- 心脑仪器：促进意识进入西塔波与德尔塔波。

左上角的象限（个人的、主观的、内在意向的）：

情绪的层面

- 呼吸：太极、瑜伽、气功、生物能、气的运行或情绪能量。
- 性：谭崔双修、自我转化全身的性能量。

心智的层面

- 治疗：心理治疗、认知治疗、阴影面的处理。
- 视见：建立清醒的人生哲学、观想、正向思考。

灵性的层面

- 通灵阶段（萨满或瑜伽士的境界）：萨满训练、大自然神秘主义、初阶谭崔。
- 精微光明阶段（圣人的境界）：本尊瑜伽、本尊观想、默祷、进阶谭崔。
- 自性阶段（智者或贤者的境界）：内观法门、自我探究、目睹、直接的觉察。
- 不二阶段（无上瑜伽行者）：大圆满、大手印、喀什米尔识知派哲学、禅，等等。

右下角的象限（社会的、客观的交互性）：
- 方式：对盖娅、大自然、生物圈和地缘政治下部组织的每一个层面负责。
- 制度：向家庭、城市、州、国家和全世界推广对大自然的责任，并且落实到教育层面、政治层面和全民之中。

左下角的象限（文化的、主观的交互性）：
- 关系：与家人、朋友和众生的关系，使关系变成个人成长的重要部分，通过关系来减弱自我中心的倾向。
- 社区服务：义工的工作、建立流浪者庇护所、临终关怀，等等。
- 道德：学习主观的"善"，以慈悲对待众生。

整合灵修训练其实很简单：从每一个类别里选出基本的修炼方法，或者从许多类别中选出兼顾所有阶层和所有象限的方法。其实你能兼顾的层面越多，它们所发挥的效果就越大，因为这些方法与你生命的每一个层面都息息相关。你要勤勉地修炼，集中全力让身心的潜能展露——直到身心的各个层面从空寂中彻底显现为止。这整个灵修之旅到达终点时，感觉就像一团模糊的记忆，因为它从未发生过。

6月20日，星期五

朋友们写的新书不断地寄来。M·斯科特·派克（M. Scott Peck）——大家都叫他"Scotty"（译注：翻译成汉语为"苏格兰狗"）——寄来了《灵魂的否认》。他在信里写道："我很少注意外面那些运动，但是安乐死的议题令我非常担忧。"他的观点是，安乐死运动表面上看起来十分合理，却否认了意识清醒的死亡过程可能学到的功课。他和我都支持临终关怀运动,其做法是尽可能减轻病人临终时的痛苦,药量又不至于使病人的心智变得迟钝,这样病人就可以清醒地面对死亡,并且有家人与所爱的人陪伴在身边。我完全赞同他的观点。

迈克尔·克莱顿(Michael Crichton)在他的新书《气框》中,写了一句话送给我:"下一回你搭飞机时可以读这本书。"这句话很滑稽,缘起是这样的:我读完他的小说《旅游》,才发现其中某一章的结尾谈到他在夏威夷海滩上阅读威尔伯的书,于是我寄了一本厚达八百页的《性、生态学、灵性》给他,并且在书里写了一句话:"下一回你去海滩时可以读这本书。"那么重的一本书在海滩上只能用来攻击鲨鱼,阅读它就像在飞机上读《气框》一样可笑(《气框》这本小说写的是一百万种坠机的方式)。

收到迈克尔·墨菲的《希弗斯·艾恩斯的王国》(译注:希弗斯·艾恩斯是小说中的主人公,一名苏格兰的神秘人物,高尔夫能手)的试读本。这是一本精彩的好书,读来令人禁不住要替他喝彩,我简直不相信这本充满灵性主义的书,竟然被墨菲悄悄塞进了全国的"巴恩斯—诺伯"(译注:著名的连锁书店)的高尔夫书籍里——书中的每一页都充斥着神秘主义,而不是点到为止。约翰·厄普代克(John Updike)称《王国中的高尔夫》为"我们这个时代的高尔夫经典之作",看来《希弗斯·艾恩斯的王国》可能会接下前一本书的接力棒,我真的很为他高兴。这些书足以击溃现实的美国对超验之事的冷漠。

另外还接到舒亚·达斯(Surya Das)喇嘛著的《唤醒内在的佛陀》,也是一本相当不错的书。我们这些朋友本来有些担心这本书可能前后不连贯,看来舒亚真的解决了这个问题。

我有好一阵子没见到舒亚了。去年夏天,他和雪伦·萨尔兹堡(Sharon Salzberg)、米切尔·卡普尔及其儿子亚当在我家住了四天。我非常推崇舒亚想做的事——将藏密"大圆满"介绍给美国人,不过这个做法触怒了大部分的美国人,也触怒了大部分的西藏人。

看来这本书是一个成功的开端,"一心读书俱乐部"和"汤米男孩唱片公司"目前正在帮它作宣传。汤姆·斯尔弗曼(Tom Silverman)还是个男孩时便创立了"汤米男孩唱片公司",现在我们都称他为"汤米男人"。最近他和他的得力助手苏珊·皮瓦尔(Susan Pivar)到家里来坐了一下午,汤姆和我大部分时间都在交换举重的心得。他已经设立了一个子公司"优帕亚"(Upaya),以让更广大的听众能接受灵修之事。狄帕克(Deepak)(译注:狄帕克·乔普拉被誉为我们这个时代最重要的治疗师之一,他将印度本草医学介绍到西方世界,在身心的整合治疗上贡献颇多,著有《不老的身心》、《量子医疗》等)拍摄的 MTV 就是由他促成的,另外安德鲁·威尔(Andrew Weil)所灌制的录音带也是他制作的。

这些事促成了媒体的讨论:"上帝热:纽约与好莱坞最近风行的灵修热潮到底是老天之赐,还是一种'神圣的疯狂'?"汤姆和苏珊知道我一向质疑将灵修变成一种风尚,因为真理可能会被稀释,即使如此,还是值得一试,至少能激起那些饥饿之人的胃口。

6月24日,星期二

整合的灵修途径大概有四五个障碍。我指的不是那些主流人士——无神论的自由主义分子和基本教义派的保守分子,因为这两个阵营的人都是忽略整合灵修的。我要讨论的对象是前卫的、反文化的、另类的灵修圈子。

我看到的第一个障碍就是那些集中焦点于新观念及新典范的转译阵营。他们的观点和概念有些确实很重要,我经常是赞同的;但是学到一个新的概念并不会让你进入持续不断的不二觉知,只有专注和长时间的修炼才能帮你达到。转译的阵营包括系统理论、生态心理学、生态女性主义、生命之网理论、新异教主义、占星学与新占星学、深层生态学以及女神、盖娅崇拜。这个阵营大部分的途径都陷入了粗钝的感官运作世界或向下回旋的平板世界,他们提供的乃是对这个世界的各种新的诠释方式,但并没有提供任何方法将意识转入精微光明次元、自性次元和不二境界,充其量只能帮助人进入自然神秘境界和"世界灵"的通灵阶段。虽然已经很不错了,但毕竟只是超个人境界的起点而已。

他们经常说那些高等次元否认压抑了尘世与大地,这个说法只适用于高层境界所出现的病态，正常的高层境界既能转化也能含摄低层境界，因此神性既能转化也能含摄自然。不过，某些灵修途径确实压抑了低层的发展，而这些途径就是整合灵修的"第二个"障碍。接下来就要介绍一下这些途径的始末。

大约在公元前六世纪的时候，也就是所谓的伟大"轴心期"，人性的演化有了重大的突破，几位领导时代的智者——巴曼尼德斯（Parmenides）（译注：希腊哲学家，创立了爱利亚学派，主张一即一切）、克里希那、拿撒勒的耶稣、释迦牟尼佛、老子——发现他们可以追踪到意识的源头，也就是从通灵次元的"神交"进入精微次元的与神结合，最后进入自性次元的"我即是神"：小我即是大梵，我与父是一体的，小我融入了空寂，意识找到了无限的"太一"。这个从"最高形式"的意识（精微次元）证入纯粹无相境界（自性次元）的突破是一项惊人的成就，也是意识最伟大的突变。从其中生发的活力，形成了世界最主要的几个智慧传承，其旺盛的精神一直持续到今日。

（在这个特殊的议题上如果加入性别的探讨，将会使事情变得更加混乱。其实自性次元是两性都能达到的境界，因为这个境界是中性的。以今日的标准来看，"轴心期"获得突破的都是男性，这显然是一件不幸的事，然而以当时的标准来看却是无法避免的。"农艺期"的社会结构是以男性为主的，大部分的突破都是在宗教的闭关修行中发生，而这类非家庭式的民间活动只有男人可以参与。我们今日所采取的工业与后工业的社会结构不再需要形成性别之分，男女都有机会进入灵修的领域，因此我们再也不需要以咒骂男人的脏话作为开场白了。）

这个"轴心期"的发现也带来了相当大的缺憾，因为他们急着追寻、超越无相的境界，所以往往会鄙视整个有形世界。他们的目标是脱离轮回的涅槃、超越大地的天堂、一个与世俗无关的国度、一个排除万殊的"太一"。这个"轴心期"所采取的途径的典范是止念三摩地、阿因和灭谛——也就是彻底的止念或纯然无相的定境。简单地说，其目的就是要达到自性或空寂的境界。这个途径是向上回旋和超尘出世的，世俗的性、金钱、大自然、肉体与欲望都被视为罪恶、幻相或无明。

从某种角度来看，这个途径确实有它的道理，因为你如果一味追求感官的世界，就不可能发现更高、更真的实相了。但是，过度压抑或否认世俗之事，你也就永远无法发现"不二的"境界、一即万有、此岸即彼岸、上溯空性与下及万有的合一以及真空即妙有、涅槃即轮回，因为这一切都是"一味"的各种姿态。

伟大的轴心期始于公元前六世纪，这种意识上的重大突破同时出现在东方与西方。那个时期的宗教完全被否定人生、放弃肉体欲望或纯属向上回旋的瑜伽苦行所掌控。它们几乎无一例外皆是不折不扣的二元论：神性和肉体是分开的，涅槃与轮回是分裂的，有形世界与无形世界是敌对的。到了公元二世纪，二元论涅槃观的局限开始变得非常明显，于是当时最卓越的心灵推动了超越涅槃的伟大运动，这个运动主张纯然不二的觉性既能转化也能含摄宇宙深渊与涅槃。倡导这个观点的不凡心灵在东方是龙树，在西方则是柏罗丁。

"空不异色，色不异空"可能是最著名的不二论了（这句话来自《心经》，它涵盖了整个大乘佛法的精髓，这场革命大部分是由龙树推动的）。"涅槃"和"轮回"、太一与万殊、向上回旋和向下回旋、智慧和慈悲、能观与所观，它们全是非二元对立的。然而这非二元对立性并非一种概念或观念，而是直接的体悟。如果你把它变成一种观念或信仰，禅师就会狠狠地用香板打你一板。因此，非二元对立性经常被称为"非异"、"非一"（为的是不让你把它变成观念上的二元论、生命之网理论或平板世界的整合论）。

其观点非常清楚：过去被向上回旋视为罪恶、污染或幻觉的事物，现在则被视为神性的光辉姿态。诚如柏罗丁所言："万殊"与"太一"不是分裂的，万殊即是太一的示现（这并非由你的心眼想出来的理论，而是由你的默观之眼直接觉知的境界）。因此灵修并非否认世间的事物，而是令万事万物都能上道。根据"谭崔"的说法——不二运动开出的另一朵花——即使最严重的罪孽之中都隐含着智慧和救赎之光。愤怒的心髓是清晰的洞见，爱欲的心髓是慈悲，恐惧的心髓则是自由或解放。

其原则很简单：高阶能转化与含摄低阶，而不是否认低阶。神性能转化含摄灵魂，灵魂能转化含摄心智，心智能转化含摄肉体，肉体能转化含摄物质。因此,真正的灵修途径应该含摄、转化以及拥抱所有的阶层。大存有链的向上回旋学派被赋予了不同于以往的理解,它不再是一张逃离肉身监禁的地图,而是一张神性拥抱万殊的一览表。

于是,一场非凡的不二革命运动便如此展开了。当西方世界伟大的柏拉图主义者正准备勇往直前之际,却四处遭受教会的拒绝。后者正式要求信徒效忠向上回旋之道,因为"我的国度不在世间",甚至连恺撒大帝都得效忠这个途径……但是对那些耳聪目明的人而言,新柏拉图主义的思潮照亮了第一个千禧年通往第二个千禧年的不二之途。新柏拉图主义的传承后来认清大存有链其实是在时间中开展的,于是直接促成了费希特、谢林与黑格尔的唯心主义洞见(他们发现整个宇宙都是神在演化过程中的产物——神在创造中的产物)。然而那个惊人的洞见到今日只剩下了科学上的演化论,真可说是一对巨人父母生下的一个患有贫血症的苍白小孩。

东方世界不二的革命运动促成了大乘佛法、吠檀多哲学、新儒家思想、喀什米尔识知派哲学以及佛教的金刚乘——上述学派都可以粗略地被归纳为"谭崔"。持不二论的"谭崔"大概在八世纪至十一世纪之间兴起于印度,但是早在六世纪时便开始传入西藏、中国内地、韩国和日本,当时东方世界也开始理解大存有链其实是在时间中开展的。不久,伟大的奥罗宾多便以无比的才华将这个观念发扬光大。

今天我们正活在历史最殊胜的时刻,因为这两股宏大的不二思潮正以演化和整合的形式逐渐向彼此靠拢。西方的新柏拉图主义与唯心主义大致已结合了西方科学对演化论的理解,而且正在整合东方的不二论和谭崔学派以及它们强而有力的发展方向。

东西方的结合形成了今日的各种整合途径,数百位研究者遍布于全世界。这个途径也涉及了深度心理学的研究——纯属西方世界的发现——它有一股强大的欲望,企图在人性与神性的每一个次元、每一个层面、每一个象限都发出卓越之光。这个整合途径还在襁褓阶段,然而正以惊人的速度成长着。

如果说整合途径的第一个障碍是平板世界(向下回旋的学派),那么第二个障碍就是与其相反的向上回旋之道。这条道路——发迹于"轴心期"——包括了佛教的上座部、某些派别的吠檀多哲学（只停留在止念三摩地或真知三摩地，而不再进入自然无念三摩地），以及八正道与哈达瑜伽（它们只把目标放在念头的止息上）。我要再声明一次，这些途径并没有错，它们只需要补充向下回旋之道，就可以更趋近非二元的立足点。

第三个障碍是"逃避式的灵修之道"，也就是想象自己一旦发现了神、女神或更高的自我以后，生活里的大小琐事都能奇迹般地获得照顾，事业、工作、关系、家庭、社区、金钱、饮食与性这些日常事务上的恶习就会全部自动止息。但是十年、二十年之后，你会发现情况并非你所想象的那样，于是你的上半生就这么被误导了，而下半生只剩下了苦涩。

这种逃避式的灵修途径是很容易让人上当的，尤其是最高境界的不二法门，因为"一味"的境界是本自具足永远存在于当下的（亦即当下那自然与自发之心。如果你能觉知到眼前这一页的文字，你就是百分之百地处在这终极觉知之中了）。因此许多人都通过已经证悟的老师的指引，很快地瞥见这终极的境界。事实上，藏密的大圆满和吠檀多哲学都有许多法本运用"直指"的方式来传法（请参阅4月27日的日记）。

学生一旦清楚地瞥见这本自具足永远存在的觉知，某些不幸的事可能会发生。一方面他们似乎解脱了身心较低层次的束缚，另一方面这些较低层次的身心并没有停止自己的需要或问题。你可以一面处于一味，一面罹患癌症、面临婚姻失败、失业或仍然是个浑球。瞥见最高的境界并不意味着较低的层次就不存在了（佛还是要吃饭），你也不可能因此成为较低次元的某种能手（开悟不会让你变成四分钟跑一公里的赛跑健将）。事实往往相反，因为你可能会开始忽略，甚至轻视较低的层次，以为你不再需要它们了，然而它们其实是你神性的工具以及表现你幸福圆满的工具，忽略这些工具就是扼杀神性——你可能忽略和谋杀了自己神性的示现。

这并不意味着为了通过口腔性欲期的成长阶段，你就必须成为一名大厨；或者为了发现超越语言的境界，你就必须成为莎士比亚。换句话说，你不需要在低层得到完美的发展才能晋升到高层，反而是达到很高的境界时，仍然可能有各种低层的问题。接通高层并不意味着低层的问题就消失了（有关这个议题，请参阅11月16日与12月18日的日记）。

对于主张觉性是本自具足的学派而言,上述的现象已经变成了他们的噩梦,因为学生一旦瞥见一味,可能会失去修补心理坑洞的兴趣。你不再认同身心,即使心理上还存在深刻而痛苦的神经官能症,你也不在乎了。虽然这样的认知没有错,这样的态度却严重违背了你的菩萨誓言——要帮助所有的众生体悟一味。你也许很高兴自己可以不必再处理那些精神上的垃圾,然而你周围的每一个人都可以看得出来你还是一个神经过敏的浑球,所以即使你宣称自己已经体悟一味,却只会让人们极力避免进入相同的境界。你也许很高兴处于一味的状态,却完全无法表达你的体悟,原因是你没有在低层的问题上下过工夫。因为处理低层的问题时,你必须学会表达你的理解,你不能把神经官能症的古怪行径诠释成愤怒的智慧或为法而战。"一味"的境界就是一切,所以它不和任何东西沟通,然而你的灵魂、心智与肉体,你的言语、行为与行动,一再表达了你的处境;如果这些层面都是混淆的,那只好祝福你了。

我还是要再声明一次,一味或自然无念学派并没有错,他们接通了你所能想象的最高境界,但是他们必须理解较低阶段和较低层次的问题仍需处理(包括心理治疗、食疗、运动、关系的互动、谋生,等等),这样才能踏上整合治疗的道路。大部分的众生都活在较低的次元,因此当你传达一味的讯息时,你自己较低次元的状态必须是健全的,才能传达健全的讯息,否则你口里说的是最高的真理,而实际的状况却是神经官能症。

我认为整合途径的最后一个障碍就是"新时代"风潮。他们将奇想与神话阶段抬举为通灵和精微光明境界,他们混淆了自我及自性,将前理性美化成超理性,将前成规期的梦想成真误解为后成规期的智慧,并且称自我为神。我希望他们能一切安好,我也希望他们的梦想快点成真,这样他们就会发现他们其实是不满足的。

以上就是整合途径的四个主要障碍,让我再重复一遍:一、向下回旋的平板世界及其转译式的理论;二、向上回旋之道对世俗的嫌恶;三、逃避式的灵修之道以为体悟一味就足够了,直到发现自己还有未解决的问题;四、新时代运动的自我美化。如果再加上大多数的保守人士,包括自由主义的无神论者与神话阶段保守的基本教义派信徒,那么很显然我们距离完整的自我了悟还有很长的一段路要走，这意味着神还没有厌倦这一场法界的捉迷藏游戏，它很乐于继续藏在那些最糟糕的地方。

6月26日，星期四

拉姆·达斯（Ram Dass）（译注：《与慈悲的宇宙联结》的作者）的情况好些了，也许有希望复原到某种程度。上次我见到他是在罗杰五十岁生日的派对上。弗兰西丝和我策划了那场派对，作为罗杰到达生命半世纪里程碑的献礼。我们认为能送给他的最佳礼物，就是将这些真心爱护他的人聚集在一起为他庆生，结果来宾包括了休斯顿·史密斯、史坦·葛罗夫（Stan Grof）与克里斯蒂娜·葛罗夫（Christina Grof）、杰克·康菲尔德（Jack Kornfield）、吉姆·费迪曼（Jim Fadiman）、迈尔斯·维奇（Miles Vich）、布莱恩·韦坦（Bryan Wittine）、约翰·奥尼尔（John O'Neil）、罗伯特·麦克德蒙特（Robert McDermott）、基斯·汤普森、菲利浦·莫菲特（Philip Moffet）以及拉姆·达斯等五十多位朋友。我们举行派对的地方在旧金山联合广场的坎普顿饭店。

拉姆·达斯和我分别坐在罗杰与弗兰西丝的身边，他看起来充满活力，神采飞扬。我在纽约托尼家中时听到弗兰西丝的留言：拉姆·达斯严重中风了，他的身体几乎完全瘫痪，既不能动，也不能说话。弗兰西丝的声音有点颤抖，她和罗杰与拉姆·达斯近来成了好友。现在拉姆·达斯已经能说话，也许再接受两年的治疗就可以复原得差不多了。我希望他能化危机为转机。不过我从以往的痛苦经验里已经学会，不论你在灵性上体悟有多么无法动摇，生命还是有办法猛力拉走你脚下的地毯，尤其在你不注意的时候。更令人难堪的是，即使你十分留意，不幸的事照样发生。

6月28日，星期六，丹佛

在丹佛与我两位最好的朋友一起聚餐，他们分别是华伦·贝罗斯（Warren Bellows）和威利·肯特（Willy Kent），我很难过他们马上就要搬走了。他们未来会住在旧金山北部的索诺马县（Sonoma County）。我是通过崔雅认识华伦的，他们彼此结识于"发现角生态村"(Findhorn)。我在《恩宠与勇气》里描述过华伦：他是崔雅临终时陪伴在身边的唯一非家族成员。最后的几个星期真正在照顾她的人就是华伦与我，他绝对是上帝派来的天使。威利则是一位具有禀赋的内科医师，他是华伦的爱人。他们两人都是我所挚爱的朋友。华伦比较倾向于灵性，尤其是在针灸上的研究；威利则是抱持质疑态度的科学家。这两个阵营我都有好感，所以我们很喜欢聚在一起聊天。我从未有过同性恋的经验，但是我在同志的文化圈里一向感觉很自在，大概是因为他们的审美能力吧。异性恋的男性大部分在审美上都会面临一些挑战。

"你真的很伤心他们要离开了，是不是？"玛西问道。

"当然喽，这还用问吗？"

"我以为你只需要把脑波转到零，就什么都不必担忧了。"

"空性意味着你更关心。我真的很难过。"

"是的，我懂。我很高兴。"

6月30日，星期一

存在的只有空寂，还有一丝细微的至乐感。这就是当你从自性次元进入精微次元的感觉。今天清晨，当粗钝的肉体活动从精微次元的至乐中升起时，你很难分辨它们的界限在哪里。你知道你有一副身体，你的身体就像是整个物质宇宙那么大；接着整间卧室开始变得固体化，然后你的觉知非常、非常缓慢地接受了这个粗钝次元的规范——这副身体是活在这间屋子里的。于是你起身下床，向下回旋再度开始运作。

但是空寂仍然存在着。

七 月
JULY

你看！我就是上帝。你看！我在万物之中。你看！我无所不能。你看！我的手从未离开过我的作品，一直未曾离开。你看！从无始之始万物都由我任命，我引领它们一直到结束；以同样的力量、智慧与爱，我创造了它们。怎么可能有任何东西会犯下罪过？

——挪威的朱丽安女爵（Dame Julian）

7月1日，星期二

"忆起"（Anamnesis），或是对上帝进行心理分析。

1

推、拉、冲破……

2

渴望，渴望。

饥饿，口渴，饥饿。

吞下去，咽下去。

必须要，必须要，必须要。

扑上前去，逃跑。

恐惧，恐惧，恐惧，恐惧。

愤怒，盛怒，爆发，吞下去，紧紧抓住，恐怖。

3

我看得见，听得到，也感觉得到。我不是孤单的。这里还有一些和我同样血缘的人，我们合在一起对付其他的人。

自然与我们一起入睡一同起床，这股在我们之上的力量有时带给我们光明，有时又令我们惊恐，我们强烈的欲望在许多时候并不够强烈。大地、空气、火、水没有一定的路线，有时它们带来帮助，许多时候它们又带来伤害。

生命是很短暂的，如果你跟着所有人的路子走。这里还有其他的人，有的白一点，有的黑一点。与我同血缘的人总是和我在一起，不同血缘的则不在一起。死亡总是跟着我们，我们把死亡强加在那些不同血缘的人的身上。

家人是同血缘的，我是这个家庭中的第四个。十八个太阳把我带来这里，现在月亮把死亡放在我的身上。月亮、蛇和水，它们是一伙的。

地上的东西都没有界限，所有的东西都可以连上所有的东西。你碰到一个东西，就变成了那个东西；你吃掉一个东西，就变成了那个东西。我们不碰那边的东西，我们也不吃那边的东西。生命是站在我们这边的，属于我们族人的；死亡是站在那边的，属于那些人的。我们不碰那些人，我们也不吃那些人的东西。现在月亮把死亡放在我的身上，因为蛇、月亮和水是一伙的，当蛇咬到我的时候，月亮进入了我的身体，现在死亡也进来了。

我从那些懂得的人那儿学到这些事。我的家人继续生活，我们的血混入大地中。

4

男孩和女孩一起被杀了，我们把他们烤了，然后小心地把他们吃了，因为他们是属于"母亲"的。血是属于"母亲"的，我们把血奉献给"她"，我们就能得到食物。

我是提亚玛特（Tiamat），属于第五个家族。早在时间开始以前，我们的祖先就带来了种子。我的血来自于"母亲"，我的骨头来自于"母亲"，我的心随着"母亲"的召唤而跳动。我的身体和大地结合，它也是属于"母亲"的。

很少有人了解"母亲"。她就是生命，她的血制造了生命。我们把血奉献给"她"，男孩与女孩一起被杀了，我们把他们吃掉是为了"母亲"，否则我们就得不到种子。每到四个月亮的季节，我们必须为"母亲"牺牲，然后我们就可以得到食物。如果不奉献，我们就会消失。我提亚玛特从带给我们种子的祖先那儿学会了这些事，那些祖先在时间还没开始的时候就存在了。

5

我父亲的父亲是造物主的后裔，造物主的居所不在这里，而是在天堂，他的方式我们一无所知。在我们的城市里，那些神职人员拥有和"父"接触的工具，不过我的家人听不懂他们所说的话。我父亲的父亲能了解"父"的话，因为他们是亲戚。我们虽然已经遗忘，可是并不要紧，因为我们的生命是交在"他"手中的。还有很多神与女神，"他"只是他们某些时刻的领导者而已，至于"他"如何领导，我们并不知道。

神职人员告诉我们，曾经有个阶段，我们的祖先和造物主是很亲近的，不过后来发生了一件恐怖的事。我们每天都要祈祷两次，求"父"带领我们回到未犯错之前的状况。我总是非常努力地祈祷，不过上一回我祈祷之后，我的妹妹还是死了。我的伯伯说我一定是犯了什么错，所以我必须更努力地祈祷。

我正在学习当一名陶工，因为我的手很巧，我知道怎样制造东西。我的哥哥也是陶工，我另外一个哥哥是种田的。我的一个妹妹死了，他们不肯告诉我另一个妹妹发生了什么事。

我很庆幸我们的家很坚固。这是因为我父亲的父亲是造物主的后裔，而且在那场争夺我们这个城市的血战中，我们的家族打了胜仗，所以我们才拥有这栋坚固的房子。

举行祭祀的那一天是最好的日子，因为每样东西都来自造物主，所以我们必须回忆一些东西，我的家人总是拿美丽的鸟儿当祭品。至于寺庙里发生的事，有一些不好的传言，但是我并不相信拿鸟儿当祭品的牺牲仪式就在那里进行。鸟儿的血回到大地，造物主给了我们血，因此我们把血送还给它。吃完一样东西你就变成了那样东西，鸟儿受到神职人员的祝福之后，我们就把它吃了，因为上帝已经在它里面，它是来自上帝的食物。通过这样的方式我们变得强壮起来，地、水、火、风不再干扰我们。不过上一次我为我的妹妹祈祷之后，她还是死了，所以我一定是犯了什么错。

6

这个世界显然是有道理的。那些企图将理性之光藏匿在欺骗里的人，总是会引起我的苦斗与争辩。不明飞行物、占星术、炼金术、灵魂出体、东方神秘主义的热潮，多么混乱的局面。

倡导这些言论的人，不论意图多么良善，似乎总是无法明白他们正活在一个相当安全而有保障的世界，因为理性科学造就了医学、物理学的发达，经济上的生产力也带来了物质的富裕，人类的寿命也从三十岁延长到七十岁。评论家所非难的正是带给他们庇荫的东西。我已经做了三十年的电机工程师，因为它有效，它是可以证实的，它也可以改善人类的生活。外在的世界是真实的，其中蕴含着真实的真理，你必须十分努力才能把它挖掘出来。你不能只是默默看着自己的肚脐，就以为能发现什么有价值的东西。

我认为科学的城堡将永远挺立，不断更新，只要那些非理性的病人不掌控整座医院。

也许我不该生气，可我就是很生气。自从我的儿子丧生于一场车祸之后，事情一直不顺，即使投奔悬在半空的上帝也于事无补。我们人类无论善恶乃是唯一存在的神，理性和善良的意图仍是唯一的力量。我们只能自救，如果我们还有救的话。《圣经》中有一件事说对了：真理能使你得到自由。而科学则是发现真理的唯一途径，还有其他的东西能发现真理吗？

总而言之，我并不担忧。哦，也许偶尔会失眠，可我只是盯着暗处独自思索罢了。

7

万事万物都是相连的。当我还是个十四岁的年轻女孩时，我第一次有了这样的领悟，它整个改变了我的人生！多年以后我才知道这就是所谓的"一体主义"，然而年轻的时候我只知道所有的事都是息息相关的。二十年来，我有过两个丈夫、三份工作，后来又得了全国性的著作大奖，我仍然深信众生是一体的!

我的著作重新编织"生命之网",巨细靡遗地描述了众生一体的观念。它是以科学的新发现作为基础的,从混沌理论到量子力学到复杂理论到系统理论,我的脑子在其中不停地运转,真是振奋极了!其实世界各地的原住民早在现代科学发现这个真相之前,就已经懂得众生一体的道理了。盖娅又活了!伟大的女神又回来了!万事万物都是息息相关的。

这真是不可思议的事,不是吗?现在科学终于赶上了这个众生一体的生命之网观点——然而多年以前我就写出来了!大家都把我视为这个领域的先驱,你可以想象吗?我居然变成了女英雄,被邀请参加这个董事会那个董事会,替这个月刊那个月刊写文章,还要参加各种会议,你可以想象吗?

噢,我忘了,不只是原住民信仰,还有东方神秘主义也在阐释生命之网。我真不明白那些习禅之人为什么要我打坐。我不断地问他们,打不打坐又有什么差别?你只要相信万事万物都是息息相关的就够了。你走你的路,我走我的路,你的路是打坐,我的路是一体观。他们却说我的路只是一种概念,要我立刻展现我的体悟给他们看,这对我是毫无意义的事。他们以为他们什么都知道,真是令人厌恶。你可以想象吗?!

8

与我的未婚夫登山是我唯一想做的事。疯狂的热恋,我们两个人就像唠唠叨叨的疯子一样,又像是孩子,反正我们也不在乎什么。约翰很尽责地扛着我们的野餐篮,一个小时里他一直在开玩笑。他说他扛的应该是数码公司总裁的食物。我说就因为你的身份是爱奴,所以你很适合……这句话还未说完,我突然消失了。我看到眼前的街景、约翰以及我的身体……但是我却不见了……反正我很难说清楚是怎么一回事。我和眼前的景致、山脉、天空合一了,我开心得不得了,又有一点害怕,不过大部分时候是祥和的,就像回家一样。我没有告诉任何人这件事,因为星期一回到办公室又要在电脑前忙碌,有谁会相信我的话呢?

这件事没有再发生过。偶尔我也会读到有关这类事情的书,什么宇宙意识啦，一体感啦，可是这些字眼都无法贴切地形容我当时的感受。我听说某些人可以长久处在这种状态中，我很怀疑，因为你会丧失所有对环境的适应力。总而言之，它来了又消失了。我越是思考这件事，越觉得那可能是一次疾病的发作。当时我并没有这种感觉，现在却有了。否则又会是什么呢？

9

前几天发生的那件事，我现在想起来仍然记忆犹新，感觉上还是活生生的，有点怪怪的。我当时独自一人坐在屋子里，时间已经很晚了，大约午夜十二点左右。我有一种很清楚的感觉，屋子里站了一个人。你应该知道那种感觉的，起先我觉得非常害怕，我鼓起勇气走了一圈，把屋子好好检查了一番。回到座位时，那种感觉又来了。

我只能用火球来形容那个东西，就在这间起居室里，它活生生地出现在我的眼前。我知道听起来有点疯狂，这种事以前从未发生过，因为我通常不会看到什么东西。然而这个东西并非什么电流，我知道听起来有点疯狂，可它真的是活的。让我这样说好了：它就是"爱"。它是爱与光的火焰。我确知此事就像确知我自己正坐在这里一样。它从我身体的前方往我的头顶移动，然后又回到我身体的前方往我的头顶移动。当它坐在我的头顶时，我整个脊椎都在震动，有一股能流很快地往头顶蹿。听起来很疯狂是不是？后来我知道这就是"爱"的时候，它就消失了。它就这样走了，我却呆了。我真正的意思是，它并不令我害怕。它让我有一种前所未有的彻底安全的感觉。

我曾听过：穿越死亡的隧道，尽头就是光明。不过当时我并没有死。我知道我很清醒，我知道那边有个东西是爱，我整个身体的感觉都不一样了，就好像脊椎连上了墙壁的插座。我不能精确地形容那种感觉，不过我知道那就是真理。然后我发现我开始祷告，表达我的感谢。

10

自然在神的面前隐退，光明找到了自己的居所。当我进入这非凡的浩瀚无边时，脑子里一直在想着这两句话。我不断向内深入和向上提升，向内深入和向上提升。肉体的感觉完全停止了，事实上，我根本不知道自己还有一副身体。我知道的只有充满光明的至乐，一波接着一波，每一波都比前面的更温柔却又更强烈，更明亮却又更微弱，虽然亮度增加了却更难以被看见。

超越这一切之上的，是一种饱满的感觉。在这片光明之海中，我被"无限"所充满；在这片至乐之海中，我被"无限"所充满；在这片爱的汪洋大海中，我被"无限"所充满。我不再有任何需求、欲望或执著，除了这份无限的充实感之外，再也容不下其他的东西了。我超脱了我自己，超脱了这个世界，超脱了痛苦和自我以及一成不变，我知道这就是神的居所，我也知道我就在神的里面。很明显地，十分确定地，我与神合一了。在这无限的光明中，我充满着恩宠，我将不再有任何需求。

温柔的泪水环绕着这份爱与至乐，让我忆起长久以来的渴望，渗入宇宙的尽头，我变得充实、自由和圆满。多少年以来，多少世以来，我追寻的只有这个，我为了它不断地追寻、受苦及呐喊。温柔的泪水环绕在"无限"的边缘，提醒着我这件事。

万事万物都来自这爱与光明，我以自己的灵魂之眼亲目见证了这个事实，所以我很确定。然后我带着一个信息返回现实：愿你们得到平安，人类之中的兄弟姐妹；愿你们得到平安，动物之中的兄弟姐妹；愿你们得到平安，无情众生之中的兄弟姐妹；愿你们得到平安——因为一切都是圆满的，万事万物的展现都是圆满的。我们全都来自这爱与光明，我以自己的灵魂之眼亲自见证了这个事实。

11

我以光体之身存在了多久，我不知道；我以形体之身存在了多久，我不知道；我以超越这二者的形式存在了多久，我不知道。

光明的另一面是混沌，爱的另一端是宇宙深渊，它们存在多久了，我不知道。

我记得我曾经是一块岩石，我也记得那推、拉、冲破的过程，我在沉睡里被宇宙舍弃而独自徘徊。每当我说出这个真相，人们总认为那是一件可笑的事。

我记得自己曾经是植物和动物，我又饥又渴，我奔向又脱离了我的渴欲之身，我四处游荡、挨饿、死亡。每当我说出这个真相，人们总是觉得可笑。

我曾经作为一个人类醒来时，我进入了"自我变成"的另一个学习过程。我膜拜的是沉睡中的自己——我的另一种形态；接着我开始转向自己的肌肤——大自然。我以戒慎恐惧的心情向自己膜拜，总想通过仪式来解决因我的沉睡而引发的恐惧。每当我说出这些真相，人们总是觉得可笑。

我曾经作为一个追寻神圣之我的人类醒来时，那神圣之我虽然没有完全醒来，却已不再沉睡。它是以我的形象铸造成的神话之谜，我把自己仍然沉睡的那些部分奉献给他，为的是平息那阴阳交接时所引发的恐惧。但是你知道吗？如果你想立刻就完全觉醒，你必须当下停止这场游戏。每当我说出这个真相，人们总是觉得可笑，即使我打断了自己的话。

不久，我醒来时又成了一个企图自我启蒙的人类，我以微弱的自性之光照亮眼前的路。我跃进了一大步，因为我不再向外寻找自己了；我跃进了一大步，因为我开始有了觉知之光；我跃进了一大步，因为我开始转向内心。我可以感觉这场游戏已经很古老了，现在我踏上这条回返自我的路。每当我说出这个真相，人们还是觉得可笑，即使我已经住口。

有一天，我以另外的那个身份独自端坐，我看到自己其实是一团光与爱之火，这时我才知道自己已经觉醒了。

在接下来的学习过程中，我进入了"我"——爱与光明的本体，在拥抱所有空间的那个瞬息，在包含所有时间的那一刹那，我完全领悟了我即是无限的自性。

接下来，我便进入了越超一切的宇宙深渊，人们称之为激进的解脱、无限的解放、终极自由、大救赎或无限的存在。这一切我都不知道，因为无论圣凡都没有一个"我"在那里知道着什么，存在的只有这根本的无色无相的东西。它不是至乐，它不是上帝，它不是爱，它不是什么整体，也不是什么女神，它不和任何事物交错。它不是无限，它不是永恒，它不是任何概念、客体或境界。"我即自性"不是光,不是爱,不是神性,也不是至乐,"我即自性"不受任何约束,它既非自由,也非无明,更不是一个可以被解脱的东西。

能说的只有一句话:只要这空寂不出现,痛苦就一定存在。

这就是我所记得的学习过程,这就是我所见到的自我发现的历史。我现在为我的听众唱颂这首史诗。我向那些和我一样沉睡的人承诺,但愿众生从沉睡中觉醒,发现那本自存在永不毁坏的觉性,那时他们将看到我所看到的一切。

我以光体之身存在了多久,我不知道;我以形体之身存在了多久,我不知道;我以超越这二者的形式存在了多久,我不知道。光明的另一面是混沌,爱的另一端是宇宙深渊,它们存在多久了,我不知道。

我只知道即使这空寂也将被我空掉,法界就这样被创造了出来,有形的世界就这样诞生了。那些和我一样觉醒的孩子们,清清明明地进入了这个世界。

12

从空寂之海的四周,升起了微弱的至乐。
慈悲在空寂之海中一闪而逝。
当光彩夺目的形体与意识交会,
精微的光明充满觉知的空间。
世界开始成形,
宇宙开始诞生。
"我即自性"现出了最精致的样式,
结晶成最粗重的形体,
以色彩、事物、客体和各种过程,
在觉知的暗夜之中猛然出现于觉知之上。
辉煌的太阳缓缓升起,提醒我们源头的存在,
沉睡的大地乃是神之子孙的居所。

13

电话铃声响了，我拿起电话："喂？"

"嗨，我是玛西。"

"嗨，亲爱的，什么事？"

"我觉得我们应该度个假，一时兴起的念头。我们这就走吧。"

"嗯，我还有好多工作要做，你知道的……"

"别这样嘛！休息几天不会要你命的。"

"好吧，好吧。我们从来没去过南方海滩，就让我们尝试一次吧，不如现在就走？"

"好极了！"

两个星期后的今天，我们躺在迈阿密的南方海滩。我沉浸在海水中，发现四处都是闪闪发亮的一味。

空寂、了了分明与关怀是眼前这一刻的各种称谓；佛之身、基督之手、克里希那之脸、女神之胸是眼前这一刻的各种面向。我知道这一切都和我许下的诺言有关，它埋藏在我灵魂的深处。至于它是在何时何处以何种方式许诺的，那并不重要。重要的只有一件事，对于那些能忆起自己意识过程的人——从岩石到植物到动物，从奇想到神话到心智到超越心智，从肉体到自我到灵魂到空寂到一味——他们被赋予了额外的责任，那就是把他们所看到的、所发现的、所忆起的告知别人。我在回返自我的学习过程里发现了这一切。光明而自由，空寂而灿烂，觉醒而充满关怀，只是这样，只是这样。然而每当我说出这些真相，人们总是觉得可笑。

14

玛西正在游泳。我喝完了我的可乐，也吃完了我的三明治。现在是正午时分，天空是晴朗的，海水是碧蓝的，澎湃的海浪拍打着海滩，沾湿了白净柔软的沙粒。

7月2日,星期三

整个早上都在阅读,回了几个紧要的电话留言,花了一小时把新寄来的书上架。这么多的书,说真的,谁需要它们?人们以为觉醒意味着通晓万事,其实刚好相反——你什么也不懂。一切都是奥秘难解的,人们只是在无止境地胡言乱语罢了。

解脱不是全知,而是不知——也就是从知识的束缚中彻底解放,因为知识永远属于有形世界,而真理却是无形的。它不是一团知识之云,而是一团疑云。它不是神圣的全知,而是神圣的无知。"观者"无法被观,知者无法被知,目睹本身无法被目睹。因此你真正的身份只是神圣无知中的一个自由落体,一份从已知、已见、已闻和已感的事物中解放出来的大自在,它是在知识彼岸的无限自由,在时间另一端的永恒解脱。

然而在墨守成规的相对世界,知识是必须用到的工具,所以我也就开开心心把那些书放上书架,然后试着通过它们和众人沟通,只因为我对这个世界还有某些责任与誓言需要履行。不过说真的,这一切不过是本觉之上的装饰品、空寂的明镜映照出来的一些影像罢了。肯·威尔伯只不过是"本来面目"上的一个疙瘩,今天早上我轻轻地把它拔掉,就像挥去一只小虫子,接着我就消失在无垠的空性中,也就是我真正的居所中。

但是那无垠的空性是冲动的,它唱出它的显化之歌,它跳出它的创造之舞。从最透明的、最纯粹的、最稀薄的空无中升起了这宏伟的世界,就像宇宙深渊的一点头一眨眼。于是我结束了拿书上架的工作,开始每个清晨的例行公事。

7月4日,星期五

接到超个人心理学会的会刊,上面写着:"新英格兰州的医药作家学会,颁发了最卓越医学报道奖给《超个人精神病学与心理学教科书》的作者,他们分别是精神科医师博罗斯·史卡顿(Bruce Scotton)、艾伦·奇南(Allan Chinen)和约翰·巴蒂斯塔(John Battista)。"

这本书绝对是第一流的著作，他们应该得到这个奖赏。他们曾要求我为这本书写序，我很高兴地照办了，结果是大家得到了一份额外的红利。当时的情况是这样的：写这篇序言时，我一下笔就是五十页，虽然这是一篇很好的文章，但作为序言实在太长了，他们根本用不上。于是我又写了一篇四页的短文——恰好派上用场。至于那篇被我取名为《整合视野》的长文，后来便成了《灵性之眼》的引言。所以，大家都因为我的愚蠢而受惠。

然而更重要的是，一向保守的新英格兰医学界居然颁奖给一本有关灵性和超个人医学的书，确实是一件很不可思议的事。我们这个国家的精神医学界，一向有权利决定什么样的意识状态才算是健全，什么样的是病态。看来体悟上帝不再是一种精神病了。

7月5日，星期六

我想替"忆起"作一点补充说明。我企图通过那十四部分的文字来描述意识内在次元的几个层次，也就是从第一人称"我"的主观角度来进行描述。学术性的著作总是被迫以客观语言写作，因此我想做点改变，以主观的语言来描述。其实宗教学者紧抓着客观的语言不放有一个重要的理由：他们可以不必真的转化自己。他们不需要真的去百慕大，只需要阅读一下有关百慕大的书就够了！非常奇特的态度。

从第一部分到第九部分，我运用了一些短短的故事来描述那些较低层次的内在状况。但是从第十部分起，我的说明开始采用现象学的方式：进入各种不同的境界，记录其中的体悟。我将"忆起"分为十四部分是一种随兴的做法，我通常把意识分为十个主要的层次，这十个层次和这十四部分的关系如下：

第一部分属于第一层的感官与生理本能阶段，也就物质和物理的世界。我处理的方式也许不太有想象力，但大致的情况就是这样了。

第二部分等同于第二层的情绪欲力阶段，同样缺乏想象，但还算清楚。

第三部分等同于第三层的奇想阶段，在万物皆有灵的奇想之下，具有相同属性的主体通常被等同视之，而整体和局部也被混为一谈，因此凝结与移情作用掌控一切。然而这个阶段以自己的方式建立了比较华美的世界观，它所用的隐喻和转喻乃是语言以及还没清楚发展的诗的重要根源——我们很容易就可以发现为何浪漫主义者分不清事物的轮廓。

第四和第五部分等同于第四层的神话阶段，我们可以将其划分为"农艺"（第四阶段）以及"农业"（第五阶段）阶段。前者时常以母系为中心，后者则几乎永远以父系为中心。从历史的角度来观察，当种植的方法被发现时，人类便从奇想、猎食转为神话、农艺的阶段。在农艺社会里，种植的工具是手拿的锄或简单的可以挖土的木条，因为不需要太多的体力，所以怀孕妇女也可以参加，而差不多百分之八十的食物都是由妇女生产制造出来的。其结果是几乎有三分之一的农艺社会膜拜女性神，还有三分之一膜拜男神也膜拜女神，剩下的三分之一则膜拜男神。（其中有一些讨海的人是例外。反正只要是膜拜女神的社会，一定以农艺为基础。）后来人们开始发现动物能拉动更沉重与更大型的犁，不过这项工作需要很多的体力（参加犁田工作的妇女流产率通常要高出许多，达尔文的物竞天择让她们不必再做苦工）。其结果是几乎所有食物的生产和制作全由男人包办了，于是百分之九十以上的农业社会都开始崇拜男神。

以母系为中心的农艺社会最令人惊讶的是零零星星出现了活人祭祀。大地之母需要鲜血，才能带给人们粮食。约瑟夫·坎贝尔（Joseph Campbell）称之为"祭祀狂热"，他点出了许多以母系为中心的农艺社会的特征（始于公元前一万年左右）。

虽然祭祀狂热在后期更加剧烈，但开端应该是公元前一万年左右。我采用的是坎贝尔的举证：一对年轻的男女在交媾时被杀，他们的肉体被人烤了、吃了，这是信仰母神的宗教最典型的血祭。

活人祭祀的突然终止，经常标志着以父系为中心的农业社会的兴起，但活人祭祀仍然以象征性退而求其次的方式存留了下来（譬如天主教的弥撒："拿去，吃了，这是我的身体；拿去，喝了，这是我的血！"）。以父系为中心的神话式宗教会认为自己在道德上超越了膜拜大地的异教信仰，主要就是因为它们弃绝了活人祭祀。

荣格派的心理学时常混淆神话阶段与超理性的灵性境界。神话阶段固然有令人无法忘怀的美，但它毕竟是前理性的，而非超理性的。虽然如此，我们仍有机会接近这些早期的阶段，如果将它们妥当地含摄进来，它们也能提供许多有活力和丰富的想象。不过我主要的观点是，不论农艺文化、农业文化还是一般神话，都无法替现代及后现代世界带来的真正超理性的灵性指引。

第六部分等同于第五层理性阶段。理性的透视主义和多元主义增长了人的真善美——因为理解的能力增加了——难怪这个阶段会被称为"启蒙期"。然而理性也带来了过多的傲慢；只有偶尔发生悲剧时，人们才感到困惑与自责。

第七部分等同于第六层的统观逻辑或整合多元非透视观。这个故事我写得有点过火：我把新时代、新典范的溢乎于情加以刻意突显。它虽然撷取了众生一体或统观逻辑的重要真理，却注入了更多的困惑：系统理论与奇想阶段所看到的"生命之网"是截然不同的（系统理论绝不会认为火山爆发是因为火山在对人们发怒）；众生一体的思想与东方的默观是截然不同的（前者只是一种头脑的活动，后者则是超越头脑的境界）；盖娅理论与体悟心中的女神也是截然不同的（前者是有限的，后者是无限的）。这个故事里的那位女性成了新时代、新典范谬误的牺牲品。平板世界的一体主义（属于右手向度），倒退式的浪漫主义，纯粹向下回旋，以生态为中心的前、超谬误，这些都是新时代、新典范所犯的错。（我称之为"415典范"，因为它的震中就在旧金山湾区的加州整合学院，我曾严厉批评"415典范"和它的诸多信仰者，他们的反应都十分激烈。请参阅9月23日的日记，里面有此观点的申论以及其他人的评论。）但是统观逻辑和整合多元非透视观却隐含着更高的真理。

第八部分描写的是第七层某种类型的通灵经验——更精确地说，这是宇宙意识的标准范例，也可以说是一种与整个粗钝次元暂时合一的感觉。请注意这是暂时的感觉，而且不涉及更高的精微次元或自性次元。换句话说，这是典型的"自然神秘境界"个案，也是深层生态学者与大地母神的崇拜者所认为的最高形式的神秘主义，但其实只是神秘次元最低的阶层，亦即"世界灵"或"生态唯理之真我"。虽然如此，这还是意识发展过程中非常殊胜而有力的次元，瞬间显像的宇宙意识也可能永不退转地改变你的人生。

通灵阶段（"自然神秘境界"）的调子，几乎永远是令人充满敬畏的：对存在的一份敬畏感，人类和自我都不再那么重要了。

第九部分描述的是第七层的另一种通灵经验，亦即萨满和瑜伽士的修行途径，换句话说就是拙火的觉醒。这股能量是处于情绪欲力阶段的乙太体，通常要发展到第七层的通灵阶段，你才能意识到这股能量的存在，它会一直持续到精微光明阶段。第九段故事描述的那个人所经验的就是拙火的觉醒：起初他将其视为外在的形体，后来才逐渐回到自己身心之中。这类的通灵经验时常是通往下一个精微光明阶段的关口，练习拙火瑜伽的人就是运用这股肉体的能量进入能量中枢的源头——顶轮（神性之光存在于此），还有超越顶轮之上的境（精微光明阶段的缩影）。

这个阶段的调子一开始是非常虔诚的（因为这股神圣的能量被视为一种外在的冲力），但虔诚的调子逐渐变成了权力和权柄（因为这股神圣的能量其实是人类身心之内的能流）。传统的观点认为，意识发展到这个阶段，权力或神通力很容易被滥用，有点类似星际大战的黑武士或是撰写唐望故事的卡罗斯·卡斯塔尼达（Carlos Castaneda）的某些行为。

第十部分描述的是第八层的精微光明阶段，也就是"圣人之道"。粗钝的次元已经暂时被遗忘，很多时候甚至认不出来了。身心的能流回到自己的源头（顶轮的无限光明与至乐是超越所有粗钝次元的，因此头顶的光圈通常象征圣人的境界）。这类冥想的主观感觉是"向内和向上的"，这不是一种比喻，而是真实的情况。顶轮的光明与至乐是一种直接而真实的体验，这是一个人最深层的真实结构，它是以神的形象示现的。佛家称之为"报身"，此乃"本尊神秘境界"的居所，神与灵魂的结合。

这个阶段的调子通常是狂喜、灵视、天启、祥和以及预知力。

第十一部分描述的是第九层的自性阶段，亦即"智者（译注：或贤者）之道"。这是目睹的源头，没有客体的觉知，彻底的止念，典型的涅槃，止念三摩地，阿因，无相的本体，伟大的无生，神的源头，背景场域，法身，毕竟空。通灵阶段涉及的是灵魂与"神"的神交，精微光明阶段涉及的是灵魂与"神"的合一，自性阶段则是灵魂与神都融入了神的源头。换句话说，当意识上升到精微的大光明与至乐（也就是精微光明的次元）阶段时，在某一点上它突然进入自性的核心，于是分裂的自我感彻底消除，代之而起的是激进的空寂、无德大梵或无属性的神之源头。（这自性的核心不可与心轮混淆，因为心轮指的是中脉之上属于精微次元的能量中枢，而自性的核心则是绝对菩提心或毕竟空。前者只是相对的慈悲或相对菩提心——这是拉玛那尊者的诠释。）

在较低层次的神秘境界中，你永远有一种进入或出离的感觉，好像某件不同凡响的事正在发生（看到光明，感到强烈的爱，本尊或神出现在眼前，感觉格外祥和）。可是当能量上升或下降到某一点时，你突然目睹所有向上回旋与向下回旋的活动（因为这些都是轮回），而成为逍遥自在的"目睹"。与其追寻各种客体——不论圣凡或高低——不如安住于明镜之心，平等而完整地映照一切事物的发生。你不再上溯顶轮的无限明光或下及海底轮的性力，你只是目睹所有的活动。换句话说，你脱离了"性爱"和"神对世人之爱"的循环，虽然这两种活动都在"目睹"的怀抱里，但是它们不再驱动意识的活动。你安住于空寂的"目睹"，你是一名如如不动的行动者。

中脉之上低层脉轮的粗钝欲力乃是高层脉轮的精微光明凝结而成的，而最高层次的顶轮明光则是未显化的自性的反应——自性的心髓是没有任何属性的，它不是光，也不是其他形式的显化，它是光的能源。换句话说，所有向上与向下回旋能流的终极源头，就是自性的心髓，而自性的心髓却不是这些能流——这也就是为什么"目睹"能完整地看到一切的化现，却又不受这场大秀的限制。

（目睹本身残存着剩余的自我感和二元对立，也就是目睹与被目睹的事物之间，还存在着一些紧张感——真空及妙有、涅槃及轮回的二元对立——必须等"目睹"融入不二的"一味"时，才能彻底消除，那时能观即所观，真空即妙有，涅槃即轮回。）

我在第十一部分的故事里涵盖了过去每一个阶段的成长。因为即使个人的濒死经验，都可能"看"到自己整个人生的回顾，更何况是自性的熄灭，你会"看"到整个宇宙历史的回顾，这是一个人最深的自性的彻底显现（我在二十七岁时有过这样的体验,此乃《出伊甸园》的立论基础)。在自性阶段,这种"忆起"的现象不会发生——自性阶段是什么都不存在的——只有在你更深入或脱离自性的阶段时回顾才会发生。

自性阶段的调子是不动如山的。它无法被动摇,就像从空性中生出的大山一样,同时又有一种浩瀚无边、自由、空旷、释放和解脱的感觉。这是很难用言语表达的情境,这些形容词都不是那经验本身。经验来了又去了,这面浩瀚的明镜能映照来来去去的经验,而它本身与经验却没有一点关系。

第十二部分的文字描述的是从自性的次元下降到精微光明的次元,也可说是内旋、流出与显化的开始。从第一部分到第十一部分的故事,描述的都是意识的向上回旋或演化——从物质到肉体到心智到灵魂到自性。意识一旦返回它的根源,亦即自性的心髓,就会开始向下回旋或清醒地倒退——从自性到灵魂到心智到肉体到物质。这样的循环一直不断在发生,而且完全是以大包小、以上包下的方式在进行。(每一次呼吸都有向上回旋和向下回旋的作用,甚至每一百万分之一秒中,这两种作用都在交替出现,也就是说,当你返回自性的心髓时,你就可以清醒而有意识地探查这整个循环的过程,而不再迷失于其中。)第十二部分到第十四部分描述的是从肯·威尔伯的身、心去观察向下回旋的过程。

大部分的人每天晚上都会经验从自性次元下降到精微次元的转化过程(从深睡无梦进入梦境),只是他们无法记得罢了。禅定的目的之一就是要清醒地觉知这其中的转变过程,让这些活动的源头变得透彻分明。

第十三部分描述的是从精微光明次元向下回旋到粗钝次元,也就是完成了演化和退化的循环(柏罗丁称之为倒流与流出)。如果你能持续不断地觉知这三种主要的次元或境界(自性、精微光明和粗钝),你就会清楚而惊讶地发现所有的次元都只是一味。

一味乃是圆满成就者之道,传统通常采用一或两种方法来形容个中的滋味,不幸这两种形容都令人感到混乱。第一种对此境界的形容是彻底的乏味。成就者"看见"整个世界时只是打了一个大大的哈欠,因为"一味"即是万事万物的滋味,你一旦尝到这种滋味,你就尝到了所有的滋味,因此佛法的大圆满把这种成就者形容为一个意兴阑珊的人，一个感觉一切无聊透顶的人。

第二种形容则是无礼、狡猾的讨厌鬼和大不敬的人。当人们（译注：梁武帝）问菩提达摩实相的本质时，他只说了一句："廓然无圣。"换句话说，没有一样事是不可以拿来开玩笑的。如果万事万物都具有同等的神性，也就没有空间可以容纳神圣感了。处于通灵境界的萨满或瑜伽士通常拥有巨大的神力，处于精微光明境界的圣人通常散发着祥和的光辉，处于自性境界的智者或贤者示现的是如如不动的平等心，处于不二境界的圆满证悟者示现的则是无穷的幽默感。他开始放声大笑，以轻松的态度对待所有的事物。当然，并不是每一个有幽默感的人都已经体悟"一味"，幽默感常是发自自我中心的。我要说的是，在"廓然无圣"的体悟中，万事万物都可以轻松地看待。

上述两种滋味的共通点都是平常和无奇：只是这样而已，没有其他的东西了（此即第十四部分的内涵）。

7月6日，星期日

菲尔·雅各布森的全名是菲利浦·鲁宾诺夫·雅各布森（Philip Rubinov-Jacobson），一个古老而尊贵的俄裔犹太名字。他刚刚从维也纳回来，他和萨尔瓦多·达利的主要继承人，也是维也纳魔幻写实主义画派的创立人恩斯特·福克斯（Ernst Fuchs）共处了一个月的时间。因为我写了许多艺术评论与美学的文章，所以我和世界各地的艺术家都有联络。他们时常寄来一些作品，要我替他们做一些推荐的工作，因此我对如何帮助他们这件事已经想了一段时间了，最好的方式就是创立一个交流中心——收藏灵性艺术作品的现代美术馆。我认为菲尔会是极佳的企划协调者，他自己也同意我的看法，问题在于这所美术馆的基金从哪里来？地点应设在何处？

于是菲尔去了维也纳。结果他发现福克斯也在构思创立一所灵性艺术美术馆。当我提出我们的共同理念时，福克斯感到非常振奋，便买下了维也纳的一幢大楼作为未来美术馆的档案室及资讯交流中心。福克斯目前又在寻找一幢古堡,准备将来作为艺术家们的工作场所。看起来菲尔可能会在维也纳住上半年,等美术馆成立之后,他将回到美国设立一个分支,然后往返于欧洲和美国之间。

维也纳的那幢大楼其实是一座巴洛克式的宫殿,听说很美,空间也非常大。他们现在准备购买的这幢古堡则是弗兰茨·约瑟夫(Franz Josef)夏季避暑的城堡。这真的是一个惊人的计划。如果这件事办成了,全世界的超个人艺术家将因此而受惠。

7月8日,星期二

雨不停地下着,雨水在阳台上蓄成了一个小水洼。眼前的一切都是透明的,它们在空寂中流动着,却没有一个观者在那里看着它们。那个所谓的我就是当下升起的每一样东西。我的肺是天空,那些山是我的牙齿,松软的云朵是我的肌肤,雷鸣是我的心跳——它在无时间中鼓动着时间,雨滴则是我们集体的泪水,然而这里什么事也没发生。

7月9日,星期三

山姆和他的女儿莎拉来访。莎拉十八岁,长得美极了,我一路看着她长大,如今她已经有一点小妇人的模样了。她有一副敏捷而锐利的头脑,她想读的竟然是哲学。

"莎拉想跟你谈一谈有关上大学的事。"

她说:"我可以选萨拉劳伦斯学院或是布朗大学,我也可以去加拿大或其他地方就读。"

"美国的人文教育被我们这一代人搞成了非常冒险的游戏,它整个的程式都是激进的后现代主义,而后现代主义往往被自恋主义与虚无主义所驱动。换句话说,除了自己之外,它什么也不相信。那些婴儿潮时代的教授以谴责所有的艺术、科学、文学及哲学来显示自己道德上的优越感,因此人文研究已经变成婴儿潮时代提高自我评价的心理治疗了，他们不惜牺牲前人来宣扬自己。"

这些话也许说得很重，但我记得最近读过一篇由弗兰克·兰特里夏（Frank Lentricchia）教授写的文章，刊在《通用语》（Lingua Franca）杂志上，题目为《学术生涯的评论》，明白指出美国大学流行的虚无主义与自恋主义，被夸耀成文学以及人文研究。这意味着"你只要在道德上超越你所研究的作者，你就高人一等了"。他说："这种虚拟的优越感将眼前的每一样东西都视为粪土，而他自己就像一个为了人类的利益而展现文艺评论的化粪池。"然后他一针见血地指出："其中只有一个根本的讯息，那就是自以为是，其表达的方式如下：T·S·艾略特是个孤僻的人，而我不是，所以我的为人胜过艾略特。听完这句话的人的反应应该是：不过，T·S·艾略特有文采，而你没有。"难怪兰特里夏会以美国的人文教育作为结论："有一件事很清楚了，学术性的文学与文化评论已到了英雄主义式自我膨胀的地步，这么说绝不夸张。"

"后现代主义运动有没有什么优点？"莎拉提出了质疑。

"哦，绝对有的。我评论的只是那些激进派人士。后现代主义其实引介了三个重要的真理：建构论、脉络论和多元论。建构论主张我们所觉知的这个世界并不是既定的，其中某一部分是由我们自己所建构的。我们以为这个世界有许多事物是宇宙赐给我们的，然而无论从社会的角度还是从历史的角度来看，它们都是由我们建构而成的，不同的文化有不同的建构。脉络论的主张则是，意义乃是根据脉络而成立的，譬如'狗的吠叫'中的'吠叫'与'树皮'中的'皮'在英文里是同一个单词——'Bark'，但意义却截然不同，因此脉络决定了意义。如此一来，'诠释'（又称为诠释学）便成了我们理解世界的主要活动，我们不只单纯地觉知着这个世界，我们还诠释它。多元论的主张则是，因为意义和诠释都必须依据脉络才能成立，而脉络永远是多元的，所以我们不应该只依据某一个特定的脉络来寻求理解（这又被称为整合多元非透视观、统观逻辑或网状逻辑）。

"以上三个真理是后现代主义运动的主要精髓，我全力支持这些核心真理。从这个角度来看，我绝对是后现代主义者。问题是，任何一种运动都有可能发展得面目全非,最后变得自相矛盾或自我毁灭。极端的后现代主义分子并不认为'某些'真相是相对的和由社会建构的,他们声称'所有的'真相都由社会建构,所以并没有放诸四海而皆准的真理。不过,他们却声称自己所发现的真理才是具有普遍性的。所以,他们将自己排除在他们加诸于别人的控诉之外——我们再度看见他们虚无主义底端的自恋主义。"

莎拉说:"所以,我们要避免的其实是极端的后现代主义,而不是后现代主义。"

"这就是我的观点。不幸的是,极端的后现代主义已经掌控美国大部分大专院校的文科院系。"这时我又想起最近读过的一篇文章,作者是理查德·波斯纳(Richard A. Posner),刊登在《新共和国月刊》上:"左翼的后现代主义是被它的反对阵营以西方的价值观、信念和文化所定义的,这里所谓的'西方'指的是无所不能的、具有异性恋倾向的、带有欧洲血统的白种男性以及他们的模仿者,譬如东亚的日本(希特勒所尊崇的雅利安人)和西亚的犹太人。左翼后现代主义其实也是激进的多元文化主义,从历史的角度来看,'西方'对它的诬蔑并不正确,它包含了自由主义、资本主义、个人主义、启蒙运动、逻辑、科学、与犹太基督教传统相关的价值观、个人价值观以及客观知识的可能性。"换句话说,这是一种除了自己的观点其他一概否定的虚无主义,也是自恋主义。这篇文章最后作了一个阴郁的总结:"左翼的后现代主义如今已经在美国的大学安身立命。"

莎拉问:"那么,在哪里才能找到好的人文教育呢?"

"只要碰到一位好教授,任何一所大学都是值得经验的。这样的教授美国有很多,你不妨找找看。"

"我考虑过加拿大的几所学校,譬如维多利亚大学。"

山姆插进来一句:"还有剑桥和牛津啊!"

"你觉得呢?莎拉。"

"今年我会去伦教一趟,也许我会去了解了解。"

"像牛津或剑桥这样的学校有一个最大的好处,那就是你可以帮忙设计和创造自己的课程,把它变成一个真正的多元文化教育。在东西南北各个文化中选出最好的来加以研究，这样才不至于落入意识形态之争或极端后现代主义的愚蠢里。美国已经在朝这个方向缓慢地前进……"

7月10日，星期四

山姆正在进行一个听起来非常特别的计划，我的任务是担任顾问。这是一部取名为《朝圣之旅》的纪录片，每集一个小时，总共有六集。每一集都会记录某个人到某个主要宗教圣地的朝圣之旅。印度教的圣地是斯里兰卡，佛教的圣地是菩提伽耶，因纽特（Inuit）的圣地是格陵兰岛，伊斯兰教苏菲派托钵僧的圣地是科尼亚（Konya）（译注：土耳其中部科尼亚省省会），原住民的圣地是澳洲，基督教、犹太教、伊斯兰教的共同圣地是耶路撒冷。这部影片将发行到全世界，通过电视、人造卫星、有线电视和影院向观众播放。

鲁迪·沃利策（Rudy Wurlitzer）是主要编剧，菲利浦·格拉斯（Philip Glass）负责配乐。这部影片主要的构想是避开国家地理杂志一贯的人类学式的观光之旅，而把目标放在主观的内心之旅和客观的朝圣之旅的结合上。每一集的主角朝着某个特定寺庙行进时，将和观众分享他们的希望、恐惧、欲望与担忧。这部影片将结合丰富的外在感官影像与个人内心的灵性追寻，最主要的还是介绍每一个伟大的宗教传承，它们不仅是过去的遗迹，也可以是引人入圣进入实修和辉煌未来的邀约。

7月11日，星期五

在家里为亚历克斯·格雷开了一个派对，其他的客人包括玛西、山姆、莎拉、塔米·西蒙（听上去像是）、凯特、菲尔，等等。亚历克斯是值得注目的人，他不但是杰出的前卫画家，还是心地善良秉性温柔的人，这意味着他的内在是非常坚强的。他总愿意带给人们最高的赞美，这在我们的嘲讽文化里是极为罕见的品质。

我知道亚历克斯一直在撰写一本有关艺术的书，他出乎我意料地拿出了原稿，还有许多令人赞叹的图片。山姆说他愿意上下两册都出版，亚历克斯听了都快晕了，惊喜得哑口无言。

我真替亚历克斯高兴。我认为他很快就会成为世界瞩目的艺术家。但愿每一次的派对都像今天这么开心。

7月12日，星期六

那洛巴学院马上要举行一次生态心理学的会议。生态心理学确实有某些不错的观点值得提倡，其中之一就是试图治疗能知的人类与所知的大自然之间的解离；它试图破除以人类为宇宙中心的自大观点；它认为外在的环境就是我们最深的真我的一部分，所以我们不能将其视为异己；它认为人类的神经官能症起因于环境和生物体的分裂；它试图通过人类及大自然的重合来治疗我们主要的病态。

这些都是生态心理学的优点。然而我担忧的是，生态心理学虽然试图成为一个真正的整合途径，其实却陷入了向下回旋的平板世界（或平板世界的一体论），这正是迈克尔·齐默曼所提出的警诫（请参阅5月11日的日记）。以下是我的担忧（包括所有形式的生态哲学——深层生态学、生态女性主义、新异教思想、新占星学、生态心理学）：

一、生态心理学对"世界灵"、"盖娅"或"生态唯理之真我"（属于意识第七层）有极佳的论述——换句话说，它是属于粗钝次元的自然神秘境界——但是它彻底忽略了精微光明次元的本尊神秘境界、自性次元的无相神秘境界及不二次元的整合神秘境界。（某些佛教徒似乎倾向于生态心理学的观点，然而他们应该明白生态心理学只处理到化身，而忽略了报身、法身和不二的觉性。）

二、虽然生态心理学是以"世界灵"或"生态唯理之真我"作为目标，不过它在前、超的谬误之下，错把第二层的生物圈与第七层的世界灵混淆了。它似乎未能理解世界灵既然能转化物理层面、生物层面和心智层面，就一定能含摄与统合它们。在这样的混淆之下，生态心理学竟然将世界灵化约为单一的生物层面（许多评论家称其为生态法西斯主义）。

三、即使某些生态心理学家能掌握"世界灵"的真正本质，他们仍缺乏转化内心的方法——也就是说，他们缺乏将意识转化到世界灵阶层的典范或范例，他们缺乏一条通往目标的途径。因此，生态心理学即使竭尽其力，也只是一张平板世界的地图和系统理论罢了——只是一种头脑的概念，而无法带你进入超越头脑的境界。

四、猎食部落奇想式的思维结构，时常被生态心理学家抬举为统观逻辑，于是退化式的生态原始主义再加上平板世界的系统理论便形成了所谓的"新典范"，其实应该说又形成了新的问题。

简而言之，生态心理学的理论中只有极少数能掌握"世界灵"或"生态唯理之真我"的本质，即使是这些理论，也很少具有让你达到"世界灵"境界的技法。犯了前、超谬误的生态心理学理论，几乎都混淆了世界灵与生物的层次，因而瓦解了意识的内在次元，阻碍了人们实修的机会，使人们退化到感官欲力的阶段，只拥护向下回旋及平板世界的观点，所以它们自己就是促成生态掠夺的主凶。

这些评论是以一系列冗长的注释体现在《性、生态学、灵性》的书尾和《万法简史》里面的。不过大部分的生态哲人都选择忽略这些注释，而将焦点集中在《性、生态学、灵性》中的两个琐碎之处——涉及对爱默生以及柏罗丁的诠释。当我引用爱默生的长句时，我省略了"自然"这两个字，因为爱默生对"自然"有三种不同的用法，在文章的后段可以很明显看到这一点（我将爱默生这段话的出处也引在书里，以便学者自行检查；不过我必须承认应该更加详细地述说清楚）。当我谈到柏罗丁时，我指出他的论著几乎全都是由威廉·英格勒翻译的，如果还有别的译者，我将会在书中提及。接着我谈到"从我们心中的神性进入整体之中的神性"，这句话其实是卡尔·杰斯伯翻译的，而非英格勒，但是我并没有详加说明。这些都是令人遗憾的小错，然而再版时都加以修正了，而且完全没有影响到文章的结论。

直到今天那些生态理论学者在讨论《性、生态学、灵性》时，还是不断提到我如何曲解了爱默生和柏罗丁（我在《灵性之眼》第十一章和注释中回答了这个不实的指控）。除了这些琐碎的失误之外，他们也找不出其他的证据了。然而令人悲哀的是，这些失误使他们忽略了我主要的论点，也忽略了爱默生以及柏罗丁要推翻的就是自然神秘主义（因此现今的生态心理学、深层生态学、生态女性主义与新异教思想也都被抨击了）。

以下是《灵性之眼》所引用的爱默生的观点：一、自然不是神，而是神的象征（或神的显化）；二、感官觉知无法揭露神，它只会蒙蔽住神；三、向上回旋的能量才能揭露神的存在；四、只有大自然被转化了，神才能被理解（神性遍布于大自然，但是只有转化了大自然之后，才会彻底显露——简而言之，神能转化也能含摄大自然）。

这些观点都是不争自明的。

这些观点也是柏罗丁完全赞同的，因此请忘掉我对生态运动的批评：因为爱默生与柏罗丁早已指出生态学只说出了部分真理，而非真正的全观，显然所有形式的生态心理学、盖娅崇拜、新异教思想、深层生态学及生态女性主义也都受到了抨击。我的评论只不过是末学肤受罢了。许多生态哲人集中焦点在《性、生态学、灵性》如何曲解了这些先驱的话，借以逃避这些先驱的谴责。

我提出上述观点的主要理由是，如果生态心理学能贯彻到底地领悟"世界灵"的真谛，深入于真正超个人的领域，亦即精微光明、自性以及不二的境界，这项冒险就更有价值了。要想做到这一点，它就必须放弃它所执著的观点——粗钝的感官运作世界乃是宇宙唯一的真实。还有更深的领域、更高的事物和更广阔的认知——从粗钝到精微光明到自性到不二——等着我们穿透"世界灵"而发现"目睹"，最后进入"一味"。

到达一味时，生态哲人的光辉承诺才能彻底实践，而这一味其实就是他们从一开始便拥有的令人钦羡的直观。

7月15日，星期二

老天！詹尼·范思哲（Gianni Versace）今天清晨在他南方海滩的家门口被枪杀了。起先大家以为凶手是传说中与他有关的黑手党——多年来一直谣传他为这些歹徒洗钱，目前看来凶手可能是一名有同性恋倾向的连续杀人犯安德鲁·库纳南（Andrew Cunanan）。

对于流行文化而言，这是一项巨大的损失，看他毫无意义地死去，我感到非常哀伤。没有任何一种方式的死亡是令人愉悦的，但仍有许多人死得清明，死得充满关怀，痛苦里带着恩宠，在超越的那一刻得到了救赎。可怜的范思哲，两颗子弹打中头部，没有任何恩宠，没有任何光彩，就这样突然进入了黑暗。

特别令人感到哀伤的是，除了他对时尚的影响之外，南方海滩的重整他也有功，如同某位电视主持人所言，范思哲的房子已经变成了世界最有名的度假胜地最有名的一条街上最著名的一幢房子。反正，稍为夸张一点也伤不了谁。不过范思哲真的结合了娱乐圈和服装界，他的死确实令人哀伤。

我同时也不禁感叹流行文化的肤浅，它可能永远都不会有什么改变了。如果粗钝次元的美感能清醒地接通精微光明或自性的深度次元，那么通过服装和形貌而展现的知觉，就会变成神性丰富的表现，而不是神性可悲的替代品。不幸这就是流行文化——一种带来满足的替代品，它企图从肉体拧出只有在神性的圆满中才能找到的欢愉。虽然欲望可以被无限地满足，它所发现的却只是一瞬间释放出来的几滴可悲的东西：这里得到一次高潮，那里得到十五分钟的名望；这里展示一下体面的时装，那里吸一鼻子的古柯硷。这一切都被供应商包装成了令人眼花缭乱的模样。他们之中的一位今天被残暴地谋杀了。

看到电视上的专题报道感到有点毛骨悚然，因为范思哲被枪杀的地点刚好是玛西和我欣赏他的房子时所站的位置——就在铁门外的阶梯上，我们所站的地方已经变成了一滩血水。

7月19日，星期六

罗杰和弗兰西丝在前往费泽尔研究所的路上，顺便到我家住几天。弗兰西丝在费泽尔研究所筹备了一次"心灵智慧"的会议。托尼明天也会来访，为的是减轻艾斯纳与阿斯彭（Aspen）所带来的压力，所以这两天家里有点拥挤，然而挤得令人愉悦。

7月21日，星期一

　　罗杰和弗兰西丝已经前往费泽尔研究所，留下托尼和我。多年来托尼一直是"钻石途径"的修行者与倡导者，这是由哈米德·阿里（Hameed Ali）创立的心灵成长方法。托尼在《事关紧要》这本书里给予"钻石途径"最高的评价，目前他虽然欣赏这个途径，却似乎有了不同的看法。

　　（我曾经在《灵性之眼》第十三章及注释十一中写过长达十三页的有关"钻石途径"的评论。我认为这个途径确实很重要，它促成了心理治疗与灵修的整合。不过它仍然犯了几个前、超的错误，这些错误使它变得很不稳定。我在那篇评论里以强烈的语气批判过它，托尼现在也抱持相同的观点。）

　　"钻石途径"主张简单来说就是，当我们还是婴儿时，基本上是与神性联结的，但在成长的过程中却把这份神性压抑或扼杀了。压抑神性在我们身上造成了许多伤口：各种的病症、防御和苦恼。如果用心理学的技巧来解除压力，就可以使我们与神性联结，为我们的人生带来灵性上的觉知。于是钻石途径便结合了心理治疗与灵修，而成为一个完整的系统。目前拥护它的人正在急速增加。

　　"但是你认为钻石途径犯了前、超的谬误。"托尼说。

　　"是的，确实如此。它混淆了前自我的冲动与超自我的神性——两者都是非自我的，这是一种典型的错误。"

　　"可是他们会说，你只要看看小孩子玩耍的模样，就可以知道他们充满着神性的喜悦。他们是那么自然、活泼，充满生命力，散发着喜悦的光芒。可是长大之后，他们就失去了这份单纯的喜悦……"

　　"等一等！你用'单纯'这个字眼来形容他们的喜悦。谁说这份'单纯'的喜悦就是灵性的喜悦？孩子们的喜悦既不单纯，也不属灵，那只是一种冲动罢了。这两者的差异是很大的。"

　　"为什么？"

"你知道的,人类的心理发展在五到七岁之间会到达一个重要的分水岭,那时孩子们开始学会以他人的角度来看待事物。有一系列著名的实验证明了这一点。假设你拿出一个彩色的球,有一面是绿的,另外一面是红的,你把绿的那一面朝向某个孩子,然后问他:'你看到的是什么颜色?'他会正确地回答:'绿色。'但是你问他:'我看到的是什么颜色?'他的回答仍旧是'绿色'。其实你看到的是红色,然而他无法以你的立场来看待事物,换言之,他无法转换成别人的角色。"

"是的,我知道。但是到了七岁左右,孩子就能作出正确的回答。他们开始能转换成别人的角色了。"

"这意味着孩子从自我中心进入以社会为中心的阶段——从'我'到'我们'——从自恋主义进入社会分享,也就是转换成他人的角色和包容他人。这是意识上的巨大转换,亦即从前成规期进入成规期的觉知。最后成年时,又会从成规期进入后成规期的觉知,这意味着觉知不再局限于我的团体、我的部落或我的国家,而扩大为宇宙性的世界中心的觉知,那时不论是什么种族、性别、宗教或主义,皆能平等对待所有人类。你知道的,在我的体系中,这份以世界为中心的觉知便是通往属灵境界之门。"

托尼问:"你的观点如何应用到钻石途径?"

"就用你的例子来说好了,钻石途径混淆了前成规期与后成规期,混淆了自恋倾向和世界中心倾向,更混淆了自我中心的喜悦及属灵的喜悦。它整个混淆了前与超。"

托尼又问:"它们之间的差异到底是什么?"

"能考虑到别人的快乐,才能体会属灵的喜悦。完全局限于自我的快乐也是一种喜悦,但和属灵的喜悦是截然不同的。因为它是自我中心的、自我炫耀的、专注于自我的——如果这就是你所谓的神性,那麻烦可就大了。"

"这么说喜悦还有更高的形式喽?"

"是的,一点也没错。喜悦也会成长和演化——从前成规期到成规期到后成规期到属灵的形式。"

"成规期的喜悦是什么样的?"

"对大部分的人而言,快乐必须与人分享,才算真的快乐,尤其是和你所爱的人、你的伴侣或你的朋友分享。这份喜悦不只是'我的',也是'我们的'——不是自我中心的,而是以社会为中心的。你希望你的家人和朋友都感到快乐,如果他们不快乐,你会觉得痛苦。在这个阶段,如果你把快乐锁在自我中心的模子里,可能会发展出严重的心理疾病。"

"后成规期的快乐又是什么形式呢?"

"当你的意识演化到全球性的世界中心模式之际,如果你无法将快乐和喜悦延伸到众生身上,你是不可能真正快乐的。因为你变成了理想主义的最佳写照,你希望解除众生的痛苦,将快乐延伸到众生身上——不只你的家人、族人,你的宗教信仰或你的国家(这些都是以社会为中心,以种族为中心的),你更希望所有人类都能快乐,不论是什么种族、性别或主义。至少在某种程度上你已经明了,如果还有人在受苦,你是不可能真正快乐的。一想到别人在受苦,你的意识就开始扰动,起初还很轻微,后来逐渐变得剧烈——当你在行进时,会突然升起一个扰人的念头,于是你的愉悦不见了,你开始依照被扰动的程度而采取行动。不论你的才华和资源是什么,你都会试着去改善人类的处境。你不可能真的快乐,除非所有的人都能共享这份喜悦。"

托尼又说:"按你的话来说,人们应该是向属灵的喜悦开放,并且延伸到众生的身上,譬如菩萨的宏愿。"

"是的,我想就是如此吧。那时我们才开始体尝到属灵的喜悦,但绝不是在自恋和自我中心的阶段就能达到的!将这两个阶段混淆,简直是一场噩梦,这种态度本身就是自恋的。因此将自恋的模式抬举成属灵的光辉简直是愚不可及的事。"

"但是你说过,孩子的喜悦确实有可能被压抑或扼杀?"

"噢,那是绝对的。你当然有可能封闭童年的喜悦,不过那还是前成规期而非后成规期的喜悦。"

"但是你一向认为前期的喜悦一旦被封住,后期的喜悦就更不容易出现了。"托尼补充了一个问题。

"一点也没错。如果你把一颗橡实踩扁了,它就很难长成一棵橡树。

然而你踩的不是那棵橡树，而是那颗橡实，因为橡树还没有长大，它还没有长出叶子、树枝和树根，等等。因此你如果压抑或摧毁任何一个成长阶段的喜悦，那么属灵的喜悦就不可能在发展的后期出现。因为灵性是从上往下显现的，而不是重新衔接婴儿期阶段，它是神的向下回旋而不是本能的复苏。"

"我同意，"他说，"但是钻石途径的支持者会说，他们拥有足够的事实来证明他们是对的。当你在进行钻石治疗时，一开始你必须试着去体会心中的创伤——也许是一份空洞的感觉、乏味的感觉或烦躁的感觉，等等。如果你能放松你的防御，而只是单纯地去感觉这份创伤，那么与其相关的神性迟早会显现，你的创伤就会被正向的温暖与智慧疗愈，他们说，这类的迹象显示你已经和被压抑的神性联结。"

"他们完全混淆了两种截然不同的状况。首先，你如果压抑了前成规期的冲动——譬如喜悦——那么压抑本身就会形成一堵墙，不但封住了想要浮现出来的低层冲动，也压抑了企图下降的高层冲动。换句话说，本能冲动如果被压抑，神性也会被阻隔在外。因为本能冲动和神性都会威胁到自我，因此抵御了本能冲动，也就抵御了神性。所以你把压抑放松下来——大概两三岁时，你开始学会压抑低层的冲动——你就自然能开放自己，接上那向下回旋的高层冲动——它现在是第一次出现，虽然你从未压抑过它。神性是一种从上往下的显化，而不是倒退回婴儿的状态。虽然神性也有一种超越时间的感觉，与婴儿时期的状态有点类似，但神性是重新联结超越时间的当下，而不是挖掘出婴儿时期的过往。如果将抵抗前成规期冲动的那份压抑放松，确实更容易打开自己，迎向后成规期与属灵的境界。如果将这两者混淆，就是犯了前、超的谬误。"

7月22日，星期二

托尼继续说："我仍然认为钻石途径是很有用的方法，不过它确实陷入了前、超谬误。最近我开始担忧，他们一直声称可以治愈早期的童年创伤，我怀疑根本无法深入这些早期的创伤，更别说治愈它们了。我认为所有灵性成长的途径都有这个问题。"

"为什么会这样?"我问。

"你刚才说过,如果不再抵御向上冒出的本能冲动,就可以允许神性向下回旋。"

"是的。另外还有其他各种抗拒神性的方式,不过,早期为了抵抗低层冲动而形成的防御,确实会封住高层的神性,所以能带来转化的回溯治疗是有必要的。"

"回溯以及释放早期的防御,才能进入成长的更高阶段,这点我完全赞同。问题是很少有方法能回溯得够深,能真的放松与释放原始的防御和压抑。至少,我不认为钻石途径办得到。而大部分的灵修途径对这个议题连提都不提,所以也办不到。"

"确实如此。唯一能有效对治早期创伤的,大概只有客体关系学派——譬如格恩伯格(Kernberg),或自我心理学——譬如科胡特(Kohut),此外还有马斯特森(Masterson)和斯通(Stone),等等。钻石途径撷取了这些人的理论是一件好事,不过它并没有找到运用这些理论的有效手段,实在是很可惜的事。"

"没错,因此它们所带来的放松效果是很短命的。有一次我结束钻石途径的密集课程之后,进入了长达两个小时的神性喜悦,那时的感觉真的很棒。不过不久就消散了,从此再没发生过。就好像你开了一扇门,而它却如橡皮筋一样弹了回来。钻石途径只能暂时拉开这条橡皮筋,不久它又弹了回去。"托尼下了这个结论。

"如同你所说的,几乎所有形式的灵修途径都不涉及这个议题,甚至不去试图理解和解除这些早期的防御,这条橡皮筋它们连拉都不拉一下。结果是你的身心无法成为神的容器,你的身心太紧、太封闭、太防御了,因此无法向神性开放。"

"以你的系统来看,"托尼说,"钻石途径对治的似乎是第七和第八层次的灵魂次元。"

"是的,我也认为如此。不过哈米德至少能斟酌别人发展出来的理论,用来对治早期属于一、二、三阶层的问题——也就是早期与客体的关系和原始的防御。如同我们说过的,钻石途径似乎无法真的到达和治疗早期的障碍。虽然如此,至少他们能够注意到对治早期问题所发展出来的更进一步的研究,我在评论中赞赏过这一点。"

然后,我把"灵性上的全科医生"这个观念告诉了托尼:治疗师必须了解整个意识的光谱,他们不需要亲自包办各种治疗方法,但是他们必须有能力辨认问题出自意识光谱的哪一个层次,然后将案主介绍给其他的治疗师、灵性上师、精神分析师、瑜伽师、心理治疗师,等等,也就是说案主在哪个层面出了问题,就把他介绍给在那个层面学有专精的治疗者。

托尼以标准的"托尼观点"回应我的话:"有一次我问哈米德,如果上钻石途径课程的学生需要心理治疗,他会怎么做。他说:'如果他们有需要,我们会介绍某位治疗师给他。'我说:'如果他们全都需要呢?'其实他们真的全都需要。"

7月23日,星期三

接到利奥·博克(Leo Burke)从北京发来的电子邮件。利奥现在是摩托罗拉的小组召集人,负责培训来自世界各地的两万多名主管。商业管理是最后几个我尚未研究的领域之一。两年前,利奥传真过来一篇引人注意的文章,他精辟地分析了商业界的近况,因而激起我对这个领域的兴趣。摩托罗拉大学目前使用《性、生态学、灵性》作为教材。自从读过利奥的传真之后,我开始有兴趣阅读世界各地的商业人士寄给我的书信,我希望这份兴趣能促成"法界三部曲"第二部的出版,因为在这本书里我特别要处理的是以科技经济为基础的社会演化——从广义来说就是商业。

利奥的信是这样写的:"我们人类的旅程现在进入了十分有趣的阶段。星期五在圣非(Santa Fe)举行的一次会议中,我提出了下面这个问题:'在人类的演化过程中,贸易机构到底扮演了什么样的角色?特别是那些跨国企业。商业有没有潜力帮助人类整合个人、组织与社会每一个层面的身、心、灵?'虽然没有人给出答案,但是在一个商业研讨会上提出这样的问题,已经是往前跨进一小步了。不过提出问题的人如果无法致力于自己的转化,那么所提出的问题也是疲弱无力的。当然这份努力最终并不是要助长自我改善，而是要促成真正的自我转化。"

阿门。

7月29日，星期二

罗杰目前正涉入一场全国性的有关占星学的辩论。我很高兴，因为到目前为止，我是唯一被新时代和新典范圈子炮轰的对象，现在罗杰将面临来自双方的枪林弹雨。这真是太棒了。

许多新时代的人一直不明白一件事：这个国家里的人不只分成两个阵营——理性对非理性，前者是新时代的人所不信赖的，后者则是他们所拥护的。其实，存在的有三个主要的阵营——前理性、理性与超理性。大部分的新时代灵修途径都倾向前理性阵营。不幸的是，包括罗杰这样属于超理性阵营的人，也比较倾向理性而非前理性（当然，目标还是整合这三者）。

因此像罗杰这样的超理性神秘主义者，竟然也开始批评起新时代的同道人士，令他们感到非常惊讶，也很愤怒。因为我们这些所谓的非理性神秘主义者，应该集中在同一艘船上，共同对治那些理性的、保守的、反灵性的人们。然而超理性的神秘主义者抨击得最凶的其实是前理性的退化倾向，然后才轮到理性的阵营，他们想让这两个阵营的人进入真正超理性的灵修。

现在罗杰公开抨击占星学，算是真的进入了战场的最前线。罗杰声称他在大量取证与仔细监督的调查之下得出一个结论：所有的传统占星学几乎都近似胡言乱语。他想要写一本书，取名为《本世纪的阴谋诡计》或《各个年代的骗术》。

于是《唯理科学评论》邀请了威尔·基彭就这个题目进行一场辩论。威尔是一位智识颇高的作家，他举止得体，思维缜密。他本来是训练有素的物理学家，那时他认为占星学根本是无稽之谈；后来他深深相信它的有效性，因为所有的证据都让他得出这个结论。因此威尔是参加辩论的妥当人选，也是《生活》杂志占星专题报道的主要理论家，他彻底说服了那位采访他的记者。这次的辩论真的是棋逢对手。对于这个领域而言，这可能是最像马尼拉拳击赛的一场辩论。

他们一边写论文，一边传真给我，到目前为止发展如下：在第一回合，罗杰一开场便提出了一份最新的报告："大多数人都很想知道调查者对占星学到底进行了多少测试性的调查。到目前为止，你至少可以获得一百份以上的报告，主事者有些是占星学者，有些报告则是科学家与占星者共同合作完成的。将它们集合起来足以构成一份在质与量上都相当够格的研究报告，借以评估占星学的有效性。"

到底发现了什么？以下是罗杰的报告：

> 占星学必须具备五项资格才能被视为正规，以下是调查员所作的调查：
>
> 第一组调查员调查的是，不同占星学者研判同一张星宫命盘时到底能获得多大程度上的共识。结果很令人惊讶！不同的占星学者诠释同一张星宫命盘时几乎完全无法达成共识。不论主事者是请来的占星术专家，还是占星学者本人，或占星学者加上科学家，得出的结果都不相同。
>
> 这项发现本身已经足以摧毁占星解读的有效性和可靠性。如同某一位评论家所说："如果占星学者对一张基本的星宫命盘都无法达成共识，那么这个行业根本就是荒诞无稽的。"
>
> 占星的测试对象无法从随意选出的简要命盘报告里选出自己的命盘报告。换句话说，被测试者认为其他人和自己的命盘报告描述的内容是相同的。
>
> 进行过三千份以上的占星预测调查之后，结论是预测并没有超过推论与巧合的层次。
>
> 三十六份以上的调查报告显示：占星学者的命盘解读并没有超过巧合的层次，因为他们是以有效的对人格及心理的判断而得出的结论。即使是被大众尊崇的占星学者或某一学派的原创者，以及那些技艺高超、信心满满的专家，也无法超越上述的层次。

占星学者通常声称对整个星宫命盘的解析比只考虑单一因素要准确得多。虽然如此，调查结果仍然没有发现足够的佐证来证实单一因素或整个星宫命盘的准确性。

罗杰的结论是："调查结果没有发现任何足以证明占星解析可靠性及有效性的佐证。"

噢！第一拳一出手几乎就把对方的脑壳打碎了。如果没有之前高奎林非凡的调查报告，我们可能已经获得压倒性的胜利。早在上世纪五十年代，法国的调查员米歇尔·高奎林（Michel Gauquelin）已经展开了长达数十年与占星学有关的彻底的统计和分析。罗杰指出："出乎他意料之外，这些统计分析确实揭露了一个重要事实，就是在不同职业领域居显赫地位的人，他们出生的那一刻，天空中的星体确实处于某些特定的位置。举例而言，许多著名的科学家、新闻从业人员及运动员，他们的土星、木星和火星可能刚好都处于地平线之上或是天顶。"

噢！又一次盛大的开场，这一回威尔开始进攻。他指出有几个抱持怀疑态度的科学组织试图驳倒高奎林的调查，但是都失败了。汉斯·艾森克（Hans Eysenck）这位备受尊崇的统计心理学家最后为这件事作了总结："在情感上我宁愿高奎林的调查无法站得住脚，但是在理性上我必须承认它们是站得住脚的……我们无法找到有效的论据来驳倒它们的结论、方法或统计。我们不能因为它们不合我们的口味或无法吻合现代科学的原则，便将它们否定了……也许我们必须开始明白地宣布：一门新的科学即将诞生。"

哇噻！好一记左勾拳，第一回合就这样结束了。令人惊讶的是，罗杰连眼睛都没有眨一下。他以坦然接受高奎林调查报告的态度展开了第二回合的辩论，他说高奎林的调查报告仍然着重于诠释：

"第一，高奎林的调查模式不适用于传统占星模式。"换句话说，因为高奎林的调查是唯一有效的调查，如果我们赞同他的发现，我们就必须舍弃大部分的传统占星学（译注：传统占星学着重于预测，非传统占星学则着重于心理与人格的分析），因为并没有发现足以支持它们的佐证。

"第二，高奎林的发现只适用于地位显赫的人。换句话说，对于那些默默无闻的老百姓而言，他们出生时刻的星体排列位置和他们之间并无显著的相互关联性。"传统占星学再度受到重击。

"第三，这种相互关联性是很小的，大约是百分之零点零五而已，这意味着它们只说明了不到百分之一的变化性。"举个例子来加以解释，著名运动员拥有显著的火星相位的概率只比一般人超出了百分之五，星体的影响显然是很微弱的。因此罗杰的主张是："占星解析或预测的价值实在太小了。"

噢！第二回合的情况就是这样，不论他们还说了些什么，传统占星学已遭到重击。到目前为止，唯一被双方明白予以尊重的调查只有高奎林的。然而他的调查结果显示，许多传统占星学的主张是根本站不住脚的。威尔却认为其中的某些主张仍然站得住脚。不过双方都同意，以太阳星座为主的占星术与报纸所刊载的通俗占星学已经完蛋了。接着罗杰又挥了一记右勾拳："你刚才暗示高奎林的发现是支持传统西方占星学的，我的论点则是，以某些理由来看，他的发现并没有为传统占星学的某些特定主张带来慰藉。除了极少数的一般性原则之外（譬如子午线是重要的），高奎林已经很清楚地表示他的发现无法适用于传统占星学模式。"罗杰接着下了一个比较安全的结论："绝对有必要清楚地区分高奎林的发现与传统的占星学。"前者有清楚的佐证，而后者的佐证却很少。

即使是高奎林所发现的星体与人格的关联性，其实也是非常非常微弱的。但威尔却主张，即使佐证很少，影响却是事实；罗杰对这一点并没有争辩。因此这些佐证是什么，必须加以说明。结果威尔撷取了我的观念来加以说明："高奎林的调查所隐含的讯息是令人哑然失声的。借用威尔伯的理论来看，占星学指出了一个浩瀚的'全像阶序'，它不只含摄了物理域、生物域以及心智域，而且还含摄了更大的天界脉络——它既能转化也能含摄盖娅系统。我们越是深入内在，越是能发现宽广的外在：一个活生生的'法界'全像阶序，地球只不过是许多高层的'超级全子'里的一个行星。占星学的推运与这些天界超级全子的影响有关，因为这些超级全子能抑制次级全子的不确定性，譬如它们能改变地球所发生的事件的或然结构。但这整个过程并不是一种机械化的因果律的整合过程——由此可以观察到相互的作用关系。"

威尔能正确无误地引用我的观点,令我印象深刻,而且我发现他的说法似乎蛮有道理。但是我认为还有另外一种同样在"威尔伯"理论架构之下的解说,可能更有道理一些。

重点在于,我们处理的到底是向上回旋还是向下回旋的因果关系?换句话说,这些微弱的星体影响是不是在世界灵(属于天界的超级全子)的层次产生的,然后再将这股影响力加诸次级的全子之上——也就是每一个人。换句话说,威尔的主张到底是一种"向下回旋"的因果作用或影响力,还是在物质次元运作的力量——物质界的星球对人体产生的影响——从这个次元产生微弱的"向上回旋"的影响力,因此而促成较高层次的显化,包括情绪和心智?我非常怀疑可能是后者,理由有好几个:

第一,如同罗杰和威尔所说,这些影响力是非常非常微弱的。这句话已经暗示了向上回旋而非向下回旋的影响力。向下回旋的影响力通常是强而有力的,几乎是一种必然的因果作用。譬如当高级全子"我"决定要移动低级全子"我的手臂"时,我的手臂中的每一个分子都会开始活动,并立刻向上抬起。也许其中有百分之五不活动,但最终还是活动得很好。

第二,另外还有一个有趣的重点,那就是高奎林所举出的星体与人格的关联性,竟然无法支持剖腹产或被诱导的生产。如果"宇宙"超级全子无法凌驾于剖腹产之上,那还能算是超级全子吗?

第三,这些星体与人格的关联性只发生在知名人士的身上。我认为这一点才是最重要的关键,它已经很显明地泄露了这股影响力不可能在"世界灵"的层次产生。假如说"世界灵"或"法界"超级全子很乐于减低低层全子的或然律,那么它为什么只影响到有权有势的显赫人士?

假设这些在知名人士身上显现的星体与人格的关联性是在物质次元产生的,然后这股微弱的影响力再向上回旋到较高的情绪与心智的层次,这种说法还比较有道理,因为这些微弱的力量中只有最强的才能产生显著的影响力。换句话说,只有最强的影响力在向上回旋的时候才不会被削弱,低层的能量必须奋力挣扎才能凌驾于高层的能量之上。对于一般人而言,他们所获得的来自星体的微弱力量已经不多了,这些微弱的影响力在向上回旋的时候势必整个被消弭。

第三回合结束时，罗杰的出击我认为已经摧毁了大部分的传统占星学。我自己在这个议题上一直抱持着不可知论，我发现罗杰的许多论点真是令人赞叹。后来威尔也同意以太阳星座为主的占星学、报纸刊载的通俗占星学以及以外行星为主的占星学是无效的。传统的占星学已经被彻底击溃。

威尔和罗杰都同意星体与人格的关联性是存在的，但是力量很微弱：零点零五的百分比是不足以大肆宣扬的。无论如何，如同威尔（及艾森克）所指出的，这项变则经不起与其相左的世界观的摧残。威尔与我都同意只有以全子的观点才能解释得通。我过去一直认为从世界灵的次元（通灵阶段的全子）才能解释得清楚，但我现在认为必须从物质次元的交互作用来加以解释——物质界的星体对人体造成的影响，也就是通过向上回旋的作用力而影响到较高层次的情绪和心智（可能通过引力、荷尔蒙的交互作用，或地磁气、神经元的交互作用，或某一种综合的交互作用），才能解说各个不同领域的知名人士所受到的微弱影响力中最强的影响力是如何存活下来的。

我的太阳星座是宝瓶，虽然我正试图合法地改变它。让我们看一看今天的占星图是怎么说的："窥伺已久的那名尤物似乎对至乐上了瘾，这里的氛围充满感性与渴望，'佛裸蒙'（Pheromones）（译注：1986年美国科学家从人类汗液中发现并提纯，严格的科学实验证明它对异性有强烈的吸引作用）弥漫在空气里，但又存在着一股明显的神圣感。不难预测宝瓶座在肉欲的影响之下，将考虑打破过往的灵修纪录。"

我必须收回刚才说过的话，我已全然相信了太阳星座的准确度！

八 月
AUGUST

世界是什么？一首不朽的诗，
神的精神通过它向我们照射，
智慧之酒通过它而喷出酒花，
爱的天籁通过它向我们低语。

——雨果·冯·霍夫曼斯塔尔
（Hugo Von Hofmannsthal）

那崭新的心灵变得越清醒时，
便越有能力将默观化成永久的灵视。

——皮特·蒙德里安（Piet Mondrian）

8月2日，星期六

"嗨！肯，我是弗兰西丝。"

"嗨！弗兰西丝。现在罗杰闭关一个月，你终于能松口气了，开不开心啊？"

"事情还是多得不得了。我刚刚从超个人心理学会的年度联谊会回来。"

"他们要你做结尾致辞。"

"是的。我在年会结束前第二天到达会场，和一些老朋友聚会，感觉很棒，勾起了不少怀旧之情。我第一次参加这个会议是三十二年前的事了！那是我生命中的一件大事，它整个改变了我的人生。那次参会的休斯顿·史密斯、吉姆·费迪曼这次也都在场。还有一位老朋友上前和我打招呼，真高兴这么多年以后还能见到她，她就是劳拉·赫胥黎（Laura Huxley）。"

"你没开玩笑吧？"

"她大概有八十多岁了，看起来非常娇小，不过仍然活力十足。她告诉我她很喜欢我的著作，我也告诉她我很仰慕她，感觉很好。"

"你的致辞如何？"

"我谈的题目是创作力，讲得还不错。"

"我敢打赌一定比'还不错'要精彩得多。"

"创作力是人们与自己的灵性智慧联结的方式之一，所以我想谈谈这个题目，观众的反应不错。"

"'世界局势论坛'近年来情况如何？"

"世界局势论坛"是一个相当杰出的组织，由詹姆斯·加里森（James Garrison）和米哈伊尔·戈尔巴乔夫（Mikhail Gorbachev）创立，成员包括德斯蒙德·图图（Desmond Tutu）、埃利·威塞尔（Elie Wiesel）、詹姆斯·贝克（James Baker）、杰汗·萨达特（Jehan Sadat）、特德·特纳（Ted Turner）以及其他数百位人士。今年的论坛将于11月4日至9日在旧金山举行。弗兰西丝受邀主持"智力与演化"这个议题，她将这个主题分成三个部分来讨论：人类的智能和演化，修炼与内在工作以及智慧遗产。前两个主题她已经召集了极佳的主角来参与，但最后一个主题应该邀请年长的研究者来探讨智慧遗产的重要性,可是进行得并不顺利。

"一切都进行得很顺利,除了智慧遗产这个主题之外。因为拉姆·达斯病了,休斯顿·史密斯很明智地选择不参加。老实说,他们的智慧确实不该浪费在这场大秀上,所以我被困住了!"

弗兰西丝一定会解决这个问题的,她一向都有办法摆脱困境。

8月3日,星期日

人们总觉得自己受到生活和这个世界的拖累,因为他们真以为自己活在这个世界上,所以像虫子一样被这世界压扁了。这并非事实,你并不在这个世界上,这世界其实在你里面。

人典型的思考方式是这样的:我的意识存在于我的身体里(大部分都在我的脑袋里);我的身体存在于这间房子里;这间房子则存在于周遭的空间,亦即宇宙里。从自我的观点来看确实如此,从真我的角度来看却大错特错。

如果我安住于"目睹",我就是无形无相的"我即自性"。很明显,当下,我并不在我的身体里,反而是我的身体在我的觉知里。我能觉知到我的身体,因此我并非我的身体。我是那纯粹的目睹,而我的身体从其中升起。我并不在我的身体里,而是我的身体在我的意识里。因此,我就是意识。

如果安住于"目睹"或无相的"我即自性",很明显,当下,我并不在这栋房子里,是这栋房子在我的觉知里。这栋房子正从我的纯然目睹中升起。我并不在这栋房子里,反之,这栋房子在我的意识里。因此,我就是意识本身。

如果我从这栋房子向外看,也许会看到一大片的土地、天空、其他房子、道路与车辆,简而言之,我虽然看着眼前的宇宙,却只安住于"我即自性"里,那么很明显,当下的我并不在这个宇宙里,而是宇宙在我的觉知里。宇宙正从我当下的觉知中升起。我并不在这个宇宙里,而是宇宙在我清醒的觉知里。因此,我就是清醒的觉知。

没错,你的物质肉身确实在这栋房子里,而这栋由物质组成的房子也确实存在于物质宇宙里。然而你并不只是物质肉身而已,你也是那"如是"的觉知,物质只是它的表层肌肤罢了。自我认同了物质的观点,因此不断地被物质所困——被物质带来的痛苦所折磨和欺骗。不过这痛苦也是从你的觉知中升起的,所以即使你处于痛苦里,仍然能发现痛苦的存在。换句话说,你能包容痛苦,超越痛苦,只要你安住于纯然空寂而又浩瀚无边的真我。

所以我到底看见了什么?如果我紧缩成一个小小的自我,似乎就局限于肉体,局限于房子,局限于周围的宇宙里。但假设我能安住于"目睹"——浩瀚无边、开放而又空寂的觉知——那么很明显,我并不在肉体里,肉体反而在我之中;我并不在这栋房子里,这栋房子反而在我之中;我并不在宇宙里,宇宙反而在我之中。这一切都从我光明的本觉,亦即那浩瀚无边的空寂中升起,当下,当下,永恒的当下。

因此,我是清醒觉知本身。

8月4日,星期一

米切尔刚参加完一个由弗兰西丝在费泽尔研究所主办的心灵智慧会议。他觉得这次会议很有趣,在许多方面都有助益,但大家的态度如果能更存疑,更具批判性,带来的助益可能会更大。弗兰西丝知道我们这位伟大的存疑论者一定会有这种感觉,于是最后一天她请他说出了内心的感言。

"结果情形怎么样?"我在电话里问米切尔。

"史坦葛罗夫也在会场。他谈到最近完成的一本书《宇宙游戏》。他说这本书你帮了不少忙。"

"只帮了一点小忙而已。当时他把原稿寄来给我看,很明显,这本书其实是由两本书组合成的,我建议他分成两本来出版会更好。他可能真的这么做了,现在纽约州立大学(SUNY)出版社准备出版其中的一本。这是一本非常重要的著作,可以说是大存有链的另一个版本,因为它添加了现代科技的发展。你们最后一天的会议情况如何?"

"我们其中有几个人谈到不明飞行物绑架地球人这件事,某些人似乎很不愿意别人质疑他们的信仰。其中有一个人说:'根据报道,每年大约有一万多人被外星人绑架,你认为这些人都在胡诌吗?'我回答他:'哦,是的!是的!'当然讨论进行得不太顺利。"

"我可以想象。"

"我承认自己有时太多疑了,可是这些人似乎完全没有质疑的能力。这实在很糟糕,因为即使没有外星人绑架地球人之类的事进来搅和,这个领域已经够疯狂了。你如果不相信他们的话,他们就认为你是精神有问题或反灵性,等等。正因为有一万人声称自己被绑架过,所以你不可能在这一群人里找到证据。"

"我同意,"我说,"听说去年有一千五百起传闻,声称埃尔维斯(Elvis)(译注:猫王埃尔维斯·普雷斯利)又出现了。这是不是意味着埃尔维斯还活着,而且正在四处走访?这怎么能称得上是证据。"

米切尔和我约好下一次见面的时间之后,就彼此告别了。

我曾经看过约翰·马克(John Mack)在电视上访问被外星人绑架的某些人士。这些事件的真相是什么,其实已经明显得让人心痛。这些人都声称外星人对他们做了体检,把探针插入他们的肛门,并采集了他们的精子或卵子。接着他们展示了他们和外星人生下的混种子女——我认为是幻觉底端的黑暗。换句话说,他们将是地球新品种人类的父母。这时你可以很明显地看出他们的自恋倾向。我真的不想说得太刻薄,我的脑子里只有一个想法:如果这些人就是新品种人类的父母,我们的麻烦可就大了,可能会类似近亲相奸的后果。

那些有过被绑架经验或此类记忆的人,我并不怀疑他们对这类经验的真实感受(他们大部分都能通过测谎器的检验)。他们的经验从现象学来看都是真实的,但是从存在本体论或客观真实性来看却不是真的。因此,我们一方面有现象学的经验(经验本身),一方面又有你对某个经验的诠释。为了作出清楚的诠释,你必须拿出所有用得上的证据,这就是那些相信此类经验的人没有做到的事,尤其是约翰·马克。

这些被外星人绑架的经验,有没有可能是一种更高层次的真相?就理论而言,这些经验也可能发生在通灵或精微光明的意识次元(第七和第八阶层所发生的现象）。由于这些人并不是直接成长或演化到这些次元，因此他们把这些经验当成是外来的。由于无法体悟自己更高与更深的光明本质，他们向外投射出外星人的形貌。即使那些经验是真的，这些人还是呈现出解离型的心理病症。不论是什么情况，都不值得吹嘘。

这些事件所透露的讯息仍然是自恋主义。谐星丹尼斯·米勒（Dennis Miller）一针见血地指出："只有人这种充满自恋的族类，才会认为有一种高度演化的异形势力飞行了几兆光年来到地球——一群有高度发展的智能、漫不经心而又超越一切的异形，他们觉得根本没必要在飞碟上设置任何窗户，好让他们欣赏星际的美景——它们降落地面的第一股冲动，竟然是把手电筒插入一群乡巴佬的屁股中。"

当人们想到不明飞行物时，他们渴望的到底是什么？当人们谈到超觉感应时，他们渴望的到底是什么？人们想要一个比他们更伟大的东西，是因为他们想知道在这个非凡的法界，还有某些东西是有别于他们那贫乏的自我的。

确实有这种东西存在。

8月5日，星期二

今晨只有"如是"迎接着我——如是乃是它唯一的陈述，除了如是，就没别的东西了；存在的只有单手击掌的声音——"一味"的声籁。精微光明和自性的境界具有一股淹没你的神圣庄严感，一味却是简单得近乎可怜的平常境界。

莫琳·西洛斯（Maureen Silos）寄了一份她的博士论文给我，题目是《加勒比海群岛的经济、教育与知识政治学》——她刚拿到加州大学洛杉矶分校的博士学位。莫琳和我从去年开始通信，当时她告诉我，她将我的理论运用于"与第三世界发展有关的议题"。我把迈克尔·麦克德蒙特介绍给她，因为后者在斯威士兰（Swaziland）也在进行相同的研究。莫琳生长于加勒比海群岛，提出这些困难重重、复杂而又棘手的问题，对黑人女性而言是相当特殊的事。起初她和我接触时态度有些愤怒，她对那些反演化论、自以为是的前进派和自由派的学术顾问感到不满，这些人的立场在后现代主义的平板世界中是很典型的，尤其在大学里头。这种温吞的平等主义所造成的结果，其实妨碍了个人与文化内在意识的发展。

莫琳很直接地探讨了这些议题，她采用了我一部分的理论，另外又补充了自己的申论，结果非常令人赞叹。她首先指出："在人类学与社会科学的改革圈子里，演化论已经是一项禁忌。西方改革派似乎对社会性的达尔文主义、殖民主义、种族主义和大浩劫，都抱着特别反对的态度，他们认为有阶层意识的人基本上不是自卑便是自大。虽然他们的反对可以理解，结果却是给社会学带来了灾难，因为我们现在必须面对普遍存在的对文化演化论的敌意。"

她又说："西方前进派的社会学者全盘拒绝了文化上的演化论，这个社会现象是加勒比海群岛及其他第三世界的学者引介这些观念时必须注意的事。因为这些主张虽然意图良善，却制造了一个极为怪异的情况，就好像拿着一把恶毒的楔子将法界劈成了两半：其中所有非人类之事都是依照演化论来运作的，而与人类有关之事都不是依照演化论来运作的。我试图将文化上的演化论区分为有效和无效这两个面向，因为这是唯一的方法，可以让我有机会理解加勒比海群岛的各种世界观产生冲突的本质是什么，并且让我有机会探讨以东西方默观传统作为演化模式的文化与意识上的纵向发展。"

莫琳继续申论："文化、意识以及世界观的演化论是必要的，因为缺少了它，随着西方社会工业化之后民主自由的兴起，人类似乎已别无选择地到达了历史的尽头。这是我无法接受的事，应该还有更高的可能性，我们要如何才能达到那更理想的状态？"

她的观点和普遍流行的平板世界后现代观刚好相反，她认为文化上的演化论既不是以民族为中心，也不是以欧洲为中心，它可能是唯一能跳脱西方社会科学改革派所隐含的种族中心主义的出路，因为只有文化上的演化论能转化种族中心主义。换句话说，虽然这些改革派分子抱持高尚的理想，企图减低权力的压制，然而反对文化演化论的主张，就是他们竭力抨击的病态之一。

我们必须区分有效及无效的文化演化论，在这一点上莫琳引了我的一些理论："为了达到文化上的演化，也为了找到比目前的霸权模式更高更佳的存活方式和认知方式，我们需要'一套哲学上的主张，它同时能含摄前进与退化、好消息与坏消息，也能涵盖人类和宇宙所共有的演化推力'。威尔伯在《灵性之眼》这本书里探讨了五种这类的主张，分别是：区分与解离的不同，转化与退化的不同，自然的与病态的阶层制度的不同，高等意识结构可能被低等冲动所劫持，以及进展中的辩证法。"

莫琳接着提出一些非常聪明有时甚至是杰出的分析，来探讨加勒比海的文化和未来。她说："本学期我在加州大学洛杉矶分校教授两门学科：一门是'教育社会学'，另一门是'非洲犹太移民的身份、影响和社会转化力'。后面这门课程是以你的研究作为基础的，学生们都很感兴趣。但是某些学生觉得你从来不提伊斯兰教和非洲哲学，似乎有点奇怪，你过度强调东方宗教令他们有挫折感。"

这个观点很好。以后我必须明确地强调我撷取了非洲哲学及伊斯兰教的观点，尤其是苏菲派和非洲萨满的精髓。我过去比较倾向于简化的说明，譬如在西方世界我举出了新柏拉图学派作为最佳典范，在东方世界则是印度的佛教与印度教思想。显然，更明确一点说出我的知识来源也不会造成什么大碍。

"我给自己定下一个任务，我会将非洲的哲学思想纳入你的体系之内，但是又不至于助长种族主义或是将非洲前殖民时期理想化。"换句话说，就是在退化和压力之间前进——如何避开这两者是我研究工作的主题。"我的第一个尝试将是举办一场公开演讲，演讲题目有可能是《散布非洲的犹太移民的宗教、灵修与社会变迁》。我对这个讲题有点担忧，因为以非裔美国人的身份认同古老的埃及思想将是很受争议的。同时我还会探讨意识与灵性的演化观点，以及社会变迁与它的关系。"这真是个勇敢的灵魂！

"我的下一个计划是利用取得博士学位之后的奖学金进行对太平洋圈的研究，我会将加勒比海群岛的研究计划重复运用于东亚的经济发展上，也就是在文化脉络和经济的卓越能力之间建立一套理论来解释它们的复杂关系。我希望在1998年能到印尼、台湾与马来西亚访问，我采访的对象将包括当地政府经济部门、商业界的人士以及政策的制定者。"

莫琳·西洛斯，你的进步真是神速。

8月6日，星期三

威廉·博罗斯（William S. Burroughs）过世了。随着他的逝去，"反击的一代"（译注：通常译作"垮掉的一代"，似乎没有传达出反社会的意涵）三人小组——克鲁亚克（Kerouac）、金斯堡（Ginsberg）、博罗斯——已不复存在。

金斯堡后来成了创巴仁波切的弟子。我们偶尔会碰一次面，尤其是在那洛巴学院举办的活动上，他们新建的图书馆就是以金斯堡为名的。见到我他总是问我可不可以摸我的光头，我每次都说可以，于是他很开心地摸了又摸。我最喜欢艾伦（Allen）的地方并不是他的诗——我觉得那是渎神的——欣赏他朗诵自己的诗才是真正有趣的事。他总是充满兴高采烈的能量，而且毫不吝惜将这股嬉戏的能量传达给他的观众。

"反击的一代"令我喜爱的并非他们的著作，而是他们的演出——他们演出的当然是自己，即使在上世纪六十年代，那样的演出也是精彩异常的。他们的生活就是一场永无休止的好戏，有时欢欣，有时怪诞。这场表演因为博罗斯意外杀死了妻子（他只是想射穿妻子头上的玻璃杯）而声名大噪；中间穿插着克鲁亚克酗酒而令人不忍卒睹的死亡；最后则是金斯堡投入了一个以暗算自我中心为演出目标的宗教，如果修行得当，这个宗教也许能消除他的理性束缚。（译注：创巴仁波切向来以极受争议的方式带领他的追随者。）

这样的演出不是我们很快可以再见到的。加上蒂莫西·利里（Timothy Leary）之死和拉姆·达斯的中风，我们这一代已经正式开始了它的守灵工作。过去的几年不断有人庆祝他们的五十华诞——死亡的浪潮开始击打我们。当我们缓慢地滑入最终的出口时，我们是否能发现那伟大的无生，那孕育圣人、智者与菩提萨埵的子宫，还是最终我们只发现了自己？

8月10日，星期日

清晨大约三点左右，精微次元的活动开始浮现——从无相的深睡进入精微次元的梦境。那纯粹、无限而又无相的黑暗，其实是活生生的、充满觉知而又透明的空寂，从其中升起了最精微的意象——有时是蓝白交织翻滚的云朵，有时是持续升起的淡淡至乐。奇怪的是这份至乐感其实是向下回旋的起步，同时存在的还有一份空寂感。

超越这一切之外，一直存在着如是的感觉。

8月12日，星期二

又举办了一次那洛巴读书会。这一次讨论的主题是在灵修和反文化组织中经常见到的"反智主义"。这些人认为体悟与智力活动是相左的——他们重视前者而诬蔑后者。如果你开始对某一个灵修的议题进行习惯性的解说，诚如某位学员所说："你会当场被钉在十字架上。"他们认为你应该以身体而不是以抽象思考的心智为中心。体悟是好的，因为是属灵的；心智的活动则是自我中心的，它只会分析来分析去而造成各种的界分。

以上这些说法，我认为完全误解了体悟和灵性的定义。以下是学生与我的几段对话：

肯：我们刚才谈到灵修上的体悟，其实体悟基本上只是"觉知"的另一种说法而已。譬如我正在体会我的身体，这句话意味着我正在觉知我的身体。不过你除了觉知自己的身体之外，也可以觉知自己的心智——当下这一刻，你可以注意到心中升起的各种念头、概念和意象。换句话说，你也可以体会你的心智，觉察到你的心智。直接、专注而了了分明地体会自己的心智活动是非常重要的事，因为只有把觉知引到心智的层次，你才能开始转化心智，解脱它的束缚。当你正冥想或默观时，如果能觉知到自己的心智活动，你就能拥有更高的体悟、属灵的体悟或神秘的体悟——譬如见性，三摩地，与神合一，等等。也就是说，你会觉知或体悟到自己的神性，虽然那是一种非二元对立的状态。

因此你可以有肉体的、心智的和灵性的体悟,这一切都是体悟。如果把体悟化约为肉体的层次,认为只有肉体的感觉、感受、情绪、冲动才是体悟,那就是犯了严重的错误。这是非常不幸的化约主义,它否定了更高层的属于心智和灵性的体悟,它否定了理智与菩提、高层的心像与梦境、高层的理性辨识与透视、道德的深意,还有高层的无相及默观境界——这一切都被否定和化约了。

身体基本上是自恋的、自我中心的,所谓身体的感觉仅止于你的身体而已。你的身体无法和别人替换,替换角色是心智的能力,所以身体的感官知觉无法帮你进入关怀、慈悲、人我一体的境界——要进入这些境界必须通过对心智活动的觉知。如果你只停留在身体的层次而又有反智的倾向,那么你只有停留在自恋的轨道上了。

这就是"以体悟对抗心智"的偏见所犯的第一个错误:把所有的经验模式都化约成肉体的经验,此乃自我中心主义的精髓。它所犯的第二个错误则是将灵性体悟化约成肉体的经验,也就是说,如果你集中注意力于你的身体,专注于你所有的感受,这就是直接通往灵性的一扇门,因为这种方式能转化心智。然而肉体的感觉、感受和情绪并不是超理性的,而是属于前理性的。如果只停留在肉体的层次,你并没有超越心智,反而是在心智的下方。你并不是在转化,而是在退化——变得越来越自我中心和自恋,只专注于自己的感觉之上。这只会阻碍你进入真实的灵性体悟,因为真正的灵性体悟是身心脱落的——也就是说,你不再认同肉体的感受或心中的思想。如果你只是集中注意力于身体,怎么可能身心脱落?

所以你只要一听到有人告诉你灵修是一种体悟,而不是心智的活动,你几乎就可以判定他们犯了上述两种严重的错误。他们明明正在经验着身、心、灵三个层面,却声称只有肉体的经验才是真实的——最低层次的体悟!接着他们又把灵性的体悟化约成肉体的经验。这两种错误都是非常不幸的。

但是还有比这更糟糕的错误。因为即使我们能很正确地诉说肉体、心智与灵性的经验,真相却是:最高的灵性境界根本不是一种经验。因为经验的本质是一闪即逝的:它们发生了,等一下又消失了。然而"目睹"本身却不是一种经验。它能觉察到经验，却又完全和经验无关。"目睹"是浩瀚的空间与自由，经验从其中产生，亦消失于其中。目睹本身从不进入时间之流，它能觉知到时间，所以它从未进入时间之流。

如果把神性说成是一种经验（VS.心智），那就是彻底扭曲了神性，因为神性并不是一种一闪而逝的经验，而是目睹所有经验的"见证"。陷在经验中，等于是对神性一无所知。

学生：但是身体的感觉确实是含藏着意义的，这些感觉确实很重要。

肯：噢！绝对的。不过它们应该与心智和灵性整合在一起。如果声称唯有身体的感觉才是属灵的，那就太滑稽了。

学生：可是这样的说法为什么如此流行？

肯：因为每一个人早就具足了觉察身体的能力。当你还是个小孩时，你就具备了对自己身体的觉知力了。每一个人都能觉知自己的身体，因此集中注意力于身体的灵修一定有比较高的成功率。可是如果你教授的是"止念三摩地"，一般人可能要花上五年的时间才能进入这种真正属灵的境界。这样的课程在周末工作坊是不可能受欢迎的！你不可能轻易地销售这些超个人次元的实修方法，你只可能销售那些可以快速让人改变但不久就会失效的课程，或是一些简单的身体上的经验。

如果你的机构必须仰赖学生所缴的钱才能生存，那么你就不可能靠着精微光明、自性与不二次元的实修课程来赚钱——你不可能办一些必须花上五到十年才看得见成果的课程，因为你不可能等那么久才收学费！因此这些组织都有一些隐藏的压力，它们必须提供次级的、倒退的课程，而美其名为"灵修"。销售这类的方法，你几乎可以达到百分之百的成功率，因为几乎每一个人都可以在自己身上找到一些感觉、情绪或对身体的觉知，却很少有人能很快地"见性"。这样大家都觉得很开心，每个人都有所体验，而且是来自"心中"的，不是来自那"肮脏的头脑"。

学生：觉察身体难道没有任何益处吗？

肯：这可不是我想要带给别人的想法。与身体接触是非常重要的事，因为一个人在成长和发展的过程中，意识首先认同的是肉体——属于欲力、感官运作的阶段；到两三岁时，心智的活动才开始出现；到了六七岁时，意识开始认同由心智所提供的较为宽广的视野。相较之下，感官运作的肉体属于前成规期和自我中心阶段，因为它无法将自己替换成别人的角色。但是心智活动出现之后，意识便开始从自我中心转向以社会为中心的知觉模式——也就是从"我"转成"我们"。心智能转化与含摄身体，因此心智可以同时觉察"我"与"我们"。

但是如果在这些阶段形成了心理上的病态——弗洛伊德在这方面的贡献是非常重要的——那么心智就无法转化与含摄肉体；相反，它会压抑肉体，否定肉体，与肉体解离。说得更精确一点，某些头脑中的概念、观念或超我将压抑或否定身体上的感觉、冲动或本能（性欲或攻击性），但某些时候压抑的只是身体的活力。头脑的活动压抑了肉体的感觉之后，就会造成各种类型的神经官能症、情绪上的疾病、身体上的异化与麻木无感。

因此治疗的第一件事就是揭露、释放那些造成压抑的障碍，允许自己去感受你的身体、你的感觉与你的情绪，试着去理解当初你为什么要去压抑它们。接着你必须和这些失散的感觉重新建立起友善的关系，然后以你的头脑将它们整合成一个较为完整而正确的自我形象。

假设你已经与身体及其感觉重新联结，那么你就会觉得充满活力而神采飞扬——好极了！这本来就是应该产生的效果，因为你和你的有机体的根源重新取得了联结。这时许多人便会得出一个错误的结论：肉体的感觉似乎比心智自我的境界要更高一些。这个观念是绝对不正确的。他们会有这种信念，是因为重新与肉体联结的感觉实在太好了。然而我们需要和肉体重新联结，并不是因为它的层次比较高，而是它被较高层次的心智所虐待，所以我们必须暂时退回被异化的肉体感觉上——倒退意味着进入意识阶层中一个较低的层次——然后将这些失散的感觉重新整合。这种倒退是为了替更高阶层的成长铺路。

那更高的成长结果就是身心统合——我称之为"人马"，因为人的心智和动物的身体合而为一了。然而有许多身体的治疗师完全混淆了身体与身心的统合。你可以在亚历山大·罗文（Alexander Lowen）、伊达·罗夫（Ida Rolf）和斯坦利·克勒曼（Stanley Keleman）的著作里看到这种混淆的情况。他们经常将肉体抬举为"人马"，也就是身心统合的地位。他们会这么做是因为对心智没有任何探讨，凡是有关理性伦理、透视主义、后成规期的道德、相互理解的议题，一概不加以探讨。他们所谓的身心统合，其实只是一堆身体上的深度感觉罢了。他们犯了一个小小的前、超错误：混淆了后成规期的"人马"与成规期的身体——大部分的身体治疗派别都犯了这种错误。

无论如何，治疗与冥想经常是从身体的觉知入手，因为大多数的人确实与他们的源头失去了联结。不过有效的治疗或真正的实修都不会只停留在身体觉知的层次。有效的治疗必须逐渐进入对认知与心智活动的觉察，那时你才能理解为什么当初你会压抑肉体与它的某一些感觉。只有当你不再将肉体层次的异化冲动变成一种外在的行为，并且将它们转为心智上的洞见时，治疗才会真正有进展。

就真正的实修而言，虽然它时常从肉体的觉知入手——集中注意力在呼吸或身体的觉受上——但很快就会进入对心智活动的探察。也就是从粗钝的肉体或感官运作的世界进入心智或精微的世界。只有觉察心念活动中细微的紧缩倾向——尤其是自我界分的感觉——你的统合感才能从身心扩大到神性。换句话说，你对这副有机体的认同才能转化为对一切万有的认同。

所以你的身体并没有被遗弃，它被心智转化与含摄，而心智又被神性转化与含摄。身体乃是基础、源头与起点。不过如果你只停留在那里，你就完全妨碍了心智与神性的发展。充其量，你只能达到"化身"的境界（肉体的次元），而无法达到"报身"（精微光明的次元）或法身（自性的空境）的境界，当然更无法达到不二的"一味"境界。你一旦能将身体接上这些高等的次元和阶层，它们的能量就会向下转变肉体的形貌。你甚至会在黑暗中发光。肉体会美得令人难以忘怀，它将是你本初神性的透明工具。

8月15日，星期五

理查德·扬（Richard G.Young）是"基督教默观中心"的指导老师之一，也是《道途：有关心理治疗和灵修转化》杂志的发行人，他在这本杂志上写了一篇关于《灵性之眼》的评论。这篇文章非常有趣，中间一段是这样写的："他从不发表任何演说，从不带领任何闭关活动，鲜少接受采访，绝不鼓励任何人视他为灵性导师，为什么我会变成这位专门破坏偶像之人的追随者？理由很简单，我想让他产生内疚，然后接受《道途》的专访。"

我传真给《道途》："OK，OK。"

8月16日，星期六，丹佛

玛西和我在丹佛逛了一整天，她想买双鞋子，我俩轻松地享受着浮生半日闲。玛西真是一个不凡的灵魂，她每日的例行工作就是帮助那些成长有障碍的人。我看过她跟这些天真无邪的人互动的情况，他们热情而直接，不过所知道的还不足以认清文明人的可怕，因此需要监护。他们的口水滴在她身上，他们紧抓着她不放，他们随时需要她的关注，他们大哭大叫，然而她从不退缩，也从不别过身去。她抱着他们说：一切都会没问题的。他们相信她，他们信赖她，而把自己交托给她，理由很简单：他们知道她会永远在那里守候着他们。

她已经被批准加入和平工作队，明年二月就要开始工作。目前她正在考虑这件事，部分原因当然是我们的关系；另外最近她被升为推广部主任，这个部门负责管理好几个监护中心。这是一件意料之外的事，也是一个很好的机会。目前她可以继续留在现在这个社服机构，又可以偿还她的学生贷款。这意味着我们的关系不会在明年二月结束——我的喜悦是很自私的。

对某个特定的人的爱从空寂中升起时是充满光明的。这份爱虽然具有强烈的个人色彩，虽然有特定对象，却犹如一片爱的汪洋大海升起了阵阵波浪，这些波浪挟带着整个大海的能量和悸动。那种感觉就像在观赏沙漠清晨的日出，背景是一片浩瀚清澈的蓝天，然后从地平线升起了强烈的红黄色曙光。你就是那无限的爱，在这片爱的晴空中，升起了一团个人之爱的火球。

有一件事很确定：无穷的爱与个人之爱并非互相抵触，后者只是这浩瀚海洋的一阵波浪。清晨当我醒来时，躺在她的身边进行冥想，在默观的过程中只有一件事别于往常：全身上下都有一种至乐感。吊诡的是这份感觉既微弱又强烈，在觉察之下缓缓推进。这股性能量重新接上它的源头，也就是身心的精微次元。每当我在冥想时，时常会轻轻触摸她的身体，这个动作促成了能量的完整循环，她也有这种感觉。

这是男女都可以为对方做的事情（也包括超越性别定位的同性恋者），这是"谭崔"的中心思想。以深入肺腑的语言来说，男女的交合乃是"性爱"与"神对世人之爱"的结合，向上回旋与向下回旋的结合，真空与妙有的结合，智慧与慈悲的结合。这不是一种理论，而是身体的气或能量的真实交合。因此在最高层次的谭崔教诲里，只是观想与自己的神圣伴侣进行性爱的交合是不够的，要想达到终极的解脱，你必须和一位真实的伴侣进行真正的性交，才能完成能量的循环，来帮助你认出那早已解脱的心。

8月18日，星期一，博尔德

刚刚结束与莎拉·贝茨（Sara Bates）教授的通话，她目前采用《万法简史》与《灵性之眼》作为姗所教授的艺术和原住民文化的教材。她任教于佛罗里达州，是旧金山州立大学的客座讲师，她是从那里打电话给我的。莎拉是一位彻罗基族（Cherokee）的印第安人，她与两位友人——一位是霍比族（Hopi），另一位是摩哈维族（Mojave）——组成了一个研讨小组，以关心文化、宗教、艺术和原住民社会等一些研究议题。她们会采用我的著作作为教材，用她的话来说，是因为它们的本质是统合各种文化的。

她问："你对目前美国流行的原住民宗教信仰有何看法？"

"我认为中产阶层的白人对原住民信仰抱持的态度是很奇怪的。"

"我也认为如此。他们将原住民信仰过度浪漫化是一件悲哀的事。这种浪漫的观点是根本不存在的——现在不存在，以前可能也不存在。然而目前有很多印第安人也穿凿附会这类的观点。"

"是的，确实很奇怪。许多原住民也开始附会白人对原住民信仰的诠释。"

莎拉接着说："我曾有过一次直接而立即的内明经验。在我的传统里，这是一种常见的灵性体悟。我的一位同事竟然问我：'是不是必须身为彻罗基人才能经验到这种事？'他以为我会回答'是的'，但我回答：'当然不是！'"

莎拉指的是激进派的后现代主义现在已经陷入不幸的本质论：你必须身为一名女人，才能知道女人的事；你必须身为一名印第安人，才有资格谈论印第安人的事；你必须是同志，才有资格解释同性恋的议题。换句话说，这是一种从世界中心退化为种族中心的态度——身份变得独大而操控着一切，这种极端的多元主义意味着人与人之间不再有共通点。

戴维·拜瑞比（David Berreby）在《科学》一书中如此描述这种退化的氛围："美国总是依照一套规格化的剧本来制造政策性的文化认同。它使你开始坚信成为某个团体的一员是一种独特的经验，这个经验将你和团体之外的人分隔开（即使密友与亲人也不例外），却使得你与团体之内的人紧密结合（即使你从未跟这些人碰过面）。接下来，你会开始假设，个人的挣扎和荣辱就是这个团体在社会挣扎的翻版，于是个人的问题变成了政治的议题。再接下来，你会开始坚持主张所属团体的权益被忽略了，所以你必须采取行动，如改变外人对这个团体的看法。"其实这些行动本身并非坏事，只不过会造成广泛的异化与分裂。这种病态的多元主义竟然以为怪罪和谴责那些我想取得认同的团体，就可以达到被接纳的目的。

真正的多元主义一向是普遍一同多元主义（或称整合多元非透视主义）：你从一开始就要了解众生一体的深层结构和共通点：我们都有痛苦与成功，欢笑与悲泣，疑惑与自责；我们都有能力在脑中形成意象、象征、概念和准则；我们都有 208 根骨头，两个肾脏与一颗心脏；我们都有通往神域的管道。然后，你再把各种奇妙的差异性、不同的表层结构和文化建构下的差异添加上去，这样便形成了各式各样的团体以及各式各样的人——每一个个体都是独特的、各异其趣的。但如果你一开始就强调多元主义及其中的差异性，你就永远无法进入整体宇宙，而停留于多元透视主义即病态的多元主义、多元透视主义之癫狂、种族中心主义的复兴以及退化式的灾难。

当然，强调你所属团体的重要性是无可厚非的，不过将自己的团体诠释成被压迫的族群,早已是令人无法忍受的事了——现在每一个团体都声称是被压迫的一群,没有任何团体肯承认自己其实是压迫别人的人。白种男性过去被视为坏人,现在他们也赶上这股热潮。白种男性已经无法被视为压迫者,因为他们大多属于某个被压迫的边缘群体:有毒瘾的人,身体残障的人,酗酒的人,童年遭受性虐待的人,因为父亲缺席而受害的人,被外星人绑架的人,或是变成女人战利品的人。他们无法再压迫任何人,因为他们太忙于被压迫了。

根据本质论的观点,如果你不是白种男性,你就没有资格谈论白种男性的事。所以那些女性主义者对白种男性的批评是不需要理会的,我们只需要问一问那些身为压迫者的白种男人的意见就够了。他们一定会否认自己是压迫者。因此,结论是:我们这个国家已经被划分为各种被严重欺压的团体,奇怪的是,没有一个团体是欺压别人的。这个把戏实在太巧妙了。

很显然,这个把戏的另外一个名称就是"自恋主义"。不管我的问题是什么,它们都不是由我造成的,而是由那些坏人造成的。这种拙劣的演出所造成的后果如下:那些真的因为种族中心主义或种族偏见而被欺压的女性、同志、黑人、印第安人或白种男性,他们的抗议已经失去了急迫性,因为成千上万的人发出的抗议之声将他们的声音淹没了。而那些人所谓的被欺压的情况,往往只是生活中一些无法避免的失望罢了。

因此莎拉主张的是普遍一同多元主义,而非种族中心多元主义,这真是令人耳目一新的看法。

"因此我告诉那位男同事,我不认为你必须身为彻罗基族人,才能拥有这种内明经验。我绝对不认为这些内心的经验是由文化所建构的,你的看法呢?"

"不,它们并不是完全由文化建构的。文化建构只占了四个象限的一角(*左下角*)。我试图强调的是这些经验的宇宙共通性——譬如看见内在的光明——乃是放之四海而普遍存在的现象。但是这些经验也都有各种不同的表象特征,它们是随着文化的差异而有所不同的,所以文化的建构确实存在,但绝不像那些激进的后现代主义者所说的那样。"

"但是我们所直接经验的内在光明,有没有受到文化表层结构的影响？"

"我认为会受到某种程度的影响。譬如这种经验在西藏传统里，绝不会以拿撒勒的耶稣形象出现。同样的，这种经验如果发生在基督教徒的身上，他所看到的也绝非西藏的四臂观音。"

"所以，即使是最直接的体验，文化背景仍然扮演着某种角色。"

"是的，在意念完全止息之前，文化背景仍然扮演着某种角色。如你所说，你不需要成为彻罗基人才会有这类的经验。这类的经验有一部分受到了文化的铸造，但这并不意味着它就是你的文化或你的族群背景的产物。这种极端建构主义的观点严重扭曲了宗教经验，它将所有的灵性真相都化约为人造的象征。人类无法创造神，是神创造了人类！我认为这些人的观念有些弄反了。总之，比较有益的态度应该是同时强调这些经验的宇宙性、文化的表层特征和地域性的差异，它们都很重要。"

"这正是我和朋友们正在进行的探讨。我们想要解释我们的传统，但是也想融入其他的传统。"

我们又讨论了一些事。莎拉严厉地批评了生态心理学（"它确实忽略了内在的次元"），她也谈到艺术理论竟然忽略了艺术本身（"它们什么都谈，就是不谈艺术"），她更谈到了激进的后现代主义的不幸情况（"支离破碎"），以及贬低美学的重要性而偏好第三人称的语言（"人类学的重要性超越了艺术性"）。她准备寄给我一些她写的美学理论，还有一些她的艺术作品。我很喜欢她，也很高兴我们取得了联系。

8月19日，星期二

《内在的方向》发行了新的版本《与拉玛那·马哈希尊者对谈》，这本书是这位不凡的证悟者最主要的教诲典籍。他们要我写一篇前言，我答应了。我并不认为拉玛那是整合观点的典范代表，但是他所提出的自我证悟——认出那一向存在的"目睹"及其恒在当下的背景疆域"一味"——是无人能凌驾的。

在以前的日记里，我纳入了在那洛巴读书会上给学生直指实相的解说，这个做法似乎相当妥当。因为那洛巴学院是根据印度著名的上师那洛巴（十一世纪）而取名的，他是那兰达学院——这是世上少数几个真正杰出的学府，学生曾经超过一万人——的主导人物。那个时期——从八世纪到十一世纪——印度出现了前所未见的最伟大的不二传统。这不二的洞见包括了吠檀多哲学、喀什米尔的识知派哲学、大乘佛法与金刚乘，是印度献给这个世界的礼物。阿鲁那恰拉（Arunachala）这位智者以最纯粹、最优雅、最杰出的方式将这个真理表达了出来。

本世纪的智者

时常有人问我："如果你被困在一个小岛上，手中只能有一本书，会是什么书？"我想我手上拿的应该是《与拉玛那·马哈希尊者对谈》或是其他两三本书。前者为什么会是第一选择？因为它是本世纪最伟大智者的谈话实录，他所证悟的实相不论在本世纪还是其他任何时期，都是最究竟的。

这本对谈录最令人惊叹的是尊者话语所散发出来的如如不动的风格——不是那种一成不变或僵化的语气，而是以全然成熟的态度，从第一句话讲到最后一句话。我们可以确定的是拉玛那在彻悟时智慧已经完全成形了，或者应该说全然无形无相了，因此他不需要再进一步成长了。他只需要从最纯粹的空寂或整个现象世界的最终基地表达他要说的话。拉玛那如此回应商羯罗曾经说过的话：

> 世界是个幻相，
> 大梵才是实相，
> 大梵即是世界。

今日有许多宣称自己已经彻悟的冒牌者，他们和拉玛那尊者之间最大的不同就在后者对实相的这份最深邃的领悟。不论是深层生态学、生态女性主义、盖娅崇拜、生态心理学、系统理论或生命之网理论的观点，没有一个真正领会了上述三句话中的前两句，因此根本与他们怡人的宣言刚好背道而驰。他们并不真的了解第三句话说的是什么，对那些只和这个现象世界谈恋爱的人而言——从资本主义者到社会主义者，从绿色污染者到绿色和平者，从自我中心者到生态中心者——他们都急需听闻拉玛那尊者所带来的讯息。

自性是什么？它到底在哪里？我如何能安住于"它"之中？毫无疑问，拉玛那一定会以下面的这些话来加以回应：是谁想知道答案？现在正在觉知这些话的那个东西又是什么？那个能够认识这个世界却无法被认识的知者到底是谁？那个能够听见鸟鸣，但自己却无法被听闻的听者又是谁？那个能够看见白云，但自己却无法被看见的观者到底是谁？

这样就产生了拉玛那献给这个世界的礼物——自我参究。我有感觉，但我不是这些感觉，那么我是谁？我有思想，但我不是这些思想，那么我是谁？我有欲望，但我不是这些欲望，那么我是谁？

于是你一直推演到你觉知的源头——也就是拉玛那所谓的"我即自性"，因为它能觉察到"我"或"自我"。你如此推演到"目睹"本身，也就是"我即自性"，然后你就是这"目睹"了。我不是任何客体，不是那些感觉，不是那些欲望，也不是那些思想。

这时人们通常会犯一个非常不幸的错误，他们以为安住于这"自性"或"目睹"之中，他们就会看见或感觉到某些不凡的、惊人的心灵境界。事实上，你什么也不会看到。凡是你所能看到的，都只是另一个客体罢了——也就是另一个思想，另一份感觉，另一种觉受或另一个意象。这一切都只是客体，它们都不是你的真相。

你一旦安住于"目睹"——也就是领悟到我非客体，我非感觉，我非思想，所能意识到的只有一种解放、解脱或自由的感受——你就能从认同那些琐碎有限的客体而产生的束缚感中解脱。渺小的肉体、渺小的心智和渺小的自我，这一切都只是可以被见到的客体罢了，它们并不是你真正的"自性"与纯粹的"目睹"。

因此你不会看到任何特别的景象，不论升起的是什么都无妨。云朵从天空飘过，感觉从身上流过，念头从心中掠过，你都可以毫不费力地目睹着它们。它们都自发地从你当下毫不费力的觉知中升起。而这份能目睹一切的觉知,并不是一个你可以看得见的东西。它只是一种浩瀚无边的存在于背后的自由感或是纯然的空寂。那浩瀚无边的空寂就是你,而整个现象世界都从你之中升起。你就是那自由、开放和空寂——而不是从其中升起的那些琐碎的小东西。

安住于那空寂、自由、自在而又毫不费力的目睹中,请注意一下从你浩瀚的觉知中升起的云朵。那些云朵从你之中升起,你可以品尝它们,你和它们是一体的,感觉上它们就好像在你的肌肤里。天空和你的觉知变成了一体,天空中所有的东西毫不费力地飘过你自己的觉知。你可以亲吻太阳,吞下山脉。禅宗说:"一口吞下太平洋。"这是世上最容易办到的事,只要内在和外在不再分裂,主体与客体不再二元对立,观者及所观之物同为"一味",你就办到了。

因此,世界是个幻相,这意味着你根本不是那些客体——凡是你能看到的东西都不是终极实相。你既不是这个,也不是那个。所以在任何情况下,你都不该将救赎寄托在有限的、一闪即逝的、暂时的、虚妄的、会助长痛苦的事物之上。

只有大梵是实相——这里指的是纯粹的目睹,超越时间的无生,无色无相的见证,激进的"我即自性"——只有这个才是真实的。这才是你的本质、你的精髓、你的当下、你的未来、你的欲望和你的命运,它就是你每一个当下孤寂中的空寂(译注:禅宗所谓的"独坐大雄峰")。

大梵即是世界,真空与妙有不二。当你领悟到现象世界只是一个阻碍你觉知真实的幻相,你进而就能领悟大梵才是实相。这时你就能看到绝对与相对并非二元对立的,涅槃及轮回并不是分裂的两个东西;你就能领悟观看即是所观之物,大梵和现象世界是不二的。这些话的真正涵义是,存在的只有那些鸟儿的鸣叫声!整个有形世界都存在于当下无形的觉知中,你可以一口吞下太平洋的海水,因为整个世界真的都存在于你当下的"我即自性"中。

最后,拉玛那尊者提醒我们一件最重要的事,那就是终极解脱是一个无法被达到的目标,就像你无法寻得你早已拥有的脚和早已拥有的肺一样。你本来就觉知着天空,你本来就聆听着周边的声音,你本来就目睹着世界。你那早已解脱或纯然的自性是百分之百存在于当下的——不是百分之九十九,而是百分之一百。拉玛那尊者不断地指出,如果自性是一个可以被达到的东西——如果你的领悟是有起点的——那么它就是另一个客体,另一个一闪而逝的有限状态。你不能达到自性,因为自性正在阅读这句话;你不可能找得到自性,因为它正通过你的眼睛向外观看。你绝不可能获得一个你从未失去过的东西。如果你声称自己已获得某种体悟,拉玛那可能会对你说:那真是好极了,不过你并没有体悟到自性。

所以,允许我对你提个建议:如果你认为你不能体悟自性或神性,那么就安住于那份不能体悟的觉知中,因为那份觉知本身,就是自性或神性。如果你认为自己无法理解自性或神性,那么就安住于那无法理解的觉知中,因为这份觉知本身,就是自性或神性。

如此这般推演下去,如果你认为你理解了神性,那就是神性了。如果你认为你不能理解神性,那也是神性。现在我们可以带着拉玛那最伟大和最奥妙的讯息离去:证悟之心并非难以达到,而是根本无法回避。以下就是这位可亲的大师所说的话:

> 既无创生亦无毁灭,
> 既无命运亦无自由意志,
> 既无解脱道亦无成就,
> 这就是终极实相。

8月20日,星期三

比往常起得稍早一点,米切尔和他的新恋人弗里德(Freada)今天来访,我必须在他们到达之前把该读的书读完。为了撰写"法界三部曲"第二部,到目前为止我读了不下五百本书了,但还有许多必须阅读:人类学、生态学、女性主义、后现代主义、文化研究、后殖民研究。不幸的是,这些书都显得单调而苦涩,文风沉闷又语焉不详,一整章内容没有一个句子可以让你完全读懂,毫无意义的平铺直叙使你感到窒息。其中写得最好的,也只能用腐朽无感的文字拖拖拉拉地写完一页，才给你一个苟延残喘的机会。

8月21日，星期四

弗里德是一位非常有吸引力、非常聪慧、非常开放、非常具有观察力的可人儿。米切尔在她的身边显得极为开心，我也跟着开心起来。星期三晚上，我们为米切尔开了一个派对——其中有些人想见的是他，还有一些人想见的是我——我把他们全邀请来了。一次派对就把所有的鸟儿一网打尽。

现在他们两人都已离去，我想这关系应该会持久。看他们在一起的模样，令我非常开心。湿婆和夏克提（Shakti）总是会找到对方的，这是毋庸置疑的事，不是吗？

8月25日，星期一

莎拉·贝茨在电话中留言，邀请我去参加一个由旧金山艺术委员会和美国印第安研究学会主办的会议。她还说了一句最友善的话："你是我最近读过的作家中，唯一真正彻底了解文化交流之下的统合观的人。"后来更友善地寄来了她的艺术作品。照片里是一幅（高达十二尺的）曼荼罗（mandalas），这是莎拉用几百种不同的天然材料制成的手工艺品。她的艺术整合了现代性的主题（抽象的形式）、后现代的主题（多元非透视观）与传统的主题（她的美国印第安传统）。

彻罗基族分为七个部族：狼族、鹿族、红苦族（Red Pain）、鸟族、旋风族、蓝族、野薯族。莎拉属于狼族，所以她将狼族的一些材料用在她的创作中。她的作品真正吸引我的地方其实是：她以各种不同的材料来表现人性的共通之处——不是以种族为中心的多元主义，而是以宇宙为中心的多元主义。有一份小册子如此介绍她："许多美国印第安艺术家、女性艺术家或艺术史上的某些大师，都是从历史撷取资料来表现自己所见到的独特真相，他们千辛万苦地描述与其他人的不同（族群认同或种族中心的多元主义）。然而贝茨却选择运用她的美国印第安背景与哲学，尤其是彻罗基族的传统，来告诉我们人类的共通之处（世界中心主义或普遍一同多元主义）。"对于我们那四分五裂的灵魂来说，这是多么大的安慰，族群认同、自恋主义和自怜所带来的噩梦因此而得到了慰藉。莎拉能在自己的创作中表达普遍一同多元主义，对抗种族中心的多元主义以及极端异化的残酷风潮，绝对是一件令人赞叹的事。

8月29日，星期五

有一个摇滚乐团名叫"生活"，它的主唱是艾德·科瓦卡兹克（Ed Kowalczyk）。他们的专辑唱片《丢铜板》销售了五百多万张，是我的最爱。最近他们会来这里举办一场演唱会，艾德打来电话问候我，他说想来我家坐一坐——《万法简史》显然对他产生了相当大的影响。我说：好极了！欢迎你来。

艾德今年二十六岁，聪明、英俊又文雅可爱。他有强烈的心灵倾向，想要通过他的音乐来反映这份精神。他和他的未婚妻艾瑞（Erin）都是真诚可爱的人。我们三个人共度了整个夜晚，我答应继续注意他在心灵音乐上的发展。

玛西前往宾州探望她的家人，嘴里说很想念我，其实她真正想见的是艾德。

8月31日，星期日

一张前往雅典的票

《道途》：神为什么要显化万物？尤其是这显化的过程除了是一种必要的痛苦之外，它还得忆起自己真正的身份。神为什么要降生？

肯：我知道你想从简单的问题开始问起。好吧！就让我先以一些别人所发现的理论来回答你的问题，然后再告诉你我自己的体验。

其实我问过好几位灵性导师同样的问题，其中有一位很快地给了我一个典型的答案："因为一个人吃晚餐是很无趣的事。"

这个答案看似一种无礼的机锋转语，不过你越是细想，就越觉得有道理。让我们先来玩一个游戏，假装你和我都是神——让我们暂时亵渎一下神明。如果你是上帝，请问你为什么要显化出一个世界？如你所说，这显化出的世界不可避免地必须经验分裂、痛苦和扰动。如果你即是一切，又为什么要生出万有？

《道途》：因为一个人吃晚餐很无趣？

肯：你觉不觉得开始有点道理了？假设你就是那独一无二的"一"，也就是那空寂和无限。那么你下一步想要做的是什么？你一成不变地浸淫在自己的荣光中，你沐浴于自己的欢愉中不知多少时日了，接着你会怎么样？迟早，你会觉得如果你不是你的话，一定很有趣，否则你又能做什么？

《道途》：显化出一个世界。

肯：你不觉得这是一件很有趣的事吗？小时候我时常和自己玩象棋，你有没有试过这种游戏？

《道途》：有，我记得曾经做过那样的事。

肯：行得通吗？

《道途》：不怎么行得通，因为我永远知道我的"对手"下一步会怎么走。就因为我一个人饰演两个角色，所以我无法带给自己任何"惊喜"。你需要"另外一个人"和你一起玩这个游戏。

肯：一点也没错，这就是问题所在。你确实需要"另外一个人"。假设你就是这宇宙唯一的存有，而你很想玩游戏——任何一种游戏——那么你只好扮演对方的角色，然后试着忘掉你是一人分饰二角。否则如你所说，这场游戏就会变得很无趣。你必须假装你是对方，最后你竟然深深相信了这场游戏，而忘掉了自己是一人分饰二角。如果你忘不掉的话，你就没有游戏可玩了。

《道途》：所以你如果想玩这场游戏的话——我记得东方世界称这场游戏为"神的游戏"——你就必须忘掉你是谁。失忆症。

肯：是的，我认为就是这么一回事。这是全世界的神秘主义者带给我们的解答的精髓。如果你即是"一",而你想要游戏欢庆,那么你就必须显化出万有,然后忘掉你自己即是那"万有",否则就没有游戏可玩了。因此神的降生或显化乃是"一"在扮演"万有"的一场游戏,目的只是为了好玩。

《道途》:可是这场游戏并非永远都好玩。

肯:它有时好玩,有时不好玩。这个显化的世界是一个相对世界——苦与乐、上与下、善与恶、主体与客体、光明与黑暗。如果你想玩这场宇宙游戏的话,你是不是别无选择?如果没有角色,没有饰演者,没有痛苦,没有万有,你就只好回去当那独一无二的、空空洞洞的"一"了。不过,一个人吃晚餐是很无趣的。

《道途》:所以开始玩这场显化的游戏,也就是开始发现一个受苦的世界。

肯:看起来确实如此,不是吗?神秘主义者似乎也都同意这个观点。但是有一条道路可以解脱这份痛苦,那就是脱离二元对立之道,它涉及了不可思议的直接对神的体悟。你体悟到神并不是善与恶、乐与苦、光明与黑暗、生与死、整体与局部或全观与分析的对立,神乃是让这些对立的东西从他之中平等升起的伟大玩家——"我让光明平等地照在善恶之上,这所有的事都是由'我'而造作",全世界的神秘主义者都赞同这句话。神并不是善的那一方,而是所有二元对立的背景场域;我们的"救赎"当然也不是去发现善的那一方,而是去发现二元对立的源头,那才是我们的真相。我们是这场伟大的生命游戏中的双方,因为我们——你和我,在我们自性的最深处——创造了这些主客对立的游戏,为的是经验一场宇宙的象棋大赛。

总之,这就是神秘主义者给我们的"假设性"的答案。根据《奥义书》的说法,"非二元对立"的意思是"从对立中解脱"。换句话说,大彻大悟意味着从二元对立中解放出来,并且发现那拥抱二元对立的"一味"。这就是解脱,因为我们不再浪费整个生命,企图找到没有低潮的高潮、没有外在的内在、没有邪恶的良善、没有无法避免之痛苦的快乐,这样我们才能从那痛苦而又无法成真的大梦里觉醒。

《道途》：你刚才提到你曾经有过个人的体悟。

肯：是的，那份体悟就是我刚才说的这一切。当我第一次经验止念三摩地——融入无相的"一"，我记得我有一种非常细微而模糊的感觉——我不想一个人经验这浩瀚无边的奇妙境界。我记得有一种扩散而持续的感受，我渴望和别人分享这份体悟。在那种孤独的情境里你会做什么？

《道途》：显化出一个世界。

肯：这似乎就是我当时的感觉。虽然我当时的体悟并不成熟，但是我知道如果我从这无相的"一"脱离出来，开始识别这个万有的世界，我一定会感到痛苦，因为万有一向都是互相伤害的，当然有时也会互相帮助。你知道吗？虽然我知晓万有是痛苦的，但是我宁愿拱手让出在"一"中的那份祥和感。我只是尝到了那么一丁点滋味，然而有限的经验已足以让我臣服于那些神秘主义者的宣言：你就是令万有升起的"一"，因为你不想安住于那无限的孤寂中，因为你不想一个人吃晚餐。

《道途》：那么其中所涉及的痛苦呢？

肯：那是这场"生命游戏"所不可避免的部分。你不可能找到一个世界，里面没有苦与乐的二元对立。为了解脱这份痛苦，你必须忆起你到底是谁。"忆起自己是谁乃是为了回想自己的自性。"（Tat Tvam Asi）全世界的神秘宗教除了提供一系列令小我安静下来的修炼方法之外——你所感觉到的痛苦就是小我所造成的——还有将自己的"自性"唤醒的方式，它才是我们真正的背景、目标和天命——"让耶稣基督心中的意识在你之中觉醒"。

《道途》：这种了悟是否不悟则已，一悟就解脱了？

肯：通常不是这样的。你通常会接二连三地瞥见那"一味"，瞥见你和万事万物绝对是一体的，不论它们是好是坏、是冷是热、是美妙的还是痛苦的。你"真的"就是整个法界。你对自己的无限性瞥见的次数越多，就越能体悟这终极的事实。你会发现你为什么开始玩这一场既奇妙而又恐怖的生命游戏。但是从究竟的角度来看，这绝不是一场残酷的游戏，因为这场游戏，这种对神性的放弃，这"神的游戏"，根本是你一手促成的。

《道途》：有人认为"宇宙意识"或"一味"的体验只是冥想的副产品，因此并不是"真的"？

肯：任何一种依赖工具的认知都可以被如此认定。"宇宙意识"通常需要依赖冥想这个工具。要想看见细胞中的细胞核也需要依赖显微镜，那么我们能不能说细胞核不是真的，它只是显微镜的副产品？我们能不能说木星的卫星都不是真的，因为你必须通过望远镜才看得见它们？提出这种异议的人，几乎都是不想通过冥想这个工具去看清真相的人，就像那些神职人员拒绝通过伽利略的望远镜去认识木星的卫星一样。他们当然有权利活在拒绝之中。可是我们应该抱持着慈悲与宽容，尽力说服他们至少给自己一次观察的机会。不要强迫他们，而是邀约他们。我想会有一个截然不同的世界为他们而展开，这个世界是被那些通过冥想的望远镜与显微镜而进行观察的人所证实的。

《道途》：你能不能告诉我们……

肯：我能不能打断一下你的话，我想引用一些奥尔德斯·赫胥黎的话，这些话是我最爱引用的。

《道途》：请说。

肯：这些话出自《天鹅死于众夏之后》：

"我喜欢我说过的一些与真相有关的话。这也是为什么我会对永恒——心理上的永恒——感兴趣的原因。因为那是一个真相。"

"也许对你而言是个真相。"杰罗姆（Jeremy）说。

"凡是愿意符合永恒的条件的人，都可以经验这个真相。"

"为什么有人会愿意符合这些条件？"

"为什么有人想去雅典看一看？因为它值得。永恒也同样值得一看。超越时间的圆满是值得为它费尽千辛万苦的。"

"超越时间的圆满，"杰罗姆不屑地重复了一句，"我不知道这句话是什么意思？"

"你为什么应该知道？"普罗普特（Propter）先生说，"你并没有买那张前往雅典的票啊！"

《道途》：所以默观就是那张前往雅典的票？

肯：你认为呢？

《道途》：绝对是的。你愿不愿告诉我们一些你个人的默观经验？到底什么是"整合修炼"？它能提供什么给现代的灵修者？

肯：说到我个人的历史，我不知道短短的几句话是否有价值。我已经静坐二十五年了，我想我的经验和那些同样在练习静坐的人应该没有太大的不同。但是我想说明一下"整合修炼"这件事，因为它极可能是未来的趋势。它的概念其实很简单，如同托尼·舒瓦茨在《事关紧要：寻找美国本土的智慧》里所说，它就是"弗洛伊德与佛陀的结合"。这句话真正的意思就是统合西方的"深度心理学"和东方智慧传承的"高度心理学"——整合本能冲动与自性、心理阴影面与神性、欲力和大梵、直觉本能与心中的女神、低层与高层——不论名相是什么，意思都是很清楚的。

《道途》：实际的修炼呢？

肯：实际修炼的基础是这样的：以"大存有链"来说，我们要如何认知、锻炼和尊重物质、肉体、心智、灵魂与灵性的每一个层面？假设我们能开发每一个层面的潜能，是不是更能让我们忆起这场伟大的生命游戏的源头？它其实就是我们最深的自性。如果神性是这所有阶层的背景与目的，如果我们就是神，那么全心全意地锻炼生命的每一个层面，不是更能帮助我们忆起我们到底是谁？

理论上应该是如此的，不过我可能表达得太无趣了，比较具体的做法是这样的：每一个层面都要选择一种方法，然后全心全意地加以实践。在肉体的层面你可以选择瑜伽体位法、举重、维生素治疗、营养食疗、慢跑，等等。在情绪的层面你可以尝试谭崔性爱、涉及情感层面的各种治疗、生物能、太极拳，等等。在心智层面你可以尝试认知治疗、叙事治疗、倾诉治疗、心理动力治疗，等等。在灵魂层面你可以选择默观、本尊瑜伽、精微光明次元的默观、回到觉知中心的默祷，等等。在灵性层面你可以尝试非二元对立的修炼，譬如禅、大圆满、吠檀多哲学、喀什米尔识知派哲学、无相基督教神秘主义，等等。

我其实很不愿意开这样的清单，因为每一个层面都有成千的修炼方法，舍弃任何一个都令我不寒而栗。你只需要注意其中大概的意思就可以了：

从你生命的每一个层面选出一种或多种方法，然后倾全力锻炼自己，并且帮助其他的人。如果你照这样去做，不但在日常生活中你会感觉更好，同时也能帮助你顿悟自己的神性。

《道途》：现在有没有教导这类整合修炼的导师？

肯：很不幸这样的老师并不多，因为这种结合东西方的整合修炼是最近才成形的。但是能够对治你某一个层面或许多层面问题的好老师还是很多，因此目前你只能多找几位，将他们的方法"综合起来"，或是选择能对治某个层面问题的最好的老师。你应该找到一种最适合你的运动和最适合你的营养食疗，或者尝试一下心理治疗的方法——写下自己的梦境，或参加团体咨商。另外你也可以开始练习静坐或投入社区服务工作。我希望这些建议还不至于令人联想到恐怖的法西斯——你只需要倾全力觉醒自己的每一个层面就行了。

《道途》：有没有什么老师正在朝整合方向努力？

肯：有的，已经有几位作家开始强调整合修炼的重要，虽然他们仍然在尝试的阶段。你可以阅读迈克尔·墨菲和乔治·利奥纳德合著的《我们天赋的生命》、托尼·舒瓦茨所著的《事关紧要》、罗杰·沃尔什和弗兰西丝·方恩合著的《超越自我之道》，以及我所著的《灵性之眼》。

其实整合修炼的观念很简单：如果你只在一个层面下工夫是不可能获得整体解脱的。譬如只是一味地打坐，你心理上的垃圾不会因此而自动消除，你的工作或是你的亲密关系也不会因此而自动改善。从另一方面来看，如果你只是接受心理治疗，也别想因此而解除死亡和恐惧的重担。弗洛伊德的归弗洛伊德，佛陀的归佛陀。当然最好你能在每一个层面都加以锻炼，而整体归返自己的神性。

天哪！我的话听起来好像是海军陆战队的宣传广告："尽你的全力做一个完人！"其实我的重点只是要强调，你越是能涉及生命各个层面的修炼，越是能发现这场生命游戏的源头就是你自己，你就是那唯一的编剧。这并不是理论，而是那张前往雅典的机票。

九　月
SEPTEMBER

　　宇宙真理，天地的运行，体悟绝对与无限，或是所谓的"道"——人们在这个议题上所犯的最大错误就是以为"道"在天堂或在彼岸，其实我们没有一刻离开"道"。凡是能脱离的都不是"道"。

——天岫接三（Amakuki Sessan）

9月2日，星期二

身心一旦脱落，"我"一旦无法被发现，无限的空寂、圆满和光明就会出现。"我即自性"向全世界开放，这时不再有任何败坏本觉的客体，道出任何观念都觉得困窘，于是二元对立羞愧地藏匿起自己的脸孔，而"痛苦"连自己的名号都记不得了。在这无限的圆满里，什么事也没发生，除了唱颂独立存在的至乐之歌、展示自我解脱的姿态之外，什么事也没发生。在此刻的空寂中，无限的感恩与最单纯的心境结合，存在的只有"这个"，直到永远，那令人绝望的永远。

9月6日，星期六

戴安娜王妃与特蕾莎修女都过世了。这两位世界最著名的女性在一周内相继去世。（世人对她们的死所产生的反应清楚地显示了人格发展的金字塔——越是有深度的，拥护者越少。）

从任何一个角度来看，戴安娜都可以称得上善良。她关怀别人，充满爱心，不过更重要的是她拥有惊人的美貌和魅力。她的确是全世界的王妃。在这个平板而乏味的后现代世界里，每样事物看起来都不相上下，这位真正的王妃为世人带来了更高的承诺。她以自己的方式展现了皇室的风范，她那份圣洁的美让世上数百万的人深深爱上了她，因为她激发了人们心底深处的美。她放射的光芒和她所得到的崇拜，远远超过了真实的她——当然这份光芒还是通过她本人而散发出来的。看着她的两个孩子威廉与哈里走在她灵柩的后面，我像数百万奔丧的人一样流下了眼泪。

特蕾莎修女显然更贴近于那神圣的光辉，虽然她并没有那份个人魅力。她的个人色彩远不及她所展现的宇宙大爱——她以惊人的意志力将自己无情地奉献了出来。

她们两位我都十分欣赏，理由却截然不同。今日的曙光显然比昨天黯淡了许多。

9月10日,星期三

昨晚凯特·奥尔森和T·乔治到家里来,与我及玛西共享晚餐。T·乔治真是不得了,他七十二岁了,仍然机敏而充满活力,令人难以忘怀。要想办一份成功的杂志几乎是不可能的事,十之八九很快就失败了,然而T·乔治已经创办了两份杂志——《当代心理学》与《美国人的健康》,到现在仍然销路稳定。我确信他的第三本杂志《灵修与健康》也同样能畅销。然而灵修的定义是见仁见智的,因此很难着力,也很难召集其他的人为这个主题效力。

问题显然是被前、超谬误所助长的:大部分人所谓的灵修都不是超理性的觉察,而是前理性的感觉。我们花了整个晚上讨论这个问题,我试着以图表4来加以说明。

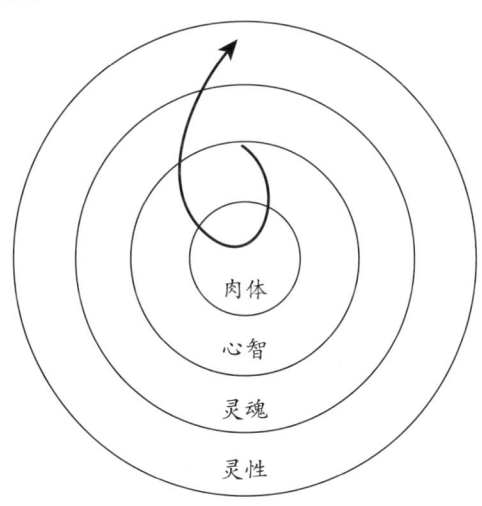

图表4 治疗的回旋图

人类的成长和发展通常是由肉体到心智到灵魂到灵性——不是一种直线形阶梯式的成长,而是一种螺旋式的成长,每一个高阶都包含了比它低层的阶段。但是每一个高阶也都可能压抑低层的发展,而造成否认与抗拒。本来应该转化与含摄的,却变成了异化与压抑。

身心之间的关系尤其如此。婴儿期的前一两年基本上都是感官运作,前语言、前心智期的状态——自我只有身体的感觉和有机体的冲动。然而从两岁左右起,心智开始出现象征与概念的活动;大约六七岁左右,心智开始出现具体运思的能力。理想上心智应该转化与含摄肉体的感觉、冲动和各种趋力。但是弗洛伊德却发现,这时已经具有自我感的心智开始学会压抑或否认肉体上的性欲或攻击性。这些被压抑的感觉并不会消失,它们会以伪装的形式重新出现,也就是所谓的神经官能症的病症(这个说法并不是在否认脑部神经的化学作用与发展心理学的神经生理取向在心理病理上的重要性。每一个左上角象限的心理事件都与每一个右上角的物质象限相互作用。事实上,每一种心理病症都与四大象限有关。在这项讨论上,我只集中于左上角的象限——身心的解离)。

大多数人长到成年时,都会遭受各种形式的身心解离之痛:他们与自己的身体、自己的感觉、自己的丰富性和生命力失去了联结。这种情况会造成两种结果:第一,它会使生命变得迟钝;第二,它会阻碍更高的发展,使得灵性上的进展不易产生。

为了恢复眼前的生命力以及让自己进入更高层次的成长,我们确实需要与肉体重新联结。许多治疗都是为了达到这一点而设计的。某些治疗方法会直接接触肉体(通过感官觉知、罗夫深度按摩、生物能医学等许多方法),另外有些治疗则采取回溯的方式来帮助人重新觉知童年的压抑。我们可以通过这些方法暂时回到前语言期的肉体阶段,重新与肉体取得联结,并建立友善的关系,然后使身心得到整合(这种治疗的正统称谓是"对自我有益的回溯")。然而这所有的方法最终的目标还是要充分联结身体与心智。

我们一旦整合了身体与心智,就比较可能也比较容易超越身心,而进入灵魂和灵性的次元。在图表4中,我以螺旋的形状来显示两种主要的运动:一是有益于自我的向下回溯,二是超越自我的向上进展。对大部分的成年人而言,必须先向下回溯,然后才能向上进展。

在向下回溯这个部分,我们并不是像那些浪漫派人士主张的那样,重新联结早期失散的高层境界;我们只是重新联结了被压抑的肉体感觉罢了(迈克尔·沃什伯恩[Michael Washburn]也提过这种螺旋式的发展,在这个议题上,我们的意见完全相左。请参阅《灵性之眼》第六章的完整讨论)。

我们并不是拾回了婴儿期所丧失的超理性觉知，我们只是与那些被压抑的前理性期冲动重新取得联结罢了。无论如何，这些被压抑的冲动确实带来了痛苦和毒害，只有通过重新联结那些异化的冲动与身体的感觉，并且与它们建立友善的关系，才能获得治疗（有益于自我的退化乃是转化自我的前奏）。

某些形式的治疗与大部分的另类灵修都有一个问题，那就是，我们一开始都能依照这种螺旋式的运动来进行治疗，但后来却犯了前、超错误，而陷在前理性期的感官肉体阶段。回溯肉体的感觉、情绪与各种觉受确实是疗程的第一步，不幸的是我们就此停住了，并且还声称这是超理性的灵性境界。我们本来想进入超理性的境界，结果却陷入了前理性阶段，还竟然称之为"解脱"，这真是一场噩梦。

T·乔治和凯特似乎同意我的分析，这时凯特插进来一句话："我同意你的说法，但所有的感觉都是前理性或自我中心的吗？这不应该是你的意思。"

"不，当然不是。感觉可以分为许多层次——从自我中心的感觉到社会中心的感觉到世界中心的感觉到属灵的感觉——大致可以粗分为从肉体到心智到灵魂再到灵性。"

"但是你如何分辨哪一种感觉是属于哪一个层次的？"玛西有所质疑。

"如果你坐在那里想要和你的感觉联结，换言之，如果你运用的是感官上的觉知，集中注意力于肉体，试图找出某种感觉的意义，进行按摩治疗、生物能治疗，那么你就是处于自我中心的状态。这并不是坏事，其实这是进一步修炼的基础。但是如果你就此停住了，你会退回到前成规期的觉知状态。当然那种感觉是很舒服的，因为你舍弃了社会中心的严格规范以及关系中所需要的相互理解。你沉溺于自己——不断地'处理'自己的感觉和激起自己的冲动——有一段时间你会觉得很棒。然后如同齐克果所指出的，你不可避免地会进入绝望的感受，因为你切断了与人之间的能量交流。"

"这么说下一个阶段应该是与人分享喽！"T·乔治说。

"是的。你会从自我中心的感觉转向以社会为中心的感觉——从'我'到'我们'——你开始以交谈作为与人分享感觉的方式，目标是为了建立相互的理解、顾虑和关怀。男女都是如此。科尔伯格（Kohlberg）称之为从自我转向互惠，吉里根称之为从'自私的阶段'进入'关怀的阶段'。你的感觉开始扩张为分享、关怀与相互理解的能量交流。这时你除了顾及自己的感觉外，开始有能力考虑别人的感觉。你开始从自我扩大到团体。"

"扩大到团体之后又是什么状态？"凯特提出疑问。

"再扩大到所有的团体。"T·乔治说。

"是的，也就是以世界为中心。你从自我中心进展到社会中心再进展到世界中心，从我到我们到所有的人。你不只关心你的族人、你的国家或你的团体，你开始关心所有的团体、所有的人，不论种族、性别或主义。这是一种活生生的感觉，而不是抽象思考。你会开始心疼整个世界，虽然这句话听起来有点可笑。"

"那种感觉我很清楚，"凯特说，"有时我在静心祈祷时，那种感觉会突然涌现。有一点像菩萨的誓言。"

"接下来就是你所说的这种情况：以世界为中心的感觉开始转向属灵的感觉，因为所有的众生都是你关怀的对象。很多人怀疑我们是否有能力产生如此深刻的宇宙性的关怀与慈悲。叔本华曾说：只有能感觉最终我们属于同一自性，才可能产生这么深刻的感受。我认为这绝对是真相。"

玛西说："如果你只是一味地想与自己的感觉相连，或停在肉体上，或总想处理自己的情绪，你就会失去那份宇宙性的慈悲。这种事那洛巴学院随时都在发生。每一个人都企图停留在自己的感觉上，而他们竟然称之为'灵修'！难怪没有一个人真的得到了转化。"

"非常真确的说法，"我表示同意，"这种情况不只在那洛巴学院发生。其实专注于感官或肉体的模式可以称为'肉体主义'，肉体主义乃是现代与后现代世界的标记。肉体主义的另外一个名称即是'平板世界'，因为它认为粗钝的感官所及的现实界才是真相。主流文化和反主流文化都是被肉体主义与平板世界所操控的。我们虽然已经认清科学的物质主义操控了主流的世界观，但是请看一看那些反文化的观点：生态心理学、深层生态学、身体治疗法、生态女性主义、生命之网理论、女神信仰、按摩治疗、泛神信仰，这些理论都有一个共同点：终极实相就是粗钝感官所及的世界。换句话说,肉体主义——包括主流与非主流文化——真正的意思就是欢迎你来到这个平板世界,来到这个纯属向下回旋的现代与后现代荒原。"

T·乔治和凯特都很好奇肉体主义为何变得如此猖獗。我认为这是现代性(想要进一步了解肉体主义与平板世界的兴起,请参阅《万法简史》。内容主义只是细微化约主义的另一个名称,它认为局部的存有或右手象限的真实就是全部的真相)所造成的负面后果。西方世界被向上回旋的理念掌控了近千年——上帝纯属另外一个世界,他的国度不在俗世而是超验的。后来随着文艺复兴和启蒙运动的发展,这种向上回旋的理念,被人们严厉地拒绝了,于是超验的真理就像浴盆里的婴儿一样被泼洒了出去。其结果是现代西方世界所拥护的只有向下回旋的世界观——粗钝的、感官运作的、经验的、肉体主义的——也就是平板世界观。

因此,即使反文化运动声称已经抛弃了或超越了启蒙运动的典范,其实仍深陷其中。它们陷在纯属向下回旋的模式里,专注于肉体主义和平板世界的一体论,如同旧典范一样紧抱着粗钝的次元不放。

(我联想到琼·布伦伯格 [Joan Brumberg] 所著的《肉体计划》,她追踪了过去两百年女孩对待自己身体的方式。十八世纪末的一名女性可能会这样写下她的日记:"认真工作。展现高雅的一面。关怀他人。"今日的日记却可能如此:"我要减肥。买新的隐形眼镜、优质化妆品、新衣服和新首饰。"布伦伯格说:"二十世纪之前的女孩尚未开始考虑自己的身体,今天的女性却认为身体是自己的终极表现。"当然,布伦伯格只是试图通过肉体主义来探讨女性主义的议题,其实肉体主义和女性主义并没有什么关联,它是同时影响到男女双方的一种平板世界的限定——一种自恋和退化到同一层次的制约——本来我们的意图是治疗肉体的压抑,结果却退化到肉体的层次。虽然我们不再否定肉体,却对肉体着了迷,陷入了纯粹向下回旋的感官运作世界。)

显然我的观点是要整合向上回旋(从肉体到心智到灵魂到灵性)与向下回旋(从灵性到灵魂到心智到肉体)的运动。但是到目前为止,我们所拥有的只是少数的一些向上回旋的超验式宗教,以及一大堆平板世界向下回旋的肉体主义运动。我们仍然在等待一个非二元对立的整合世界观，虽然已有少数人正朝这个方向努力，不过要做的事情还是太多了。

9月12日，星期五

接到《感官与灵魂的交融》的校阅稿，作了少许更改，再将它们寄还给出版社。我们的工作终于接近尾声了。

我住在纽约的四季酒店和那些出版商洽谈时，总是重复回答同样的问题，于是我很清楚地看到了一个事实：我确定现代世界必须进行两种重要的对话，一是科学和宗教的对话，另外一种是宗教与自由主义的对话。灵修首先必须通过科学的针孔——《感官与灵魂的交融》的主题就是要显示这样的可能性。等这件事发生了以后，灵修还得通过自由主义的针孔（这是继《感官与灵魂的交融》之后，我要写的新书的主题）。

现代世界目前分为两个主要的彼此冲突的阵营：一个阵营是科学与自由主义，另一个阵营是宗教与保守主义。如果想要这两个阵营相互交融，首先宗教必须通过科学的检验，接着宗教还得通过自由主义的检验，因为科学与自由主义都是反灵性的。这个顺序不能颠倒，因为宗教如果无法通过科学的检验，自由主义连听它说话的兴趣都不会有。

当然，科学与自由主义有十足的理由反对宗教，因为历史上出现的宗教如果以现代的角度来看，大部分属于前理性期的奇想或神话阶段、种族中心主义，基本教义派的教条主义。当初自由主义的产生就是为了对抗前理性期的神话所造成的专制——对抗传统的、狭隘的、民族优越感的宗教，它一直持续发挥着这份高尚的力量（在集体意识的高压与敌意之下，争取个人的自由、解放与平等）。因此自由主义一向与理性科学联合起来对抗基本教义派的、神话式的、前理性期的宗教（保守的政治通常和这类宗教挂钩）。

但科学与自由主义都没认清，在前理性期的神话之外，还存在着超理性的觉知。因此，存在的不只自由主义、神话式的宗教两个阵营，应该说有三个阵营：神话式的宗教，理性的自由主义，以及超理性的灵性。自由主义有十足的理由不信任前理性期的神话式宗教，不过它仍然应该保持对超理性觉知的开放。它拒绝神话的形式，但不该拒绝无形的觉知。如果它能保持开放，那么自由主义和真正的灵修就能携手迈向更伟大的明天。如果双方能找到共通的语言，我相信我们会首度见到"后自由主义的灵性"，它将结合保守主义和自由主义的长处，甚至以超理性与超个人的整合途径凌驾于这两者之上。我相信《感官与灵魂的交融》至少是这类对话的良好起点，我希望《灵性与自由主义》在五年之内能进行另一次对话。

有一件事是很确定的：除非双方阵营能进行真正的对话并获得回应，否则空谈"新的灵性复兴"只是在浪费时间罢了。除非灵修能通过科学这一关，然后再通过自由主义这一关，否则它永远无法在现代社会里变成一股重要的力量，而仅能以组织化的力量助长人类在前理性阶段的发展。

9月15日，星期一

"所谓的'学者'(pandit)到底是什么？"问话的人叫波利坦（Pritam）。塔米带着波利坦和马修（Matthew）到家里来谈一些重要的问题。(塔米·西蒙是"真理之声"的创办人，这是美国最成功的有声出版公司之一，地点就在博尔德。塔米出版过一行禅师、凯若琳·密斯[Carolyn Myss]等人的录音访谈。她拎了一袋她最喜欢的录音带到我家，我们一起共进晚餐。）马修是"真理之声"的一位助理。塔米目前正在剪辑恒河母（Gangaji）最近出版的一本书的录音带，这是一位教授吠檀多哲学的女性心灵导师。波利坦想问我一些与我的著作有关的问题，塔米和马修想问的则是与恒河母有关的问题。

"我是一位学者，而不是上师。"这一句被我说了上百遍的话打开了话题，我们再度讨论起这个令人困惑的议题。"在印度，这两种身份必须清楚地区分。他们最大的差异是上师收徒弟，而学者不收。此外，学者通常对某一学派的知识学有专精，然而上师并不一定要具有这些知识。"

"学者为什么拒绝收徒弟？"

"因为这两种行业是截然不同的。对上师而言，收徒弟是一件非常严肃的事,几乎像心理治疗师与病人或案主之间的关系。双方都不该等闲视之,因为两个人可能会维系几年甚至数十年密切的私人关系。上师通常必须公开与弟子的业力和局限角力,这是一项很艰巨的任务。"

"所以学者不做这些事。"

"是的,他们通常不做这些事。某些学者也许比上师领悟得更多,但学者通常只通过写作或教书来表达他们的领悟,他们很少涉及灵性上的治疗关系。"

"那么上师的实际工作是什么?"塔米提出她的疑问。

"这因人而异。但优秀的上师都有共通之处,此乃上师相应法的基础,也就是说上师必须吞下追随者的业力和局限。而只有上师的慈悲与弟子的奉献结合时,才能产生这样的效果,这是传统的说法。让我们举一个比较不受争议的例子,譬如拉玛那·马哈希尊者。(拉玛那可以算是所有的上师中最伟大的一位,而柏罗丁可能是学者之中最优秀的一位。)你可能看过他的照片,他的长相也许称不上英俊,却美得惊人。你几乎无法将视线从他的面孔移开。他全身散发着神圣的美感,这就是他的境界,你会自然地被这种境界吸引而想亲近他。真正的上师往往散发着这种吸引力,他可以帮助你觉醒你自己内心的美。"

"学者做不到吗?"

"有许多也做得到。但是接下来的上师相应法中,上师和追随者会形成非常紧密的关系——可能比治疗师与案主之间的关系还要紧密——这种紧密的关系对于追随者的转化及觉醒具有举足轻重的作用。我认为那是一种细微的移情作用。典型的弗洛伊德所谓的移情作用,是病人将过去的关系转移或投射在治疗师的身上,通过对这种投射的分析,病人就能理解或释放自己的神经官能症了。

同样的事也似乎发生在上师相应法里,然而层次比较高一些。追随者不但将自己的阴影面投射在上师的身上,同时还投射了更高的自性。你所看到的上师,乃是见到神圣实相的证悟者。追随者对上师着了迷,他们永远都想待在上师的身边,你爱上了你投射在上师身上的真我。

一位证悟的上师会利用这份移情作用去觉醒信徒的真我或佛性。传统上有两种方式可以造成这样的效果：一种是由上师直接传递给门徒，另外一种是通过冥想的练习。第一种是完全臣服于你的上师，这份臣服可以降低自我感，让真我的光辉散发出来；第二种冥想的方式是深入探索自我的源头，因此也能深入自性。不论是臣服还是自我探索，都能达到同样的效果，不过第一种必须根据上师的能力或诚实度作为基础。"

"慢一点，慢一点，"塔米说，"第一种方式是通过直接的传递，那么传递的是不是一种能量？"

"我的经验是如此，绝对是的。一位有相当体悟的人可以将他的觉知，通过接触、注视或文字来加以传递。听起来有点古怪。但其实我们随时都在'传递'一些东西给别人。譬如当你感到沮丧时，你的沮丧会传染给周围的人；当你快乐时，别人也会跟着感到快乐。即使高等层次也是同样的情况。在一位处于通灵阶段的瑜伽士面前，你会感到一股力量；在处于精微光明次元的圣人面前，你会觉得无比祥和；在到达自性次元的智者面前，你会感受到宽广无比的平等心。在达到不二境界的圆满成就者面前——他们通常看起来非常的普通——你会发现自己只是笑声连连罢了。"

"但是学者也应该办得到。"

"任何人都可以办得到。我们随时都在传递属于我们这个层次的觉知。上师和一般人的不同仅在于接受追随者在他的身边，然后与他们建立私人的治疗关系。既然你问起来，那么我就告诉你，这是我不愿意做的事。"

"在美国这种关系行得通吗？"马修问。

"这是一个很好的问题。我个人认为如果上师相应法处理得当，它会是最强而有力的瑜伽。然而在现今的世界上，几乎不可能处理得当。理由至少有两个：第一，上师相应法是封建农业社会的产物，在那个时代要你把金钱、财物和身心灵交托给上师，是可以被接受的事；在今日的民主社会里，这种臣服的态度却是令人担忧的，甚至是一种病态。第二，在现代平等主义的文化里，没有任何一个人是应该超过其他人的，因此大家一想到'上师'这个字眼都会皱眉头。某个人比另一个人强的想法，在现代社会已经变成了一种禁忌和侮辱。我们的自我都很巨大，只要一听说臣服或转化之类的字眼，你就会溜之大吉。

"因为这些理由,在美国推行上师相应法可能不是个好点子。从另一个角度来看,上师相应法强而有力,而它的问题……"

"等一等,"塔米说,"它为什么强而有力?"

"你有没有学过外语?那是很难的一件事,需要很长的时间,尤其是想成为个中高手的话。但是有人告诉我,如果你的爱人说的是另一国语言,你会学得特别快,因为你学习的动力是从爱出发的。上师相应法的情况也是如此。与上师相应等于和上师坠入情网,通过那份爱,你能更快地认识自己的自性。这种由爱驱动的学习方式,远比你一个人坐在角落数息要快得多。"

"不过也会造成严重的剥削。"

"是的,这就是我接下来要说的话。正因为上师相应法这么强而有力,所以也可能造成巨大的伤害。受到剥削的人为数众多,几乎每一天我们都会听到这样的消息。因此,从正向或反向的理由来看,我都不相信上师相应法会在美国盛行。"

"这是不是你不想当上师的原因?"

"不是的,我不想当上师的原因是我不想介入与案主或病人的关系。我一直将我的理解诉诸文字,所以传递的工作是通过文字而完成的。至于我说的是不是真相,就必须由你自己来判断了。每当感觉自己的行径有一点像上师时,譬如刻意传递能量给别人时,我就会立刻停止。然而这并不意味着上师的做法是不好的。只是我没有这样的业力,必须去做这样的事。我没有资格与人们角力或决定他们在灵性上的命运。我也没有欲望干预别人的生活——如果你是一位治疗师或上师,你就必须干预别人的生活,即使不是以直接的方式。我完全支持那些治疗者、灵性导师和优秀的上师——我们迫切需要他们的帮助——但这个角色不是对我的召唤。"

"所以,你永远不收任何学生?"

"按照传统,学生、门徒或追随者与老师之间的关系是依序渐增的。如果你阅读我的著作,这种师生关系我可以接受。因为我不计划涉入任何人的灵性转化,看来我永远不会有门徒,更何况是忠实的追随者。"

"所以,你还是有阅读你的著作的学生。那么你会不会收私下的学生?

我的意思是有时你也带领一些研讨会。你会不会多做一些这样的事？"

"一场研讨会，我也许可以接触一百个人，一本书却可以普及十万个人。我真的觉得我应该专心于写作。不过，我也时常宣称如果不再写学术性的文章，我可能会教书、旅游或写一些烂小说。谁知道呢？"

他们都已离去，剩下我一个人和空寂——这个当下的奥秘——共处。

9月17日，星期三

好极了！莎拉·贝茨获得福尔曼（Foreman）创作艺术推广学会1997年的大奖。我很替她高兴。另外还有一个坏消息：在哈特维克（Hartwick）学院开会时，莎拉不幸摔了一跤，腿部两处受了伤。"即使如此，我仍然精神饱满，躺在一块滑板上，腿部裹着石膏，就这样滑过来滑过去地完成了直径十二尺长的'致敬圈'。学生们都觉得很惊讶，我自己也是。我没有服用任何止痛药，因为怕自己会精神恍惚。就这样集中精神工作了四十八个小时，这可能是我完成的最美的一件作品。"

这才叫圣灵充满。

9月18日，星期四

与南希·列维尼（Nancy Levine）共进午餐。这位聪明美丽而又活泼的女士，几个月前刚辞去那洛巴学院的工作，目前她是《新时代》杂志活动组组长。她说和同事读了《转化的灵修途径》，都觉得被击中了要害，因为"《新时代》所做的每一件事都是在转译罢了"。然而我们同意转译的灵修途径仍扮演着重要的角色，但充其量还是在准备阶段。我基本的建议是这样的：从事灵修活动的人至少不该制造错觉，不要给转译贴上转化的标签。假如《新时代》能告诉读者自己的真相是什么，它就可能促成真正的转化。

9月20日，星期六

清晨，空寂中散发着光辉，身心只是这如是的汪洋大海中一圈最小的涟漪。现在太阳篡夺了空寂之光的宝座，开始将转借而来的光芒照向那渺小得令人同情的"盖娅"——在祥和无垠之海中的一个绿色小点。

伟大的安谷禅师曾说："请注意！整个现象世界都是你。因此，云朵、山脉和花瓣，屁声和尿味，地震、雷鸣和火焰，都是你本来的自性。读经与度众，谎话连篇，闲话家常，美与丑，这一切都是无上的解脱。万事万物都是你本来的自性，它毫无缺憾，本自圆满。请不要吃惊。"

存在的只有"一味"，这个大我包括了"屁声、尿味、谎话连篇和闲话家常"。除非那些生态学者明白臭氧层的破洞、空气污染与废水都是自性的一部分，否则他们永远无法得到解脱。只有解脱的觉识才会知道如何应付这些紧迫的问题。

即使整个世界都消失了——在"止念三摩地"会发生这种现象——自性还是圆满、无限和永恒的，因为它没有时间性，也没有空间性。这可不是流行的"泛神论"，因为后者错将现象世界与神画上了等号。现象世界并不是神，它只是神的姿态，如同大海的波浪一般。但是波浪与大海的本质都是水，每一波的浪潮都是一味，那一味就是神性本身。神性是宇宙大海每一波浪潮的水，如同安谷禅师所说，神性也包括了屁声、谎言、臭氧层破洞以及万事万物。

我们想修补臭氧层的破洞，并非它们伤害了我们的神性，而是因为它们会使我们的肉体死亡。真正属灵的生态学不会将生物圈和神画上等号，这是严重混淆了相对与绝对、无限与有限、暂时与永恒（另一个版本的肉体主义）。真正属灵的生态学通常将生物圈视为神的光辉显化。它尊重所有神的子民，它知道这些子民是每一个人最深的自性的显化。你为生物圈遭受破坏而低泣，并非因为你的上帝快死了，而是因为你的子民即将毁灭。

9月21日，星期日

"一味"是很吊诡的，你从未进入或脱离过它。其实你一向都了悟这"一味"——你了悟它已经有150亿年了——迟早有一天你会认清这一点，而伟大的寻道之旅到那一天终将结束。那一天你会发现，只要能进入的境界就不是"一味"。

永恒的空寂，无限的圆满，存在的只有如是。这是再明显不过的事实了。就是因为太明显了，所以才需要多生多世来发现这个真相。它近得无需争取，你毫不费力就能达到。它就在当下，所以你无法把它当作一项成就来追寻。诸佛从未成就过什么，众生也从未失去过什么。谁会相信这些话呢？

9月22日，星期一

"国际宇宙奖"是1990年在日本举行的"世博会"基金委员会设立的一个自然科学大奖，有人称之为"日本诺贝尔奖"或"亚洲诺贝尔奖"。它的宣传是这么介绍的："这个奖项的目的是要荣耀通过自己的努力而领悟宇宙整体内涵的人。他们的研究迫使我们去了解我们的世界乃是一个相依相生的存有。"这项大奖的奖金是50万美元。

设国际宇宙奖的目的显然是值得喝彩的，其宣传如下："无论今日还是未来的研究都必须认清，所有事物之间皆有相互依存的关系，然而这个答案无法通过分析或分化的方法来获得，而以往的主流科学一向采用这样的方式。有人已经发现必须通过整合与含摄的途径来建立新的典范。

"基金会认清了整合全球观的重要，并愿意支持致力于整合途径的人，因此决定颁奖给世界各地致力于整合学的研究者和科学家，让他们实至名归。这么做不但维护了本会的理想，同时也希望促成新的价值观，并与全人类分享其成果。"

他们写信告诉我，想把宇宙奖颁发给我。在颁奖之前，我必须参加几个会议。这件事很有趣，因为到目前为止，受奖者一向只有右手象限的理论家，也就是系统理论家或生态学者。他们大部分是以第三人称的语言进行研究工作，因此贬低了第一人称与第二人称的向度（"我"和"我们"）。换句话说，他们只重视外在世界的一体主义（右手之道）而非内在世界的一体观（左手之道）——属于意识的宇宙、主体的经验、丰富的觉知、内在的启蒙和灵性上的启示。

这种将内在化约为外在的企图（或左手到右手），并不是粗钝的化约主义，而是精微光明次元的化约主义（平板世界的一体论、系统理论、经验论的生命之网，等等，将"我"与"我们"化约成"它们"）。这种精微次元的化约主义或平板世界的一体论——将艺术与道德化约为科学——乃是现代性的主要基调，这种右手象限的途径其实是非常减缩及容易造成分裂的，虽然它表面的说法并非如此。我改写了一句（卡尔·克劳斯）的名言：系统理论虽然声称自己是治病的良药，其实它就是一种疾病。

虽然如此，精微次元的化约主义还是比粗钝次元的化约主义要强大得多。因此世博会基金委员会能颁奖给真正的整合途径，实在是贡献良多，即使他们所鼓励的一体主义仍然局限于外在次元。

现在他们点头赞同了整合的方向，意味着他们认清了真正的一体主义必须包括内在的与外在的一体论（四大象限都包含在内）。这意味着"所有次元和所有象限"的时代终于来临了。我们希望它至少象征着平板世界——这个毫无深度、毫无灵魂和毫无灵性的网格世界——的一体论已经接近尾声。

9月23日，星期二

新兴的以个人为中心的民间宗教力

最近有两篇社会学的调查报告造成了很大的轰动，其中一篇是由保罗·雷（Paul Ray）撰写的《整合文化的兴起》，另外一篇是罗伯特·福曼（Robert Forman）的《草根宗教的调查报告》。这两篇论文显示：一个非凡的文化革命正在进行，推动者大部分属于婴儿潮时代。保罗·雷的结论是：一个崭新的、更高层次的、真正具有转化力的文化——他称之为"整合文化",推动者是他所谓的"文化创意人"——正在兴起,这可能是过去一千年来最重要的文化变迁。从许多方面来看,这和早期的婴儿潮时代宣言并没有太大的不同,譬如《宝瓶同谋》、《发展中的反文化》、《转折点》、《绿化中的美国》。两者的不同在于社会学上的方法论和资料搜集的方法不同以往:最近的这些报告是一种社会科学的结论,虽然它们还处在初期阶段。这两篇报告主要想证明最近发生的革命已经是一种深层的灵性革命。根据保罗·雷的说法,这些文化创意人占了美国总人口的百分之二十四,换句话说,竟然有4400万人是具有文化创造力的。

很明显,这4400万人大部分属于中产阶层与中上阶层婴儿潮时代人士,他们并没有进入真正深刻的灵性转化,虽然一半以上的人声称自己达到了这种境界。这到底是怎么一回事?

我认为这是一个很有趣的文化现象。这并不代表我们已经进入了灵性转化的新形式,应该说是一种转译的新形式正在兴起。换句话说,人们并没有找到真正能转化自己的实修方式,只是找到了一种新的诠释来建立自己的正当性,替自己带来存在的意义。再换句话说,那并不是一种深刻的意识成长,而是让自己对目前处境感到满意的新诠释方式。让我来告诉大家一个故事。

上世纪五十年代末期,有一群认真的学者(包括塔尔科特·帕森斯 [Talcott Parsons]、爱德华·希尔斯 [Edward Shils] 和罗伯特·贝拉)促成了"民间宗教"的观念。于是许多美国人开始将组织化的宗教所带来的神圣感转移到社会的某些面向,结果这种民间宗教竟然将美国文化的某些表征与历史事件视为神圣的天启。移民美国被视为现代版本的《出埃及记》,美国人则是新的上帝选民,他们的使命就是将灵性上的领悟传播给世上其他的人。

这种民间宗教很显然是属于转译而非转化的,它无法带给自我真正的转化,却能够让自我和一种更伟大的感觉产生联结。它为许多美国人带来了生活的意义和正当感。因为他们和某个更伟大的东西产生了联结,所以他们觉得有意义;他们的生活被某种神圣的东西所认可,因此他们感觉自己很正当。这是所有转译式的宗教替个人带来的作用。对大部分的社会而言,正当性乃是文化意义与社会内聚力的重要成分。这些学者的观点是:

民间宗教正担负着许多重要的任务（情绪的表达与社会的内聚力），这些任务都是教会无法完成的。许多平民百姓和世俗的组织鼓吹着这种教会无法提供的神圣感，不过我们必须清楚，这种神圣感就是这些美国人所肩负起的特殊使命的一部分。

然而到了上世纪六十年代的末期，世俗化的民间宗教和美国其他的公共团体经历了所谓的"正当性的危机"。我在《可亲的神》一书中详细探讨过这个"正当性的危机"。我的结论是：它可能会演变出三种结果。保守的正当性一旦被粉碎，个人以及社会本身可能会：一、更有机会朝后成规期的方向成长，其中包括一些真正超个人、超理性与属灵的灵修方式；二、退化到前成规期以及自我中心的方式；三、找到一种新的民间宗教、一个比较妥当的信念系统，让分裂的小我通过这个转译的活动来获得神圣感。

看起来雷所谓的整合文化几乎全是新兴的民间宗教，因为没有什么证据能证实这些文化创意人是按照后成规期的方式在运作的。虽然他们展现出不少退化式的自恋倾向，但是从整体来看，这些人似乎和他们的父母一样，仍然处在相同的成长阶段。我们所看到的其实是一些新兴的转译式的灵修和转译式的正当感，目的并不在转化自我，而是要赋予自我意义、慰藉、认可与承诺。

这些大部分由婴儿潮时代的人促成的新兴宗教——我称之为"以个人为中心的民间宗教"——具有后现代、后结构主义的所有特质，现在还掌控着婴儿潮时代的学术圈，只有极少数例外。这些特质是：反阶层，反体制，反权威，反科学，反理性，而且是极为主观的（请参阅 11 月 23 日的日记，其中有许多对这些潮流的探讨）。这些特质和以往的民间宗教有显著的不同。不过，这些新的信仰者与以往的民间宗教模式一样，都不再认为教会能提供足够的神圣性（根据福曼的调查，草根宗教只相信 ABC：Anything But the Church，除了教会之外什么都相信）。如同过往的民间宗教一样，他们也相信自己是新的灵性体悟的先驱，或者至少是新典范的先驱；还有许多人甚至相信这个新典范能够拯救或转化世界，治疗地球与美国……

我认为这种新的"以个人为中心的民间宗教"（缩写为 PCCR）所受到的影响有下列几个方面：首要的影响就是"浪漫主义"，强调情感而非理性，强调与其他人在情感上的联结，强调大自然而非文化的神圣性（根据雷的说法，这些文化创意人绝大部分主张回归自然）。第二重影响为上世纪六十年代兴起的"自我治疗"（根据雷的说法，这些文化创意人是自我治疗工作坊的主要消费者）。第三重影响是"新时代运动"（根据雷的调查，这是整合文化与宗教的主要成分之一———虽然其中有许多人拒绝接受这个称谓）。第四重影响是"整体论"（如同雷所说，现在任何一件事都被冠上"整体"两个字。然而矛盾的是，这些强调整体的人从来不把它的细节说清楚，因为那会显得"操控性太强了"。所以这种整体论是不精确的，即使它有时也根据平板世界的系统理论来运作）。第五重影响是"全球主义"，也就是企图让所有世人分享他们的价值观。第六重影响是"女性主义"及女性的灵修（百分之六十的文化创意人都是女性）。

强调女性灵修是很有趣的一件事，我认为这是以个人为中心的民间宗教的关键所在，其中的方式有的是正面的，有的是负面的。有关女性灵修的线索大部分来自黛博拉·泰南（Deborah Tannen）（译注：《男女亲密对话》的作者）和卡罗·吉里根的研究调查。这些调查显示出女性倾向于心灵的交流、关系的互动与关怀，而男性却倾向于作为、权力与正义；前者倾向于"非阶层性"（没有特定的立场或主张，所有的观点都可以结合）；后者则倾向于"阶层与次第之分"（依照深度和广度来划分阶层与次第）。因此女性灵修者强烈反对阶层的划分，并且高声宣扬自己的立场。

吉里根的研究发现：女性和男性一样，也会经过三个主要的成长阶段，她称之为自私阶段（自我中心或前成规期）、关怀阶段（以社会为中心或成规期）和普遍性的关怀阶段（以世界为中心或后成规期）。男性与女性的成长都会经过同样的阶层次第，但是男性比较强调作为，而女性比较强调心灵的交流。（请记住阶层次第真正的意思是"全像阶序"，因为每一个高等阶层都能转化与含摄低等的阶层，所以这种发展的方式是具有包容性的，对男女而言都是如此。）

为什么女性的灵修者、文化创意人和草根宗教都强烈否定成长的阶层次第，主要原因之一可能就在于这些运动很少能造成真正的转化。转化意味着次第性的成长，如果你一开始就否认了全像阶序，你就失去了可以找到方向的罗盘。因为找不到实修与转化的途径，所以你只好退而求其次追求妥协的和新的诠释方法。这就是以个人为中心的民间宗教所造成的后果。这种反阶层次第的主张很有可能令以个人为中心的民间宗教停留在转译而非转化的阶段。

如同罗杰·沃尔什对整合文化运动所作的总评："这些运动通常反对阶层次第。然而灵性成长本来就是有各种阶段的，某些人确实比其他人要更成熟一些。如果无法认清这一点，可能就会使人不愿了了分明地辨认或缺乏批判的能力，而形成虚假的平等主义。直截了当地说，真正的问题在于整合文化或草根宗教到底能在灵性上帮助人成长到什么程度？还是它们只能让人们感觉日子过得不错？当今所谓的灵性体悟只是一些强烈的感觉罢了。"（请参阅7月5日的"415典范"，这是"以个人为中心的民间宗教"最显著的版本。罗伯特·福曼是一位才华横溢的理论家及编辑，他的调查不一定和他的应答者的意旨相符，他只是具实报道罢了。福曼在《纯粹意识的问题》一书中进一步假设，灭尽定或止息的境界就是近乎遍周法界的神秘体悟。这个假设我完全赞同。也许下一次再进行调查时，罗伯特应该直截了当地问他的应答者："你有过直接而长时间的止念经验吗？如果有的话，请详细描述一下。"这样罗伯特可能会更清楚那些草根灵修团体到底有多大比例的人真的进入了这种殊胜境界，另外有多大比例的人只是涉入了转译式的灵修，譬如以个人为中心的民间宗教即是如此。）

当然，以个人为中心的民间宗教还有许多优点是可以被提出来的。这是第一个认真面对生态问题的转译宗教；它容纳了许多边缘团体，其成员大部分是女性（绝大部分是中产阶层和中上阶层的白人）；它散发出一种具有感染力的乐观主义，虽然这种乐观主义是被小心保护的；它极为重视教育、敦亲睦邻和小组讨论（"民间"意味着介于家庭与国家之间的社团；"以个人为中心的民间宗教"非常重视小型的民间联谊，但它的焦点仍然放在个人身上）。我认为这些都是非常正向的优点，虽然其性质是转译式的。当然，任何人在成长的任何阶段都可能暂时拥有"高峰经验"——真正的灵性体悟——其中当然也包括以个人为中心的民间宗教的成员，因此他们并不是不可能瞥见神性的（同样也适用于所有的人，因此我并不是在攻击

"以个人为中心的民间宗教")。

这其中还混杂着一种强烈的消费主义：对于观光旅游的热爱（凡是标上生态或灵性之物的都要浏览一番）；对精神食粮以及购买精神食粮具有高度的兴趣；在感觉经验的工作坊中，这些人具有最高的出席率。他们是发酵饮料专卖店的创始人，他们贩卖的醋至少有五种口味。他们通常鄙视电视（我一定不属于这个新的整合文化。我时常在想，如果这些作者能多看一些电视节目，也许就不会写出《宝瓶同谋》或《绿化中的美国》了，因为他们会看到真实的情况到底是什么）。

我认为这百分之二十四的人并没有投入真正具有转化效果的超个人灵修。大概只有百分之一做到了（虽然如此，仍旧有几百万人做到了！）与《宝瓶同谋》或《整合文化的兴起》所声称的人数，还是有极大的距离。除了这百分之一的人之外，其他美国人所寻找的正当途径如下：一、传统神话式的宗教（以《圣经》为基础），在我们的文化里，这股力量仍然十分庞大；二、传统的共和主义或民间的人道主义，紧密地结合了以《圣经》为基础的神话式宗教；三、世俗科学，属于知识精英的宗教；四、政治上的自由主义，与科学站在同一阵线；五、退化式的新时代运动；六、以个人为中心的民间宗教。

不论我们对文化创意人抱持什么想法，他们（我这一代）有一点是我特别欣赏的：我们是第一个开始认真思考灵性解脱与转化的时代。我们以史无前例的风格引进了东方的神秘主义；我们坚持主张基督教与犹太教回到他们的神秘主义本源（从诺斯替派 [Gnostics] 到艾克哈特 [Eckhart] 到卢里亚 [Luria] 到卡巴拉派 [Kabbalah]）；我们要求直接的灵性体悟，而不要教条。"活在当下"几乎就是我们这一代的定义。我们至少带来了更大的可能性。我们真的颠覆和超越了所有的积习，因而发现了以往的时代所无法想象的自由。

哎！这一切仍然只是概念罢了。抽着烟，喝着咖啡，无止境地谈论这个禅那个禅、这个道那个道是无济于事的。你至少要花六年的时间练习难挨的禅定静坐，才能超越世俗，颠覆轮回。否则未来的十年里，我们可能会被淘汰——不是被传统淘汰，而是被真正的转化实修所淘汰。再加上以个人为中心的民间宗教的推波助澜,当我们再进入市集时,我们进入的绝不会是"十牛图"的第十图(译注:入廛垂手),而是又回到了第一图(寻牛)。我们成了不折不扣的雅痞,带着资本主义的狂热,完成了自我迷恋;或者,我们将自己的灵性冲动局限在粗钝的次元,将可怜的盖娅变成了唯一的上帝。我们偏爱横向的自我迷恋式的浪漫主义,而抛弃了纵向的转化自我的理想主义。再加上"以个人为中心的民间宗教"的推波助澜,我们很可能一边合理化这场猜字游戏,一边抱着自我迷恋不放,就这么虚度了漫漫长日与孤独的暗夜。

令我感到欣慰的是,那百分之二十四的人口中,仍然有许多人"知道"真正的转化是有可能的。而那百分之一的实修人口中的大多数,都不只是偶尔进入了高峰体验,他们通过持续的实修,维持着高峰体验以及永不退转的领悟。如果这百分之一的人口——数百万人——真的都在实修和发展慈悲心,那么这个现象就是任何一个文化里所罕见的,这也许就是我这一代人献给世界最珍贵的礼物之一。

同时,我们还需要思考一个非常重要的教育议题:我们如何教育人们明辨转译式的信仰和转化式的实修之间的差异?我们如何使那百分之一的人增加到百分之五、百分之十甚至百分之二十?如同杰克·克里特登所说:这确实是一种精英主义,但欢迎每一个人都加入。

9月24日,星期三

我是安塞姆·基弗(Anselm Kiefer)的画迷,他的画作旨趣深远而动人。今天我接到玛丽安·古德曼(Marian Goodman)——纽约玛丽安·古德曼画廊的主持人——寄来的一封信,这封信应验了那有趣的同时发生性:"我拥有一家代理一流现代艺术家的画廊,其中一位的名字是安塞姆·基弗,此君在世界各地的美术馆开过许多次重要个展。我想,称他为今日最重要的现代艺术家之一应不为过,甚至可以说他是这一代最举足轻重的欧洲画家。

安塞姆·基弗是德国人,生于1945年,一直致力于对意义的追寻,他对战后这一代充满了批判。他绘画的主题一直在时间中演化：一开始是探索德国两次大战的祸源，然后是通过神话、历史等等的探索，进一步反映出人类在善恶这个主题上的可能性。近年来他的画风逐渐转向内在的灵修与超验的次元。

"11月，我们会举办一次他的大型个展。为了这次个展，我们还计划出版一本书。"她说安塞姆希望我能替这本书写一篇导论。我想我会很乐意做这件事。

我一直试着回想，我到底在哪里看过一篇有关安塞姆的艺术评论？好像是苏西·加布利克（Suzi Gablik）写的那篇《现代主义失败了吗？》。那是一篇对激进的后现代主义提出的精彩控诉。（我也非常欣赏她写的《艺术的发展》，这篇文章阐明了艺术确实会演化或发展。）加布利克说："如果对美国人朱利安·施纳贝尔 [Julian Schnabel] 和大卫·萨利 [David Salle] 观念上的剽窃无法深化为承诺与意义，那么艺术将更像是一种异化的病症而不是治疗了。然而像德国的安塞姆·基弗这样的画家，他们呈现出来的意象却暗示了信仰的再现。我认为基弗是今日少数能真正恢复启示性灵视及理想，并致力于重拾灵性尊严的艺术家。基弗似乎打开了永恒之窗和天眼——在我们的社会里，这些能力已经被封锁了好长一段时间。"

9月26日，星期五

罗杰与弗兰西丝来访，玛西和我与他们开心地小聚了两天。弗兰西丝不久将代表费泽尔研究所到亚利桑那中心演讲，主题是意识研究，这个中心大部分是由费泽尔研究所赞助的。我曾经替他们的刊物《意识研究月刊》写过一篇长文，取名为《意识的整合理论》，文章特别强调了我们急需发展出一种"所有次元与所有象限"的途径。其结论很简单：我们需要结合第一人称（"我"）、第二人称（"我们"）及第三人称（"它"）来研究意识的发展——可以称之为 1-2-3 途径。

但是，罗杰、弗兰西丝和我都发现，几乎每一个在意识研究领域里的人，仍然钟情于自己最爱的象限，而排斥其他的途径，这真是令人沮丧的现象。

因此，弗兰西丝考虑将这篇演讲定名为《意识研究的 1-2-3 途径》，借以宣扬更具有整合性的方法。罗杰想出了一个很棒的点子，他称之为 20/20：在亚利桑那中心举办的活动，每一个象限至少要占百分之二十的比例。虽然成功的机会十分渺茫，但这个好点子也许可以在别的地方实现。

9月29日，星期一

"一个人说的到底是不是真理，主要取决于他的内心境界，而不是他说了什么。"问话的是本地某学院的一位年轻教授，我答应下午用大约一个小时的时间和他聊一聊。"这些话的涵义是什么？"他问。

"每个人都可以说'众生是一体的'，'众生皆有神性'，'万事万物都是生命之纲的一部分'，或'主客不二'。任何人都可以说这些话，问题是你对这些话有没有直接的体悟？你是在一种觉醒的状态下说这些话？还是这些话只是一堆说辞罢了？"

"如果只是一堆说辞，又有什么关系？"

"你知道心灵的实相涉及的不只是外在世界的声音，它还涉及了主观的事实、内在的真相——如果你想让口中的真理具有真实感，你必须直接和内心更高的真相接触，否则你就不是在说实话，不论那些话听起来有多么正确。你说出来的话是不是真理，主要取决于讲者的主观境界，而不是那些话语的客观内容。"

"是的，我明白了。但是你可不可以举几个例子？"他正在奋笔疾书，然而我不确定他到底是在记笔记，还是在记录他自己的想法。

"没问题。任何人都可以说'众生一体'，因此你必须观察这个人到底是从意识的哪一个层次在说这些话，才能判断他的话有没有真正的价值，是否属实。我们必须知道讲者所处的意识层次，才能知道他或她是否真的体会了'众生一体'。他们指的到底是所有粗钝次元的众生都是一体的，还是精微次元的众生都是一体的？请问自性次元的众生是不是一体的？还是，这所有次元的众生都是一体的？你看，这么简单的一句'众生是一体的'，其实就有好几层的意思在里面，这些意思并不是取决于话语的客观内容的——因为客观的内容，谁来说都一样——而是取决于讲者所处的主观意识的次元，这一点就有很大的差异了。也许你处在某个特定的次元并且与那个次元的事物合一了，但是你可能并不知道还有更高或更深的次元，你可能并没有跟那些次元的事物合一。"

"是的。但是你又怎么能辨别得出来？"

"我可以告诉你几个秘诀。大部分有关系统理论、盖娅、大地母神、生态心理学、新典范等等的著作涉及的都是粗钝的、白天清醒时的境界，你可以轻而易举地辨认出这一点，因为他们从不探讨精微次元的现象：各种不同的冥想境界，三摩地、内明、梦瑜伽等非凡境界，原型式的光明经验，等等。当然，他们也从不谈及更高层的无色无相的自性境界。因此当他们声称自己是一体论或不二论时，他们并不是全然处于这种状态，充其量只达到了自然神秘主义的境界，也就是意识仍然局限于粗钝次元或白天清醒时的一种合一感——当然这已经很不错了——但并没有进展得十分完全，而是大存有链中最浅的神秘合一境界。"

"你如何分辨他们的意识已经超越了粗钝的次元？"

"觉知一旦坚定得足以从白天清醒的状态持续到梦境——你一旦进入清醒的梦或各种不同的具妄念三摩地——整个精微次元便开始被你觉知，这样的觉知会清楚地反映在你的生活、你的著作、你的理论和你的灵修中。你不再局限于粗钝的感官运作次元——你的上帝不再是绿色的——你的心眼将看到不可思议的内在景观。如果你是一位画家，你绘画的对象将不再局限于一盘水果、大自然的风景或裸体，你可能开始描绘细微的内在景观，譬如超现实主义画派以及魔幻写实主义画派，或是如西藏唐卡之类用来冥想的画作。那些细微的客体都不是肉眼所能看得见的。"

"因此，一个处在精微光明次元的人所道出的'众生一体'，其意义是有别于粗钝次元的理论家所谓的'众生一体'的。"

"确实是不一样的。一个局限于粗钝次元的人所谓的'众生一体'，通常指的是系统理论或生态心理学——所有能够被经验的物质现象都是同一个整体的各种面貌。但是一个处于精微光明次元的人说出这句话时，他们指的却是所有的物质经验与所有的细微现象都是这个整体的各种面相。这是一种更深更广的领悟,它能转化与含摄粗钝的次元。"

"所以,他们的意识又更坚定了一些。"

"可以这么说。他们的觉知不会在进入梦境时变得一片茫然,因为他们自己的发展和演化使他们进入梦境也能保持清醒——他们可以进入具妄念三摩地,而不会失去觉知。你一旦进入自性的阶段,觉知会变得更加坚定,你会拥有一份持续不断的觉知或持续不断的目睹力,也就是你在清醒、梦境和深睡时都能保持觉知。因此你的意识会变得越来越坚定,即使是进入更深的境界也能维持觉知,这一切都会反映在你的生活、你的工作、你的理论之中。这些征兆都是很明显的。"

"是的,我明白了。如果你是处于精微光明阶段,你就……"

"处于精微光明阶段,你会觉知到各种不同的本尊神秘境界——内明,天籁,各种三摩地或冥想境界,各种形相的神祇或本尊,冥合祈祷,梦瑜伽,以及中阴身的各种情境,等等。这就是精微光明的本尊神秘境界。因为精微光明的灵魂次元能转化并含摄粗钝的感官运作次元,因此在本尊神秘境界的次元中,你也能觉知到自然神秘境界,它并不是被排除在外的。但是自然神秘主义者却认为说这种话的人是神经病。"

"那么自性次元……"

"乃是无相神秘境界的居所——毕竟空、宇宙深渊、无生、阿因、寂灭、止念、真知三摩地、典型的涅槃、止息。这种止息的体悟是非常明显而难忘的。如果一个人对这种经验有直接的体悟,他一定会在他的灵性著作里提到这种境界!而你会直觉地感受到他确实知道自己在说些什么。"

"你还提到过不二境界。"

"是的,你一旦突破了自性次元的无相境界——纯然目睹的居所——目睹本身就会融入它所目睹的一切事物,包括白天、梦境与深睡三种情境。吠檀多称之为自然无念,它的意思是涅槃与轮回的自然结合;藏密称之为一味,因为所有的事物在所有的情境中都是神圣的;道家称之为自然或完全的自发。因此当一个人说出'众生一体'这句话时,这句话的意思应该是:在粗钝次元、精微次元和自性次元的一切事物都是一味。这样的情境和处于粗钝次元说出这句话是截然不同的。"

他看了一下他的笔记，然后说："我明白了。所以你才会说讲者的主观境界而非话语的客观内容决定了他所说的是否属实。"

"是的，完全正确。"

"所以我们在通灵次元、精微光明次元、自性次元和不二次元都能体会到不同的合一感。"

"基本上来说是的。这些境界只涵盖了超个人或超理性的合一感或一体感。另外还有更原始的前理性期、前个人的一体感或融合感。还有拟古期的混沌感，也就是婴儿在一岁之内与物质世界的合一感。此外还有奇想期的万物皆有灵论，一到四岁的儿童因为在情感上无法区分主体与客体而产生的一种生物能次元的合一感。接下来四到八岁儿童，又会进入神话阶段与象征事物融合的一体感。如同让·盖伯赛所强调的，这些原始形态的认知——拟古期、奇想期及神话期——它们虽然被更深的发展所含摄，但是我们仍然可以觉知得到。接下来就轮到理性期的合一感了，譬如系统理论是通过成熟的理性思维和统观逻辑而形成的。"

"你可不可以从头到尾再叙述一遍？"

"拟古期的混沌感，奇想期的万物皆有灵论，神话期的融合感，理性期的系统理论，通灵或自然神秘境界，精微光明或本尊神秘境界，无相或自性神秘境界，不二的一味境界。"

"处在每一个阶段的人都可以声称'众生是一体的'，内容却截然不同。"

"一点也没错。"

"是的，我明白了，我明白了。"他继续奋笔疾书。

"最近有太多的书籍大肆宣扬'众生一体'的观念，它们都说万事万物都是一个大一统的创造过程里的各种面貌，我们都是生命之纲的支线，世界乃是一个活生生的有机体——这些说法都是'众生一体'的变调。然而这样的说辞其实是毫无意义的，它的真实性完全取决于讲者所处的意识次元。

"这意味着两件事：第一，当你在阅读这些书籍时，你要尽可能去判断作者的深度发展到哪一个阶层了。任何一个人都可以说'众生一体'，然而大部分的书籍谈到'众生一体'时，通常是从奇想阶段的万物皆有灵论，或神话期的融合感，或理性期的系统理论出发的。因此你要试着去寻找一位有能力觉知超理性次元，而不仅仅是理性或前理性次元的作者。第二，这位作者应该提供你一种真实的修炼方法，来帮助你觉知自己内在更高次元的合一境界。只是对这个世界作出一种新的客观描述是无济于事的，作者必须提出一系列的主观修炼方法，来帮助你提升自己的意识次元。

"因此，这些作者应该有能力觉知到更高的'一体境界'——通灵境界、精微光明境界、自性或不二的境界。此外，他们更应该提供你主观的修炼方法来帮助你觉醒。换句话说，这些作者不应该只提供你新的转译方法，他们应该提供你转化你的意识的新方法。如果他们无法提供你这些方法，他们至少应该说明这些方法的重要性。"

我为他泡了一杯绿茶，我们安静地看着落日缓缓消失于山后。他似乎在忙着思考些什么，就像是戴了一个隐形的随身听，只有他知道里面在唱些什么。"谢谢你！"他终于说出了这句话，我陪着他走向门口。

十 月
OCTOBER

　　然后你会产生一种感觉——我想那就是所谓的终极神秘体悟——尽管人生充满着痛苦、死亡和恐怖,这个宇宙仍然"没事"……

——奥尔德斯·赫胥黎

　　自性是无法被达到的。如果自性是可以被达到的,那么就意味着自性不在当下这一刻,而在遥远的未来。如此你就会失去那种焕然一新的感觉,一切都会变得无常。任何一个非永恒的东西,都是不值得争取的。因此我说自性是无法被达到的,你就是自性,你早就是"他"了。

——拉玛那·马哈希尊者

10月1日，星期三

我到玛西工作的残障养护中心去接她吃晚饭。理查德是其中的一位居民，在过去比较缺乏同理心的年代，他可能被称为"低能儿"。但是不管你怎么称呼他，他都算是相当具有观察力的人。他和我一样迷上了玛西，当我们开始约会时，他很想知道这位坏他好事的人到底是谁。玛西告诉他我是一名作家，并且拿了好几本我的著作给他看。因此今天我到达时，理查德手上拿着一本《意识转化》，非常夸张地走来走去。

"你知道吗？我看得懂这本书。我的阅读能力已经有四年级的程度了。"

10月2日，星期四

二十五年来我都是以双盘莲花座进行冥想，不过现在时常改成大摊尸式，也就是仰卧平躺，两腿并拢，两只手臂微微伸开，这也是我入睡的姿势。每当我醒来开始冥想时，经常是一动也不动的。今天早上玛西对我说："我可以分辨得出你从什么时候开始进行冥想。""你是如何分辨的？""因为你的呼吸会改变，变得非常规律而细微，有的时候甚至完全停止呼吸。"她指的是我在清醒、梦境与深睡三种情形下，觉知一直持续不断。"你的呼吸一整夜都维持着同样的状况。我喜欢这样，总比打鼾要好多了。"

开始替安塞姆写导论。这篇文章取名为《如何去看这个世界——艺术以及艺术家的我》。谈到大摊尸式，安塞姆最近画了一幅画，前景画的是一名平躺在地的男子，他的姿势就是大摊尸式，这个姿势象征自我死亡，朝着超自我和超意识的方向开展。超意识的艺术——未来的艺术形式。

10月3日，星期五

成长与退化

（与某读书会成员进行电话访谈）

发问者： 既然你代表的是一种整合的观点，你为何又要批判那么多其他的观点呢？万事万物不都是整体的一部分吗？难道你不该接受它们吗？真正的整体论好像应该拥抱一切，而不该有那么多的批判？

肯： 这正是每一种整体论所面临的核心问题。你可以读一读那些"新典范"书籍——有关盖娅、系统理论、生态学等等的著作——他们都声称"万事万物乃是相依相生的"，"我们都是生命之网不可分割的一部分"。如果万事万物都是整体不可分割的一部分，这是否意味着我们也该拥护纳粹的观点？他们难道不也是整体的一部分吗？我们是否也该把三K党视为整体的一部分？是不是应该将特蕾莎修女与开膛手杰克等同视之？我现在并不是在谈绝对真理的观点，从绝对的角度来看，万事万物都是空性的完美示现，因此万事万物都是同样神圣的。然而生命之网理论的一体论指的是相对的、有限的物质世界。你明白这其中的问题了吗？

发问者： 不太明白。你是说在相对的物质世界里，如果万事万物都该被等同地视为整体的一部分，那我们为什么不能拥抱这一切？

肯： 是的。万事万物不该被等同地视为整体的一部分，它们都是全像阶序的一部分，而全像阶序包含了整体的各个阶层，因此某些事物就是要比其他事物更完整一些。譬如原子包含在分子中，分子包含在细胞中，而细胞又包含在有机体中。原子的整体性已经够惊人了，但分子除了包含全部的原子之外，还包含了更复杂的整体性。分子的整体性已经是不可思议了，然而细胞却能将它整个含摄在内。你可以如此类推到整个全像阶序或大存有链。每提升一层，就更完整一些，因为高层能转化与含摄低层。

请注意，顺序不能颠倒。分子可以含摄原子，但原子不能含摄分子。换句话说，高层可以含摄低层，但是倒着来就行不通了，这种阶层观乃是一体论的本质。你只能通过全像阶序才能完成整体，否则就会变得一团混乱。

发问者： 那么纳粹与三K党又当何论？

肯： 纳粹和三K党确实是人类发展的全像阶序的局部，然而他们属于相当低阶的某种特殊病态的展现。他们当然是"万事万物"的一部分，但是他们属于全像阶序中非常低等的层次，而且他们妨害了人类更高与更深的道德发展。

发问者：如果他们真的如此恶劣，又为什么会存在？他们在整个全像阶序中到底扮演着什么角色？

肯：哦，每一个人都会经过这些低层次的发展阶段——他们等于是道德发展中的原子和分子，通过他们才能建构细胞和有机体。纳粹和三K党是阻碍成长的恶劣案例。他们处在整体中非常低的层次。道德的全像阶序是从前成规期与自我中心的状态，进展到成规期与种族中心的状态，再进展到后成规期与世界中心的状态，最后进入后后成规期及属灵的境界。三K党和纳粹是阻碍人类成长的扭曲案例，因为他们只停留在种族中心的阶段：他们的种族、他们的族群、他们的宗教以及他们的部族是比其他人优越的，因此其他的种族应该被大量屠杀。三K党与纳粹虽然是生命之网的局部，然而这个局部是我们应该斥绝的，因为它隶属于整体中的低等层次，在道德的发展上是落后的。

发问者：因此，真正的一体论是很具有批判性的。

肯：一点也没错，这是非常重要的观点。真正的一体论乃是奠基于全像阶序之上，一层比一层更完整，因此更具有包容性也更加关怀。真正的一体论涉及了爱的各种层次——性爱与神对世人的爱都包括在内。因此这样的爱是非常强烈的，这样的慈悲并不是避免阶层区分的蠢慈悲。换句话说，真正的一体论包含了明确的批判态度。

发问者：所以你才会担忧美国出现的退化现象。

肯：是的。我们不难发现，各种不同的潮流都在舍弃启蒙运动带来的以世界为中心和后成规期的自由主义，而退化到社会中心、种族中心的复兴运动，其中充斥着对政治的认同、种族根本论、性别根本论、血融于土民族运动、生态法西斯主义、部落讴歌与自怜政策。（更别说还有自我中心主义以及自恋主义！）简而言之，我们在世界各地都可以看到部落制的重现，国家沿着族群和部落的路线发展而变得四分五裂。美国最大的恶兆就是由平板世界的一体论所支撑的，譬如回到高尚的蛮荒时代，回归自然，部落复兴运动，等等。"我们都是生命之网不可分割的局部"，这不是真正的一体论，而是一团混乱。正因为一体论拒绝依照不同的深度来划分阶层，所以才助长了部落制的重现和四分五裂的情况。

在学术界也弥漫着这种四分五裂的退化趋势——大部分的后现代主义和极端的多元文化运动的背后，都隐藏着这种退化的趋势；文化上出现的任何摇摆，都被视为存在的多元化展现。如果我们真的渴望多元发展，我们就该把纳粹也算在内。如果我们渴望真正的多元化主义，三K党也应该被接纳。

发问者：这就是不按照深度来划分阶层所造成的失败。

肯：是的，很正确。

发问者：多样性及多元文化运动到底有没有带来助益？

肯：绝对有的。那些自由主义运动，正试着表达一种非种族中心论或世界中心论的主张，也就是"普遍性"的多元主义。然而他们那可以被理解的狂热，只强调了多元主义而遗忘了普遍性。因此只有站在后成规期、宇宙性世界中心论的立场，我们才能了解真正的多元主义是什么，也才能拒绝如纳粹主义之类的低等观点。

这意味着如果我们真的想成为货真价实的多元主义者，我们必须支持与鼓励道德的发展，帮助它从自我中心迈向种族中心和世界中心。我们不能只是袖手旁观地说：嗯！所有的观点都不错，我们应该鼓励丰富的多样性。

自由主义、后现代主义采纳考虑不周的多元性，已经到了搬起砖头砸自己脚的地步。它在不知不觉中损害甚至摧毁了自己的基础。自由主义本来是非常高阶的——成规期的态度，但是它突然调转头来说道：老天！所有的态度都应该被平等地加以尊重，其结果是自己的基础也被彻底侵蚀了。

换句话说，自由主义鼓励的那些观点，未来将摧毁自由主义。原因就在它拒绝作出道德上的批判——并不是所有的态度都该被平等视之，世界中心论确实比种族中心与自我中心要来得优越——结果是因为疏忽而助长了部落制的重现，向低层退化并滋长了过度自我中心的个人权益的拓展。这一切都在摧毁自由主义——象征社会的这块完整的布料已被撕扯得面目全非。

这是极端的自由主义和后现代主义先天带来的矛盾与自我毁灭的态

度。我虽然同情它们的诸多目标——特别是普遍一同多元主义——但是我必须批判它们同时采取的自我毁灭的态度。

发问者：因此，它们必须采取真正的全像阶序，也就是通往普遍一同多元主义的道德分级，而这样的分级一定会批判低层的道德立场。

肯：是的。每一个人都在宣扬一体论、生命之网理论、慈悲与接纳或更具有包容性的态度。但如果你真的付诸实践，而不是只说出一些平板世界的模糊理论，譬如"生命之网"、"平等的多元性"，你会发现真实世界的四个象限都是一种全像阶序——也就是按照价值的高低、深度及完整性来分等——最恰当的说法就是批判与监定。新的批判理论就是真正的一体论的召唤。

发问者：这是不是你好辩的原因？

肯：不是的，批判不一定是好辩。我好辩是因为其他的理由。

发问者：什么理由？

肯：在这个领域，我们时常可以看到一些假冒神圣的态度，譬如声称自己拥有可以转化世界的新典范，或是可以拯救地球的新宗教。那种自命不凡与自以为是的态度，你们都很熟悉了，这种情况到处可见，不是吗？辩证是一种老练而正直的手段，心灵导师们特别善于此道，为的是泄一泄那些自大者的气，替他们松一松绑。它尤其能把愚蠢的慈悲搞得晕头转向。因此我认为偶尔服一剂辩证法的苦药是很有必要的，尤其是在灵修的圈子里，许多人都拿自己过于当真了。

10月5日，星期日，丹佛

今天的温度是华氏86度，在这样的季节里，已经高得破纪录了。结束了漫长的晨间工作，玛西和我便前往丹佛市冷气开放的购物广场闲逛。我今天觉得和周遭的一切有点脱节，处于纯然的目睹与失去个人性是截然不同的两回事。处于纯然的目睹，你是不执著的；但是在失去个人性的状态中，你却有一种远远抽离的感觉。目睹像是一种平等的背景场域，你在这场域热情地关注每一样在其中升起的事物；然而当你处在后面一种情况时,你却是麻木不仁的,对任何事物都感受不到热情。处于纯然的目睹时,你观看每样事物都带着强烈的清晰与明透之感;但是处在后面一种情况时,你就像是把望远镜倒过来看世界似的。不过还好,我仍然有一剂来自后者的良药。

那就是进入空寂以及发现空寂。

10月6日,星期一,博尔德

他的名字叫约翰,他住在玛西管理的一所养护中心里。约翰得了艾滋病,他的妻子最近也被感染了。他的床上——床很小,房间也很小,房间里另外还有四张小床,每张小床只靠一层薄薄的纱帐来区隔自己的空间——有一张他和他妻子的照片,他们曾经是健壮而面带微笑的,两个人看起来都很俊俏。这张照片是约翰对以往人生仅存的回忆。养护中心的工作人员认为他大约只能再活两个星期,约翰心里也有数。

他告诉玛西:"你说我会喜欢这个地方,我却恨透了它。"是玛西一手安排他住进了这所养护中心,这已经是约翰所能得到的最佳选择了。玛西能让他住进来已经是很幸运的事了。但是处在这种情况下,你会很容易忘恩负义。

"我恨这里!我恨这里!我恨这里!你看看我!"约翰把他的睡袍拉起来,他的两条腿看起来骨瘦如柴,就像是白骨包着一张羊皮纸似的。"你骗我!你骗我!我快要死了,我只有几个星期可以活了,你看看我这副德性!我恨这个地方!我恨这里的食物!我恨透了这里的食物!我不想这样子死掉!"

"约翰,你听我说,你到底想吃什么东西?"

约翰开始列出他想吃的东西的清单,其实这份清单和他以前开的完全一样。他现在什么都不能吃了。

"我特别爱吃墨西哥馅饼和可乐。"

玛西今天一大早就出去替他买了一包墨西哥馅饼和一罐可乐,然后将这些东西放在他的小房间的小床边。

10月7日，星期二

一边想着约翰，一边有所了悟，其实所有的灵修都是为死亡所做的预习。就像神秘主义者所说的："如果你在死亡来临之前死去，当你死亡时，你就不死了。"换句话说，如果当下这一刻你的自我感能寂灭而发现真正的自性，那么这副肉身的死亡就像从永恒之树飘落一片枯叶罢了。

冥想就是练习当下的死亡，安住于超越时间的目睹中，而不再认同那有限的、会毁坏的、可以被当成客体来对待的自我。在空寂的目睹中，在无生法忍中，死亡是不存在的——这并不意味着你将永远活着，而是你发现了当下这一刻的永恒性，它从一开始就没有进入时间之流。你一旦能安住于无生法忍，你就是那自由的目睹，而死亡根本无法改变那最纯粹的东西。

虽然如此，每一个生命的逝去都是令人哀伤的。

10月8日，星期三，丹佛

在下城的莫顿（Morton）与利奥以及我们的朋友保罗（Paul）和塞尔·格斯腾伯格（Cel Gerstenberger）共进晚餐。利奥是一位非常善良、聪明又温和的人。利奥刚离开北京，保罗跟塞尔11月的第三个星期要到北京洽谈商务，因此他们相互交换着旅行需知。

商业显然涉及的是生产、销售和服务。但是这些属于右手象限的产品起初是被左手象限的意识创造出来的，因此如同利奥所说，他的工作大部分都是处理主管的内在发展——这是他当初会接触我的研究的原因。这也就是为什么意识研究的三大热门科目居然是教育、政治与商业。

利奥搭晚上八点的飞机离去，保罗和塞尔回家了。夜未央，玛西和我坐在罗斯福厅享受着我们的马提尼，不久便消失于浪漫的迷雾中。

10月10日，星期五，博尔德

山姆刚从法国回来，他在那里进行了为期一个月的静坐。罗杰也去参加了一个长达一整月的闭关。就像他的儿子鲍伯（Bob）说的："为了往前进展，罗杰向内隐退。"

10月12日，星期日

玛丽莲·施利茨（Marilyn Schlitz）来到了博尔德，玛西和我邀请她到家里来吃晚饭聊天。玛丽莲本人和她的头衔一样辉煌——她是哈佛、斯坦福、国家健康研究院、亚利桑那意识研究中心、伊萨兰学院、唯理科学研究学会等机构的董事。但最重要的，她是一个很可爱的人。她的先生是基斯·汤普森，两个人我都很喜欢。基斯和我在很早以前就成了朋友。他是迈克尔·墨菲的长期赞助者，撰写与编辑过几本书，他的文笔典雅，学养丰富（不知为何，在这个领域，这是十分罕见的事）。基斯目前是唯理科学研究学会的编辑，玛丽莲则是研究部门的主管。

玛丽莲目前对原住民文化的智慧传承特别感兴趣，然而她不想落入过度美化的陷阱（她说过："我们不要忘了这些人一度是猎头族。"）。能公平地看待其中的智慧与不幸，是我全心支持的态度。

10月14日，星期二

自从《性、生态学、灵性》出版之后，尤其是《万法简史》出版之后，那些保守而正统的领域，譬如政治界、教育界和商业界，也逐渐对我的著作开始感兴趣，我觉得其中的理由非常有趣。

我早期的著作总是涉及超个人以及灵修的次元。如果你想运用其中的典范，你必须将更高的超验次元包括在内。然而这些典范在现实世界中用到的机会十分有限，因为很少有人真的对这些超验的次元感兴趣，也很少有人演化到这么高等的层次。在商业和教育领域，这些典范很少能用得上。

但是四大象限却是每个领域都可以用得上的，因为四大象限涵盖了日常活动的各个次元。你不需要相信或含摄那些高等的超个人次元，也能善加利用这四大象限。四大象限提供了一个简单而易懂的方法，来对治现代及后现代世界盛行的化约主义。由于纯粹的化约主义根本是错误的，因此会影响或残害任何一个领域所付出的努力，包括政界、商界和教育界。四大象限能令你立刻规避这种损害，进而建立更有责任的政治、更有效的教育和获利更多的商业。

我认为这就是为什么这个范型会被各个领域所采用的理由，包括理论和实际的运作。以下是其中的几个例子：

比尔·戈弗雷（Bill Godfrey）是密西根州安娜堡（Ann Arbor）绿丘中学（Greenhills School）的校长，他寄给我一份有关四大象限的实用性报告——《四大象限运用于课程设计与校务管理之报告》。这是一篇令人印象深刻的报告，它详细描述了将四大象限运用于整个教育方针和实施手段的过程。另外有一所为残障儿童设立的丹佛专科学校（Denver Academy），艾德·麦克曼尼斯（Ed McManis）写信告诉我："我们已经把你的许多观念运用在我们的课程设计上。"我接到许多从世界各地的教育机构寄来的类似信件。

杰布·布什（Jeb Bush）的属下从佛罗里达州打来电话，想要讨论一下如何将这些范型运用在政治上——代表保守的一方——迈克尔·莱纳和他的"意义政治学"组织发现这些范型也可以运用在自由主义与后自由主义的阵营。当我将著作的焦点集中在人性更高的发展上时，这些事根本不可能发生。四大象限的范型之所以能在世界发挥作用，因为它涵盖了低层和中层的发展阶段。

太空总署的肯尼斯·考克斯博士（Dr.Kenneth Cox）寄来了一份《太空科学的未来愿景》的报告，文章中也运用了这个范型，作为太空总署未来研究计划的纲要。这份报告归纳了二十项原则，还有全子的本质和它们的四种特性，等等，最后的总结是："地球、太空乃是一个全子，如果能观察它的整体及部分的特性，就可以推演出它的演化模式。"我很想看一看太空总署为了通过这笔预算，如何向国会解释全子的本质。"对不起，上校，我们已经回到地球了。"

朗·卡西普（Ron Cacioppe）是澳洲的一位商务专家，他正在撰写一本有关商业管理的教科书，所运用的就是四大象限的观点。有越来越多这样的商界人士寄信给我（如利奥·博克）。戴瑞尔·鲍尔森（Daryl Paulson）是外太空生物学实验室的创立人，他写过一篇有关商业管理的研究报告，特别令人印象深刻。戴瑞尔指出商业管理有一些主要的理论：X理论（个人行为）、Y理论（个人的理解）、系统管理（组织的结构与机能）与文化管理（共有价值观的管理）。这些理论刚好就是四大象限的范型。戴瑞尔发展和考证出来的这份心得报告，不但帮助我们整合了这四个重要的管理理论，而且让商业衔接上一个更大的"蓝图"，为商业的努力和意义带来了内涵。

这份心得报告不只是理论或悬在半空的一块大饼，它还有非常具体的应用方式。戴瑞尔曾发表过一篇《发展有效的局部抗菌产品》（譬如抗菌肥皂）的论文，这篇论文一开头就说："由于目的是为市场带来销售成功的产品，因此，制造厂商必须从多元化的观点来发展某种产品。"这是一个很好的观点。"全子象限范型主张至少有四个观点应该被提出来：社会、文化、个人的主观性及客观性，让我们来看一看这个象限范型的细节。"接着他又说明了四大象限为何以及如何更能满足市场的需要。（我的著作过去吸引的是那些对开悟有兴趣的人，现在吸引的则是那些对肥皂有兴趣的人。）

苏珊·坎贝尔（Susan Campbell）这位与约翰·罗宾斯（John Robbins，《新世纪饮食》的作者）在多方面有过合作的作者，特别关注儿童饮食和整体健康的议题。她写过一本颇受好评的书——《健康的校园午餐》，目前正在撰写她的第二本书。在书中，她运用了四大象限的原理，来设计全国性的校园营养食谱。

汤姆·盖林博士（Dr. Thom Gehring，受刑人教育的权威）跟他的妻子凯珞琳·埃格尔斯顿（Carolyn Eggleston）正在撰写一本有关矫治教育历史的书籍，这本书描述的是矫治教育在每一个历史阶段按照四大象限的范型而进展的情况。汤姆说了一句很有趣的话："我相当认真地看待'所有象限、所有次元'的建议，但是我目前无法在著作里涵盖所有次元的范型。未来我希望能从对所有象限的初阶理解，进入更成熟的对所有次元的理解。不知道这样的策略是否行得通？"绝对行得通，而这就是我的重点：从四大象限着手是比较容易的做法，因为它们可以被应用在所有的领域，然后才能往更高的超个人次元进展。

总之，我已经接到几百封来信，我认为这是一种正在扩散的反抗平板世界化约主义的现象。我很高兴我的研究能成为这个现象的触媒，似乎有越来越多的人对整合途径深感兴趣，这是很令人欣慰的事。

10月15日，星期三

成长与退化

（继续上一次的电话访谈）

发问者：你时常说每一个成长阶段的状态都是妥当的，然而下一个阶段会更妥当。这句话到底是什么意思？

肯：如果你想拥有真正具有整合性的观点，你必须找到一个能包容所有观点的完整图像，但这并不意味着所有的观点都具有意义。因此你必须将那些观点按照重要性的高低来分阶，譬如，你如果将特蕾莎修女与开膛手杰克等同视之，那么你就得邀请纳粹党员来参加这场多元文化的盛宴，因为他们也是生命之网不可分割的局部。这样一来问题就严重了。不是吗？

因此，分阶发展的概念就变得异常重要了。分阶发展为这个极为麻烦的问题带来了解答。因为几乎在所有的发展类型中，我们都可以看到高阶总是能转化与含摄低阶，这是一种与生俱来的按照完整性与阶层所作的划分。我们谈过原子、分子、细胞和有机体的例子——每一个阶段本身都是完整的，但下一个阶段又更完整一些。这种循序开展的完整性与深度，使我们理解了为何所有的观点都能包容在一个完整的画面中，其中的某些观点比其他的观点更好，是因为它们更有深度。

发问者：你能不能举几个人类发展的例子？

肯：就让我们来谈一谈道德发展的例子吧。科尔伯格（Kohlberg）所提出的道德发展理论已经在四十个不同的文化中作过测验——包括第三世界——几乎没有发现任何显著的例外。虽然卡罗·吉里根曾经指出，女人在通过科尔伯格提出的几个成长阶段时比较强调关系的互动,而比较不强调作为,但是她对这些主要的成长阶段并没有异议,她也赞同成长是由前成规期进入成规期再进入后成规期。因此它们是很好的实例。

重点是,我们一开始都处在前成规期阶段,然后才进展到成规期,如果幸运的话最后会进入后成规期。其中的每一个阶段都不可能略过或绕道而行。每一个高阶都是以低阶的内容作为基础的,然后再加上自己那个阶层所出现的元素。譬如有了字母之后才有文字,有了文字之后才有句子,有了句子之后才有段落——没有人能从字母跳跃到句子。

这意味着低层的阶段并不是错误的、愚笨的或误入歧途的。前理性的状态对早期的阶段而言就是最道德的。你根本没有能力转化成别人的角色,也无法理解彼此,你的世界观是充满奇想与自恋的,所以你的道德立场一定是自我中心的和前成规期的。在那种情况下,这已经是你最佳的状态了,所以我才说那些早期的道德阶段已经够妥当了——一种阶段性的妥当。

但是当成规期的道德观出现时,你开始学会换成别人的角色来思考,于是你的道德反应便从"我"拓展深化到"我们"。这显然是一种更妥当的道德反应,却因此而陷入了集体的观点——所以这个阶段又称为顺应期——不过重点是你在这个阶段别无选择,因此这又是另一个阶段性的妥当。

接下来后成规期的道德观开始出现,这时你行善并非为了你的团体、你的部落或你的宗教信仰,而是为了所有的人,不论他们的种族、性别或肤色是什么。你的道德反应再度扩张和深入到更多人身上——这时的完整性更高了,因此也就更妥当了。你们都知道在我的系统中,这是通往属灵之德的入口。

发问者:因此人类的发展是妥当、更妥当……

肯:没错。每一个阶段都是妥当的,但是下个阶段会更妥当。这是非常重要的观点,这样我们才能包容所有的观点,而又不至于将所有的观点等同视之。

发问者:世界观是不是也如此?

肯:我曾说明世界观的发展过程,也就是从拟古期、奇想期、神话期、理性期、存在主义阶段、通灵阶段、精微光明阶段、自性阶段到不二境界。这其中每一个阶段的观点都是妥当而重要的,但是下一个阶段的观点更重要,而且更妥当。

困难出现在退化的过程中,因为当你退化到曾经一度是妥当的阶段时,对你目前的阶段而言却过时了。譬如奇想式的世界观并不是一种病态或疾病——对一个四岁的孩子来说,这是完全妥当的世界观;甚至对成人来说,奇想式的认知都可以扮演重要的角色。不过如果你是生活在理性多元文化中的一个成年人,却退化到以自我为中心的奇想阶段,那么你就真的有问题了,你已经得了情绪上的疾病。为了退化,你必须将高层的复杂结构加以解构,这是非常痛苦的灾难。你精神结构的金属板会被拆解,而你会从其中的裂缝往下坠落。

发问者:最后还有一个问题,如果你不介意的话。你说过自由主义乃是奠基在高度发展的成就之上的,也就是以世界为中心的普遍一同多元主义。

肯:没错。

发问者:但是自由主义如何能宣扬自己的主张,而又不至于将自己的信仰强加于别人?

肯:你是不是在大学读书?

发问者:是的。

肯:你是不是读政治理论?

发问者:是的。

肯:被我猜中了。你的问题切中了自由主义的要害,自由主义一向主张国家不能在它的人民身上强加什么。个人有自由选择自己的信仰、自由的信念,以及自己的幸福之道(只要他们不伤害别人或侵害别人的权益)。换句话说,自由主义的国家具备了后成规期普遍一同多元主义的道德基础,这些以世界为中心的原则被纳入它的法律机制,为的是防止自我中心、种族中心主义的操控。

但是在民主制度中,法律是由人民所制定和支持的,这意味着一个国家是否能实现自由民主的理想,取决于它的人民是否朝着后成规期的阶段发展。因为只有后成规期才能容纳丰富的多元性。然而如果你只鼓励丰富的多元性，你就会一开始便忽略朝后成规期发展的必要性（因为你必须平等地尊重自我中心和种族中心的倾向，从而消灭了道德成长的社会诱因）。

在这里就出现了进退两难之局：国家该如何鼓励人们朝着后成规期的阶段成长，又不至于强迫它的人民？如果自由主义不能找出一条解决之道，自由主义和真正的多元文化主义就会灭亡。

发问者：这就是我要问的问题。

肯：我只能简单作答。首先个人确实应该拥有生命、自由和追求幸福的权利。然而国家也应该拥有某些权利，其中的一项权利就是：它有权要求它的公民发展某些基本的技术来维持社会的生存和凝聚力。我们很早就认知到国家具有发动战争、征兵打仗和规定儿童接受疫苗注射的权利，而其中最重要的一项权利则是：国家有权要求它的国民接受义务教育（残障人士除外）。

你看，国民义务教育就是民主国家在它的人民身上所强加的一种要求，因为国民"必须"完成某种程度的教育。如果国民能接受充分的教育，他们就有条件发展充分的道德，也就是后成规期以世界为中心的普遍一同多元观。

我认为这是一个很好的观点。你既然无法强迫植物或人成长，只好准备充足的环境和条件，让成长自然发生。国家无法拔苗助长，不过它可以提供环境和条件，譬如广泛被接受的国民义务教育。

发问者：因此教育必须负起大部分的责任。

肯：这是理所当然的事。这就是为什么今日美国的教育情况很令人担忧的原因。今日的教育界大多被激进的后现代主义者所掌控，因此经常出现吓人的退化倾向。但是从另一方面来看，多元文化运动大大帮助了普遍一同多元论的确立，让许多边缘团体也被纳入了正式的名单。自由主义的最高信条就是不论性别、肤色或种族，人人享有平等的权利——这也是世界中心或普遍一同多元论的终点——在这一点上，我是这些后现代主义运动的忠实拥护者。

我们上一次谈过，后现代主义在极端的狂热之下，往往走向自我矛盾和自我毁灭的道路。本来自由主义多元文化教育的重点是提供某些基本的技术和条件，以便道德发展能从自我中心进展到种族中心、社会中心，再进展到世界中心、多元主义。但是新左派却朝着极端的方向发展，而妨碍了向更高层次的进展。美国现在的中等与高等教育都鼓励以种族为中心的政策：强调性别的重要，认同自己的种族，鼓励自怜。历史学变成了提高自我评价的治疗：它不再是有关时间和地点的一门学问，而只是告诉你那些历史人物和你比起来都是缺乏道德的懒虫。于是你利用启蒙运动的价值观来责难以往的历史，甚至连启蒙运动本身也被谴责了。

更糟的是，这种教育不但时常鼓励人们从世界中心退化到种族中心，还进一步鼓励人们从种族中心退化到自我中心。丢掉那些讨厌的阶层划分，然后发给每个人一面金牌。不依照好坏的程度来划分别人，意味着自己也不需要作这种阶层的划分，于是成长和发展就被拦腰斩断了。这种教育方式就像印度的乞丐砍断他们孩子的双腿，为的是他们将来可以乞怜谋生。

让我再重复一次，自由主义的教育目前正朝着自我毁灭的目标发展。它强调平板世界的平等多元性，拒绝依据深度的不同来作出批判，自由主义的教育因此助长了那些自毁前程的潮流。

发问者：你是否感觉教育会自我更新？

肯：成长和演化最令人惊讶之处在于它有一股向高处和向深处演化的趋力，我们可以称之为宇宙的欲力。我认为退化的潮流是被一股想要死亡的力量所驱动的，这些潮流迟早会进入它们与生俱来的痛苦中。过去的几年，我们在全国各地都可以看到一股反退化的力量与提高教育标准的召唤，平心而论，我认为我们对未来应该抱持审慎的乐观态度。

我们谈了这么多，重点是，传统的自由主义教育应帮助人们展露更高和更深的潜力。这句话意味着除了提高自我评价和接纳自己之外，我们还需要面对真正的挑战和真正的要求——通过智慧和慈悲——因此我必须发誓成长、发展和演化到自己最高的境界。但是如果我们以愚蠢的慈悲而非真正的慈悲来看中等教育和高等教育，我们就不可能达到最高的标准了。

10月17日，星期五

迈克尔（墨菲）正在为他的新书《希弗斯·艾恩斯的王国》作巡回宣传，行程也包括丹佛和博尔德，他已经安排好到家里来和我小聚。迈克尔与乔治·利奥纳德合著的《我们天赋的生命》归纳出了一个"整合转化修炼"（ITP）的极佳版本。迈克尔说全国目前有近四十个ITP的组织，这真是个好消息；另外还出现了四十个肯·威尔伯读书会，所以我们想看一看是否有可能将它们结合起来。迈克尔离开后，玛西对我说："他全身都在发光。令人爱慕到底是什么意思？"我回答她："可爱得令人敬爱。"玛西接着说："迈克尔确实是可爱得令人敬爱。"

托尼此刻已经飞往意大利，因为某个意大利基金会决定颁奖给《事关紧要》。对媒体而言这是一件大事。托尼将举办一场演讲（他写了一篇令人印象深刻、长达十二页的讲稿，内容是关于健康与幸福的整合途径，而他也依照这个途径身体力行），他的照片将刊登在所有的报纸上。他准备在意大利住一个星期，好好地大吃大喝一番，至少在这个星期里他可以不必言行一致。

10月21日，星期二

如何去看这个世界：艺术以及作为观察者的"我"

艺术的意义取决于创作者的深度，而非作品的好坏，这样的观点将艺术和艺术评论从讽刺转为如实。以今日的眼光来看，这个转变实在太令人气馁了。艺术和艺术评论如果去除了讽刺性，去除了不真实的表现，它们还能生存吗？今日的艺术如果放弃了冷嘲热讽，它还有什么落脚之处呢？

* * *

我们并不是活在一个设定好的世界。后现代主义在哲学、心理学和社会学上的革命，提出了一个相当精辟的主张，那就是不同的世界观确实存在——以不同的方式来归类、呈现、说明以及组织我们的经验——并没有一个独一无二的世界观,也没有一个独一无二的最佳主张,存在的只有多元的世界观与多元化的诠释,而且这些世界观常会随着文化与时代而改变。

这份洞见并不是一种极端的看法,这些不同的诠释方法还是有许多共通性,通过它们,这个世界才不至于四分五裂。学者们已经发现全世界的语言都有某些放诸四海而皆准的共通性,譬如认知结构,对色彩的知觉,情绪的表达,等等。然而这些放诸四海而皆准的共通性,乃是通过各种不同的方式编织成的一幅多元世界观的织锦画。

虽然从理论上来说,人类历史发展的过程中出现过无数的世界观,但到现在似乎只剩下了一打左右广为传播又具影响力的世界观。这些世界观被让·盖伯赛、杰拉尔德·赫德、尤尔根·哈贝马斯、米歇儿·福柯、罗伯特·贝拉、彼得·伯格等学者深入地研究过,它们分别是:感官运作期的世界观,拟古期的世界观,神话期的世界观,奇想期的世界观,理性期的世界观,存在主义的世界观,通灵次元的世界观,精微光明次元的世界观,自性次元的世界观,不二境界的世界观。(这些名相的含义将会随着我们的讨论而越来越清晰。)

其实,哪些世界观是对的,哪些世界观是错的并不重要——就它们产生的时间或地点而言,都是妥当的。重要的是,我们必须小心谨慎地将每一个世界观的特质编列成目录,然后将它们归类在一起,不论它们是否真实。

譬如,奇想期世界观的特征是主客不分,因此像岩石、河流之类的无情物,也能被感受成活生生的东西,它们甚至拥有灵魂或主观的心灵。神话期世界观的特征则是多神崇拜,它们不是抽象的存有,而是可以被深深感受到的力量,每一个神或女神对地球上的男女而言都有直接的管辖权。理性期的世界观认为,主观的内在次元基本上是有别于大自然的客观次元的,因此如何连接这两个次元就变成了这个世界观最紧迫的事。到了存在主义的世界观,人类开始理解多元观点乃是宇宙基本的结构,因此不但不该有任何情有独钟的观点,人类还必须在许多可能性中,开拓出某种存在的意义。精微光明次元的世界观开始能体悟精微次元的形象和超验次元的原型,这些原始的显化模式通常会被这个阶段的人视为一种神启。自性次元的世界观乃是对浩瀚无边的无形次元的直接体悟，也就是所谓的空寂、止念、宇宙深渊、无生、根源、阿因，它们指的都是能生出无限万有的空寂。而"不二"指的则是真空与万有的合一。

这些不同的世界观呈现出令人炫目的诠释我们经验的方式。这些世界观不是人类仅有的，它们也不是既定的或一成不变的——还有各种新的可能性。诚如威廉·詹姆斯所说：如果不建立一些世界观，我们很可能会在扰攘而令人困惑的经验里迷失。

换句话说，从某种程度来看，我们每个人的观点都来自某个特定的世界观。而在这些世界观之中，我们仍然拥有选择的自由——不过世界观通常会限制我们的选择。譬如现代人不可能在起床时立刻升起一个念头："猎熊的时间到了。"每一个世界观都具有独特的特性，生长在其中的人大部分都不知道，甚至从未怀疑过他是受限的。每一个世界观的运作都是集中的以及无意识的，在它的影响之下，人们不假思索地认为世界就是他们所想的那副样子。很少有人会质疑他所抱持的世界观，就像鱼无法觉知到自己在水里一样。

虽然如此，个人心理学或跨文化的人类学都举出了相当具有说服力的证明，证实在各种不同的情况之下，人类都有能力看到世界观的整个光谱。人类的心智似乎生来就具足了这些世界观——拟古期、奇想期、神话期、理性期、精微光明次元、自性次元——当各种因缘成熟时，这些潜力就会显现，如同阳光、土镶与水使种子发芽一般。

因此，即使某个时代乃是由某个独特的世界观所标示的——譬如猎食期的世界观是奇想式的，农艺期的世界观是神话式的，工业时期的世界观是理性的——其实这所有的诠释经验模式，似乎都是人类这个有机体的潜能，在适当的情况下，每个人都有可能看到它们的全貌。假如有人问道："我们现在拥有的是什么样的世界观？"答案应该是："所有的世界观。"

虽然如此，在任何一个时期的任何一种文化里，大部分的成年人似乎只能拥有某一种独特的世界观。理由很简单：一个人的世界观就是他的世界。失去了自己的世界观，就像是一场濒死经验一般。要一个人放弃他的世界观，就像经验一场心理上的七级地震，大部分的人都会不惜一切地避免这样的挑战。

但是在某些特别的情况下……某位独特的艺术家……突然经验到有别于以往的更高或更深的世界观，从此世界就改观了。

＊　＊　＊

艺术家表达的就是他的世界观。譬如旧石器时代的艺术家描绘的是奇想期的世界——各种物品是相互重叠的，很少有人具备透视观，大多采用万物皆有灵的象征符号，缺乏时空的限制，整体与部分相互交替。中古世纪的艺术家描绘的是神话期的世界，譬如整个万神殿中的天使、大天使、上帝、上帝之子、上帝之母、摩西分开红海，主题多半是具有无限可能性的神话世界，画家不再运用象征符号而改为真实的素描（我们可以看到所有的世界观都认为自己是最真实的）。随着现代运动在西方世界的兴起——也就是将主观的心智与客观的大自然一分为二的理性世界观——我们可以看到神话的主题逐渐被大自然、写实主义、印象主义、主观的表现主义及抽象的表现主义所取代。接下来随着后现代主义的兴起，这些潮流更进一步迈入了存在主义的世界观。一开始，多元透视观乃是创造力的源泉，不久却变成了令人动弹不得的噩梦，其中充斥着无休无止的嘲弄与讽刺。

存在主义的世界观又称为"整合多元非透视观"，这个名词是由盖伯赛发明的："多元非透视观"意味着各种不同的观点中，并没有任何一个是特别受宠的；而"整合"则意味着在这么多的观点中必须找到某种统一性、连贯性或意义。前面提到的理性世界观，盖伯赛称之为"透视主义"——某个理性的主体似乎只能拥有某种固定的对世界的诠释，从科学（牛顿）、哲学（笛卡儿）、肖像画（凡·埃克 [Van Eyck]）到透视主义（始于文艺复兴的画风，其中的代表人物是布鲁内莱斯基 [Brunelleschi]、阿尔贝第 [Alberti]、唐纳泰罗 [Donatello]、利奥纳多 [Leonardo]、乔托 [Giotto]）皆然。但是随着整合多元非透视主义的发展，主体变成了客观景象的一部分，摄影机变成了电影的一部分，作者的胡思乱想变成了小说的一部分，画家的作画过程也标新立异地出现在画布上。多元非透视主义让主体进入了客体的世界，于是主体、客体全都迷失于自我折射的退化倾向中，再也找不到任何的出路。

每一种世界观都可能有病态的表现。理性的世界观令人诟病的地方，就是它的"笛卡儿二元对立"——主体与客体分裂，心智与大自然疏离——过去三百年来的每一位思想家似乎都在对它宣战。但是后现代主义的整合多元非透视观也并非没有任何偏差，所谓的"多元非透视主义之癫狂症"，指的就是后现代主义竟然会疯狂到认为没有任何观点是胜过其他观点的。起初这个主张是很高尚的，因为各种不同的观点都被平等而完整地对待。然而随着后现代主义逐渐向极端发展，病情也在不知不觉中开始恶化，最后竟然认为没有任何观点是胜过其他观点的。这种混淆不清的多元主义造成了意志、思想和行动的彻底瘫痪。这确实是一种癫狂，因为它竟然宣称没有任何观点胜过其他的观点，除了它自己的观点之外；换言之，只有它的观点是最高等的。更糟糕的是：如果没有任何一个观点胜过其他的观点，那么纳粹和三K党的道德立足点就可以被等同视之了。

过去二十年的艺术、艺术评论、文学评论及文化研究，用多元非透视主义之癫狂来形容是相当贴切的。在多元非透视的癫狂世界里，嘲讽是有限的几个藏身之所——口里的说辞和内心的想法完全不同，这样就可以避免落入因立场鲜明而造成的尴尬。（既然没有任何一个观点是胜过其他观点的，你就不必太认真了——太诚恳就死定了。）所以避开诚恳，选择冷嘲热讽。切莫建构，只要解构；切莫求取深度，只要抓住表面；切莫有太多内涵，只要提供噪音。"浮面，浮面，浮面乃是他们唯一的发现。"布雷特·伊斯顿·埃利斯（Bret Easton Ellis）为这幅景象作了如此的总结。难怪大卫·福斯特·华莱士（David Foster Wallace）在最近一篇颇受注目的论文里发出了感叹，他感叹"流行的冷嘲热讽"与"自我折射式"的反讽艺术虽然"十分老练，实则极其肤浅"。

如果放弃嘲讽而选择诚恳的声音，那么我们该从何处着手？如果放弃肤浅而追寻深度，其中的真谛又是什么？到底在哪里才能找到这些深度？

华莱士建议：艺术与其选择"自我折射式的嘲讽"，不如提供"洞见和价值观的指引"。这个想法的出发点固然很好，但是我们应该立刻察觉，特定的价值观往往存在于特定的世界观里。譬如神话期的世界观是以僵化的社会阶层制度来看待责任的,很少有现代人会喜欢这样的价值观。而神话期的价值观强调的男尊女卑的性别划分,也被大部分已经启蒙的现代人视为一种无知。所有的价值观都存在于特定的世界观里,如果流行的冷嘲热讽的艺术作风算是一种存在主义的世界观,那么唯一的结论就是我们必须转向其他的世界观——如果我们真的想脱离多元非透视主义之癫狂和那毫无诚意的冷酷作风。

* * *

后现代主义与存在主义的艺术濒临穷途末路,理由并不是因为艺术本身,而是存在主义的世界观已经江郎才尽。理性主义的现代性因为江郎才尽而让位给多元非透视主义的后现代性,但如今后现代性也已病入膏肓,濒临死亡的边缘。陪伴在它身旁向它的棺木散花致敬的,除了无尽的冷嘲热讽之外,再也找不到其他东西了。后现代性的骷髅在近处的地平线上咧齿痴笑。我们正卡在两个世界观之间:一个逐渐死去,另一个尚未诞生。

不论我们对前卫派抱持何种想法,其实心知肚明不断演化的世界观永远是后浪推前浪的。前卫派只不过是不断演化的人性先驱,它是一名使者,通报着即将来临的新世界观。它探察并描述新的观察方式、新的存在方式、新的认知方式、新的情感深度与高度和新的觉知模式。它一面探察描述即将来临的世界观,一面意志坚定地脱离旧有的世界观。

雅各-路易·大卫(Jacques-Louis David)是早期现代画派艺术家之一,他的画风完全脱离了神话式的、贵族式的以及阶层式的洛可可风格。从新古典主义到抽象表现主义,每一个新的画风迟早都会变成守旧的典范,只好眼睁睁地面对下一波前卫派的挑战。即使是后现代主义的多元非透视观,起初也曾企图解构前卫派。换言之,前卫派就是它解构的基础。唐纳德·卡斯比特(Donald Kuspit)曾经在《前卫艺术家的文化狂热》一书中指出:后现代主义从一开始就无可避免地成了"新前卫派"。

各种世界观一波又一波地后浪推着前浪,而所谓的前卫派充其量只是一些冲浪高手罢了。目前后现代的浪潮开始退潮,新的一波浪潮又会是什么呢？从灵魂之海兴起的新世界观的浪潮将会是什么模样呢？我们要到哪里去寻找那些愿意放弃嘲讽与多元非透视主义之癫狂的诚恳艺术家呢？踮起脚来，望穿浓雾，我们是否看得见明日艺术——也就是明日世界——的朦胧轮廓？

* * *

什么样的世界观能描绘出明日艺术的轮廓？显然未来风景的某些面向将是焕然一新而具有原创性的，如同怀海德所说："创造力总是演变成廉价的新产品。"这是宇宙的基本特征。然而从心理学以及社会学的研究我们得知，那一打左右的主要世界观的基本特征乃是人类这个有机体本自具足的，与其从头来过，不如在已有的基础上进行改造。

我们已经认识了那些曾经被尝试过、套牢过、努力过和物尽其用的世界观：拟古期、奇想期、神话期、理性期以及存在主义的多元非透视观（后现代主义）。当然，后现代主义在未来的几十年还会继续影响世界，直到最后安息为止。那些艺术产品就像陷在文化矿坑里的金丝雀，当坑道中开始飘进腐朽的后现代毒气，它们就会大量死亡。因此比这些兽类智力高出许多的艺术界人士，已经开始寻找新的疆域。如同我们早先提到过的，今日的艺术快要行不通了，而后现代世界观的未来也是死路一条。那么有没有其他的疆域可以选择？

至少有三个疆域可以选择，它们分别是：精微光明境界、自性境界和不二境界。世界观现象学者（那些专门研究及描述各种世界观轮廓的学者）将这三种境界的世界观解释为超理性或超个人的世界观，而早期的世界观有许多是前理性或前个人的（拟古期、奇想期和神话期的世界观），也有一些是属于理性期或存在主义阶段的。这样的解释令男人和女人都可以看到自己潜在世界观的光谱：从前理性期到理性期到超理性期，从前个人阶段到个人阶段到超个人阶段，从潜意识到自我意识到超意识。假设我们已经耗尽了那令人眩目的、浮夸的、自我折射式的退化，那么剩下来就只有两条路可以走了：退回到潜意识，或前进到超意识；退回到理性之下，或进入超理性的境界。

这个区分是非常重要的,因为超理性或超个人的世界观乃是属灵的世界观,他们和奇想期或神话期的传统宗教观并没有太大的关联。超理性的次元与外在的神或女神没有任何关系,却攸关内在的觉知能到达多深的精神层次。它们和请愿式的祈祷或仪式无关,却和意识的扩张以及明澈的程度有关。它们和教条或信仰无关,却和净化觉知息息相关。它们并不是要让自我得到永恒的延续,而是要彻底转化自我。

当个人性被耗尽之后,超个人的境界就会出现。目前的艺术界根本没有别的路可以走了。

* * *

不同的世界观中,不仅存在着不同的价值观,而且还存在着不同的客体。艺术家可以描写或表现他们所观察到的任何一个次元的客体,条件就在他们是否能活在这些次元中。

感官运作的世界是大家熟悉的,都是可以被肉眼看到的:岩石、鸟、一盘水果、裸体人物、风景、等等。这些题材被画家们一再地描绘过,包括从写实主义到印象派的各种形式。奇想期的世界观是充满移情作用的,这个梦幻世界充斥着被这种世界观所当真的各种事物(把任何一个世界观当真,就是在做梦,然而所有的世界观都显得那么逼真)。超现实主义的画家,可以通过自己的世界观来表现他所看到的世界。神话期的世界观则充斥着神与女神、天使与精灵、无形体的灵魂以及各种善良或邪恶的有形体。从公元前一万年到公元1500年,大部分艺术家描绘的几乎全是这些东西。理性期的世界观充斥着各种概念与观念,也就是理性透视主义和抽象的形式。艺术家不但可以描绘这些内容(概念艺术与抽象艺术),还可以将它们用语言表达出来(抽象表现主义)。存在主义(多元非透视主义)的世界观涉及的是孤立的主体在丧失神话的慰藉和理性的主张之后,面对异化世界的那份恐惧。艺术家通过各种素材来描述这种令人喘不过气来的心境(例如爱德华·蒙克 [Edvard Munch] 的《呐喊》)。但是多元非透视主义的世界观在自己的局限之下,也只不过是一个试图通过观察自己来观察外在世界的主体。艺术家以各种不同的方式来描述这份自我折射式的退化倾向，从解构主义到折射式的嘲讽到主客重叠（艺术家本身也成了艺术的一部分）——这一切都是一场冒险的游戏，最终的结局也只不过是自我勒毙罢了。

剩下的只有超个人的世界、内容、主题和观点了。"超个人的次元"意味着这些真实界乃是含摄与超越个人的——一股更大的能流扫荡了皮囊下的自我而触及到其他的生命，触及到宇宙，触及到神灵，触及到那些执著于表面事物的人所无法触及的原型与场域。

这个超个人的世界就像尚未装潢但极具潜力的房子，我们必须亲自创造、添加、设计、铸造和组合。依照惯例，艺术家会运用各种素材来领路，这就是前卫派的真谛。我们不妨回顾一下在次文化中偶尔出现的艺术家，他们因为接上了超个人的次元，于是通过艺术与建筑、诗歌与绘画、工艺与作曲而将其呈现出来，譬如禅对日本美学的影响。这些景象都只能从以往的历史看到一些蛛丝马迹。我们的"明日之屋"只能由那些站在超个人次元门槛的艺术家来负责装潢。

然而他们会把这间屋子装潢成什么模样呢？我们现在正站在两个世界之间，等待着新屋的落成。有一件事情是确定的：只有那些将自己开放给超个人次元的男人和女人，才能从内心深处以无误的语言为我们呈现光辉灿烂的实相。有一件事是我们熟知的：所有主要的世界观都是人类身心的潜能；觉知越是深入，你通往的世界就越多。所以无可避免的，只有主体的深度才能决定艺术的目标。

我们已经见过感官运作期的题材、奇想期的题材、神话期的题材、理性期的题材及多元非透视观的题材……而且也都看见他们耗尽了自己的意义。现在有谁能为我们展现超个人的主题？谁能开放自己进入如此深刻的次元，然后回来告诉我们这些静候他们讯息的人？谁能超越一成不变的自我与羞惭、希望与恐惧，而允许那摇撼世界的超个人势力，穿透他们的身心？谁能描述那放弃自我以后的真实？谁能绘出那正在跃升的景色？谁能为我们展现这一切？

10月25日，星期六

过去几年来崛起的摇滚乐团如下："橡皮筋乐队"(Elastica)、"果浆乐队"(Pulp)、"水晶方式"(The Crystal Method)、"假惺惺俱乐部"(Artificial Joy Club)、"化学兄弟"(the Chemical Brothers)、"无疑乐队"(No Doubt)、"垃圾乐队"(Garbage)、"Fluffy"、"红唇合唱团"(La Bouche)、"酒鬼乐队"(Lush)、"恶臭合唱团"(Rancid)、"德克萨斯乐队"(Texas)、"Klover"、"愚人乐队"(the Muffs)、"Fastbacks"、"60 Ft. Dolls"、"肚皮乐队"(Belly)、"鸽子乐队"(One Dove)、"舞厅闯入者"(Dance Hall Crashers)、"超级拖拉"(Superdrag)、"En Vogue"、"共和国乐队"(Republica)、"老鹰乐队"(Blackhawk)、"咕咕玩偶"(Goo Goo Dolls)、"the Fugees"、"九寸钉乐队"(NIN)、"The Goops"、"电子工业乐队"(Nitzer Ebb)、"永恒沉睡乐队"(Sleeper)、"忧郁色调"(Bluetones)、"子孙乐队"(Offspring)、"德拉灵魂乐队"(De La Soul)、"Echo Belly"、"午夜的油乐队"(Midnight Oil)、"王牌高手合唱团"(the Mavericks)、"Live 乐队"、"墙花乐队"(Wallflowers)、"Sleater-Kinney"、"山羊皮乐队"(London Suede)。

马克·雅各布斯（Marc Jacobs）进驻路易·威登（Louis Vuitton）。无数的盎格鲁-撒克逊人开始进驻主要的几家欧陆设计公司：加利亚诺加入了迪奥，麦昆加入了纪梵希（Givenchy），麦卡锡（McCarthy）加入了克洛依（Chloe），马克·雅各布斯加入了威登，瑞贝卡·摩西（Rebecca Moses）加入了珍妮（Genny），我最喜爱的女装设计师汤姆·福特最近加入了古琦。

罗伯特·伊莎贝尔（Robert Isabell）的寝具设计是我理想中的完美室内设计，符合一种富有禅意的极简美学。

我听说阿托姆·伊戈扬的《甜蜜来世》（The Sweet Hereafter）在坎城（Cannes）影展获奖，看来他真的突破了。

《洛城机密》（L. A. Confidential）是我今年看过的最佳影片，导演是柯蒂斯·汉森（Curtis Hanson），如果我是奥斯卡的评审，一定会让它成为入围影片。《谈谈情跳跳舞》（Shall We Dance？）是多年以来最令我感动的一部日本影片。除了役所广司（Koji Yakusho）深刻而细腻的演出之外，我到现在也无法想明白这部影片为什么会那么感人。我有三十分钟都处在热泪盈眶的状态，另外三十分钟则不断地放声大笑。美国黑人电影《是谁爱得深》(Love Jones) 可能是今年最富文艺气息的影片——一部令人意想不到的佳作。波兰出生的导演阿格尼兹卡·霍兰（Agnieszka Holland）又执导了一部非常细腻的影片，影片改编自亨利·詹姆斯的原著《华盛顿广场》(一位小说家会在一个否定意识的世界里沉思这样的主题，让人别有一种怪诞的释放感。似乎有人讨论过威廉·詹姆斯与亨利·詹姆斯这两位兄弟：威廉·詹姆斯就像是伪装成心理学家的小说家，而亨利·詹姆斯则像是伪装成小说家的心理学家）。阿格尼兹卡的前一部电影《欧洲，欧洲》(Europa, Europa) 是我最喜爱的影片之一，它涉及了许多层面的探讨，是一部精心制作的影片。（好像是朱丽·德尔比 [Julie Delphy] 的处女作之一？）

《这个杀手将有难》(Grosse Pointe Blank) 可以算是最热门的电影吗？约翰和他的姐姐琼是我最喜爱的两位演员，明妮（Minnie）则十分讨人喜欢。乔·斯特拉莫（Joe Strummer）负责配乐，因此在明妮的墙上看到《冲突》的海报就不奇怪了。库赛克(Cusack)在这部电影里饰演一名职业杀手，正要去参加他中学同学的十周年聚会。艾伦·阿金（Alan Arkin）饰演库赛克的心理医生。他深怕一不小心就会被库赛克一拳打扁，所以他提出的一贯建议是："祝你愉快，不要杀人。"库赛克十分担心他和老同学们可能毫无共通之处。"到时候我该说什么？难道要说顺便提一下，我最近拿叉子谋杀了巴拉圭的总统！你最近可好？"结果，同学聚会进行得十分顺利，除了那一具被他们丢在校园地下室焚化炉内的尸体之外。这部影片之所以会成功，就在它的剧本。另外还有些剧本也十分精彩，例如《离开拉斯维加斯》(Leaving Las Vegas，一种具有禅意的自我毁灭：喝酒的时候就只管喝酒)、《浅坟》(Shallow Grave)、《猜火车》(Trainspotting)、《全职浪子》(Swingers)、《惊世狂花》(Bound)、《与灾难调情》(Flirting with Disaster) 和《足球老爹》(Kicking and Screaming)。

时常有人问我为什么要注意这些事？这些通俗文化不都是缺乏灵性的

吗？我也时常听到人们批评电视节目：别说是修行人了，连严肃一点的学者都不该对这类事感兴趣。

这样的上帝也太过于心胸狭窄了。万有和真空乃是一体，为什么要逃避某些特别的形式或鄙视它们？它们难道不是神的至乐的平等示现，难道不也是"一味"瀑布里的一圈涟漪吗？谁说我只能膜拜上帝的某些特别的偏好？

10月26日，星期日

不同种类的音乐会影响不同的脉轮。毫无疑问，摇滚乐影响的是第二轮到第三轮——性与力量。（拙火瑜伽的七个脉轮其实就是大存有链的原型，它们是由七种基本的意识阶层所组成的，每一层都和身体的某个部位相关——也就是我所谓的每一个左手象限的意识都和右手象限的身体部位有关。这七个脉轮粗分为腹部的底层脉轮，心胸部的中层脉轮，还有头部及头顶的上层脉轮。）饶舌音乐通常影响的是第一轮，最好的爵士乐（例如查理·帕克[Charlie Parker]、迈尔斯[Miles]和温顿[Wynton]）影响的则是第三轮到第四轮。

伟大的浪漫主义作曲家（像肖邦、马勒）影响的则是第四轮——心轮的能量，有时甚至令你感动得潸然泪下。对我而言，海顿、巴哈、莫扎特与后期的贝多芬影响的是第五轮到第六轮两个能量中枢，当你在放这些音乐时，你可以感受到自己的注意力被不同的能量中枢（腹部、心胸、头顶）所吸引。

我发现我在撰写有关柏罗丁、艾克哈特和爱默生的论文时，唯一不会干扰我思绪的音乐只有莫扎特与后期的贝多芬，或是某些海顿的曲目。但是进行单调的资料搜集和写脚注时，我通常会选择摇滚乐。

拙火瑜伽以及七个脉轮的关键在于：七个脉轮无一例外全是夏克提和湿婆的永恒交合，夏克提象征女神的能量，湿婆则是纯然无相的目睹。因此，万有与真空结合，拙火瑜伽的七脉轮其实就是大存有链的原型，它们是由七种基本的意识阶层所组成的，每一层都和身体的某个部位相关。这就是夏克提与湿婆的永恒交合，不论时间、死亡、命运，任何的扰动都无法使它们分开。

在藏密大圆满中，同样的理念也表现在唐卡的本初佛普贤王如来和明妃普贤王佛母的交合上。普贤王如来被描绘成一个深蓝与黑色交融的形体，赤裸的身体双盘成莲花座。普贤王佛母则呈现透明的净光，裸身盘坐在普贤王的大腿上，面向着他，与他进行性爱的交合。普贤王如来象征法身或根本空寂，因此以"黑色"来表现彻底的无相（如同处在无梦的深睡之中）。普贤王佛母象征的则是整个有形世界，因此以灿烂而又透明的白色净光来加以呈现。这也就是所谓的空寂即是万有，意识即是物质，神即是世间的一切。然而真正的重点是他们正在做爱：他们正处在性爱的狂喜中，他们以无法被摧毁的爱永远结合在一起。他们已经结合成"一味"。

唐卡中的普贤王如来与普贤王佛母不只是一种象征，而是一份直接的体悟。你一旦安住于"我即自性"的无相目睹中，你就是普贤王如来，你就是伟大的无生，以及没有任何属性之神的源头。你也是那无限的解脱，以黑色来象征的空寂。从那空寂之中，整个宇宙每一刹那都在升起：云朵从你的觉知中飘过，树木从你的觉知中出现，而那些正在鸣叫的鸟儿和你也是一体的。你即是无相的目睹（普贤王如来），而整个现象世界（普贤王如来佛母）与你永恒地结合在一起。你真的正在与整个世界做爱，主体和客体的无情分裂已经被瓦解，你和世界进入了亲密的性爱，在至乐中获得解脱，进入了雷电交加的一味。

总是如此。

10月27日，星期一

玛西正在努力完成她的硕士论文，题目是《商业的内在管理》。摩托罗拉的培训主管利奥·博克将于星期三来访，我想玛西一定很想和他讨论一些事情。能有一位商务专家来帮我的忙，可以让我免于出糗，然而我不确定玛西是否真的想承担这项任务。

10月31日，星期五

在朝向一味的境界发展时，人们通常会犯下两种错误。第一种是与目睹接触时所犯下的，第二种则是从目睹进入一味时所犯下的。

第一种错误是：在试图与"目睹"（或"我即自性"）接触时，人们往往以为他们将看到某种境界。其实你什么也不会看到，你只是安住于目睹中——你就是那纯净空寂的觉性，而不是那些可以被看见的东西。无论是一闪而逝的影像、狂喜还是特殊的光亮，都不是那目睹本身，而只是一些客体罢了。当你进入一味时，你很自然会成为你所看到的一切——但是你不能企图看到"实相"，因为这份努力本身就是障碍。你必须从"我不是这个，我不是那个"的否定之道开始进行。

因此人们所犯的第一个错误，就是企图将目睹变成一个可以抓取的目标。其实目睹只是对所有升起事物的见证，感觉上它和这些事物都无关，它只是一种自由和解脱的感受。

安住于那份自由与空寂中——完整地目睹所有事物的升起——你会发现自我像其他的事物一样只是生灭的各种现象之一。你可以很清楚地感觉到自我紧缩是一种内心的紧张感，通常集中在眼睛的后方，全身的肌肉也会有一种轻微的紧缩感。这是我们正面对世界时所产生的挣扎，你只需要目睹这份紧张的感觉就对了。

你一旦开始放松而安住于空寂的目睹，或是你一旦发现那份紧张感是来自于自我紧缩，你就会企图消除这份紧张感，急着想进入一味，然而这个企图本身就是第二个错误，因为它会使自我紧缩的倾向更加严重。

我们以为自我紧缩会阻碍我们的神性，其实它只不过是神性的显化罢了，如同宇宙的其他事物一样。真空即是妙有，包括自我的展现在内。况且，那个想要消灭自我的东西不正是自我吗？神爱万事万物，目睹也爱从它之中升起的万事万物。目睹疼爱自我，因为目睹乃是平等映照着一切的明镜之心。

但是自我认为它还可以更巩固一些，于是开始玩起消灭自己的游戏——理由很简单，只要它还在玩这场游戏，它就可以继续存在。（还有谁正在玩这场游戏吗？）庄子早就指出："想要去除自我的那份欲望，不正是自我的示现吗？"

自我并不是一个实体，而是一种细微的费力感，所以不能以奋力去解决费力——其结果一定是双重的费力。自我本身乃是神性的完美示现，对治它的最好办法，就是安住于自在中。企图消灭它，只会让它更费力。

所以要怎么修炼才对呢？你只需要安住于目睹、"我即自性"或空寂中，然后去感觉或注意那份自我紧缩。当你"感觉"到自我紧缩时，你已经在"释放"它了，因为你不再认同它，而只是看着它。你是从目睹的角度来看着它，而目睹早已从万事万物中解脱了。

因此，安住于目睹中，去感觉那份自我紧缩——就像你感觉大地或飘过的云朵一般。思想从心中掠过，感觉从身上闪过，自我紧缩在觉知中徘徊——你只是毫不费力地、自发地、平等而又完整地目睹着它们。

处于那毫不费力的境界——只是单纯地感觉那自我紧缩而不企图消灭它——一味的境界可能会更容易显现。你没办法让一味出现在眼前——因为它早就在眼前了，你从未失去过它。

你所能做的最大努力，就是避免犯下这两种错误（不要将目睹当作客体来对待，而只是安住于其中；不要企图消灭自我，而只是单纯地感受着它），这么做就能使你到达你"本来面目"的断崖边。你一旦到达那个临界点，所有的事就都不在你的掌控中了。

安住于目睹，感受那一份自我紧缩，一味很容易便从这个空间中显现。不要将这件事变成一种费力的战斗，你只需要自然而又随性地进行，从早到晚什么时刻都可以；你要随时站在你那惊人的认知的刀锋边缘。

现在让我来一步步地引导你：

首先安住于目睹，感觉自我的紧缩。当你这么做的时候，请注意那目睹并非自我紧缩——因为它能觉察到自我紧缩。目睹不受自我紧缩的影响——而你就是那纯然的目睹。

你既然是目睹本身，于是你就解脱那自我紧缩了。安住于自由、开放、空寂与解脱中。只是去感觉那份自我紧缩，而不要去理睬它，对于其他的觉受也以相同的态度对待。不要试图消除眼前的云朵、树木或自我，只是任由它们生灭，安住于解脱的空寂中。

到了某个不请自来的时刻，你可能会发现那份自由的解脱感是没有内外、没有中心、没有边缘的。思想在这份自由中飘过，天空从这份自由中掠过，世界从这份自由中升起，而你就是它们。天空是你的头部，大气是你的呼吸，土地是你的肌肤——一切都越来越贴近，越来越贴近。你就是这个世界，只要你能安住于这圆满无限的自由中。

这就是一味的世界，其中没有内外、主客与彼此之分——它既无开始，也无结束；既无方法，也无手段；既无途径，也无目的。这就是拉玛那所说的终极实相。

你可以称之为"加冕练习"。不论你现在正在进行什么样的修炼——譬如回到觉知中心的祈祷、内观法门、冥合祈祷、坐禅、瑜伽、忆念阿拉，等等——你都可以把这项训练添加进去。其他的练习都是要帮助你进入某一种特殊的意识状态，然而一味并不是一种特殊的状态——它可以与所有的状态并存，正如每一波海浪的湿性一般。海浪也许有大小之分，湿性却是一样的。一味就是水的湿性，它并不是某一波特殊的浪花，因此像内观、瑜伽或祈祷之类的修炼方法是无法让你进入一味境界的。这些训练只是为了让你进入某一波特殊的浪花而设计的——通常都是非常巨大的浪花——不过也没什么不好。即使是最小的浪花，一味仍然是它的湿性，所以不论你的觉知处于什么状态，你都安住于浪潮中去感受那份自我紧缩，同时保持解脱与自由。

然而请继续维持你其他的练习，因为它们能带你进入意识中某些重要的浪潮（通灵境界、精微光明境界及自性境界），它们都是能促成你的神性充分示现的重要工具。正因为一味简单得难以置信，而且毫不费力就能达到，所以大部分的人都无法发现当下的浪潮就是湿的。他们永远无法发现当下的状态就是"如如"，所以他们才会终其一生追逐一波又一波的浪花，总是希望下一波比上一波的浪花更为巨大——老实说，这也没什么不好。

那些独特的修炼方法是要帮助你进入越来越细微的境界，同时不知不觉地让你对所有的修炼经验感到厌倦。你一旦厌倦了冲浪游戏，你就自然会安住于当下的那波浪潮中。纯然目睹本身并不是一种经验，而是任由经验生灭的开放空间。只要你还在追逐各种经验，包括灵修在内，你就无法安住于目睹，当然更不可能进入恒存于当下的一味之海中。一旦厌倦了各种经验，你自然会安住于目睹；只有安住于目睹，才能发现一味。

那时，风就是你的呼吸，繁星就是你脑中的神经元，太阳就是你清晨的滋味，而大地就是你身体的感觉。你的心将会开放给万事万物，而法界将冲入你的灵魂，你会变成在永恒中运转的无量银河系。世界只剩下本自具足的圆满，空寂中充满着心知肚明的光辉。永恒保存下来的唯一真理，如此刻在无垠之墙上：存在的只是"这个"，没有其他的东西了。

十一月

NOVEMBER

　　充满着愚昧和幻觉的世人必须通过神秘主义这条通道,才能获得一点有关实相的知识。一个全然不神秘的世界,极可能是盲目与疯狂的。

——奥尔德斯·赫胥黎

11月2日，星期日

托尼今天正午时分来访。玛西到机场接他回家之后，便去写她的论文了。乔伊斯·尼尔森也忽然造访（这是我们第一次碰面）。不久玛西又回来加入我们，一起共进晚餐。我煮了一顿令我闻名遐迩的辣味素食餐，后果是没有人愿意再吃第二轮。

11月4日，星期二

查尔斯·亚历山大寄来他最新的有关梦与禅定的研究，结果如我所料地证实了我曾经做过的脑波测试。高阶的禅修者在睡眠时会出现"阿尔法波、西塔波和德尔塔脑波同时出现的现象"。被测试者宣称自己在梦境中是"清醒"的，而脑波测试仪似乎也支持这样的说法，因为阿尔法波（白天清醒时）、西塔波（梦境）与德尔塔波（深睡）都同时出现在当下——亦即觉知持续不断地贯穿这三种状态。

这一类的研究令人感到振奋，主要是因为它提供了另一个有关超验境界在经验论上的佐证。这一类的研究可以立即应用在好几个方面：第一，在意识的转化上，它可以监督每个人的进展，灵性的成长不再是漫无计划的事。第二，它提供了我们一个方法，来测试各种"转化式修炼"的有效性。如果将学生分成好几个小组，其中的一组花两年的时间阅读《生态心理学》、《女神重返》或是《你可以治愈你的生命》之类的书籍，让另一组学习静坐，再让其他几组练习萨满击鼓仪式、瑜伽术、默观祈祷等等，然后测验他们的脑波看看呈现了什么样的意识转化。

换句话说，它凸显了修炼的重要，这一类的研究可以鼓励人们勤勉地修炼，而不只是换一种想法而已。思想（和阅读）只可能改变你的阿尔法波及贝塔波（属于粗钝次元）；但深刻的禅修练习却可以带领你进入西塔波和德尔塔波（精微光明次元与自性次元），并且让三种状态同时出现——持续不断的觉知贯穿三种不同的状态，它也是这三种不同状态的背景场域或不二神性——就像在你"本来面目"上泼了一杯冷水一样显而易见。

这可以说是另一个召唤，提醒那些转译的灵修阵营——占市场人口的百分之九十——让位给真正的灵修转化途径，因为它可以转换你灵魂的线路，使你直接通达上帝。

11月7日，星期五

统合多元系统

租了《玩转堕落街》(Nowhere)回家看，这是格雷格·阿拉基（Gregg Araki）"虚无主义三部曲"的最后一部影片（它比《玩尽末世纪》[Doom Generation]或《全搞砸了》[Totally Fucked Up]更萧瑟、更古怪）。名字取得都很妥当。后现代的世界一向觉得虚无主义（及其表亲"怀疑论"）是非常酷、非常时髦、非常"合乎潮流"的。虚无主义本当正确反映文化价值观的相对性，由社会建构的各种现实的本质，一切意义的多变本质，道德指标的解构以及所有信念与生俱来的不确定性。所以面对真实世界"最酷"的立足点，就是虚无主义以及打一个大哈欠。

然而虚无主义者时常成为人们的笑柄。他们总是以过多的说辞来证实世间没有一件事是值得相信的。他们不接受任何价值观，不赞同任何理想，不相信任何主义。但是他们每天还是得吃三顿饭，所以很明显的，他们对食物是有信仰的。晚上他们必须睡觉，所以他们对休息这件事也是有信仰的。他们总是在寻找水、庇护所和温暖，所以他们是深深相信生理需求的。当然，他们大部分也都相信"性"。因此他们主要的信仰如下：食物、庇护所、生理需求与性。换句话说，他们绝不缺乏价值观，只是他们的价值观等同于兔子、老鼠及鼯鼠。

这个虚无主义的立论不但伪善——宣称自己没有任何价值观，其实是固着在最低层的价值观上（化约成甲壳类动物的价值系统）——而且它唯一的乐趣就是拆毁别人的价值系统，这是婴儿潮时代在解构主义中获得的刺激感。但如果别人不先建构，你根本无法解构。况且一旦再也找不到任何娱乐，除了认同老鼠或鼯鼠的价值观之外，就没有其他的事可做了。说真格的，这又有什么乐趣呢？

在过去的两三年里，我感觉人们开始反抗这股激进的后现代虚无主义的浪潮——也就是反抗极端的相对论、脉络论与建构论。杰罗姆·布鲁纳（Jerome Bruner）曾说：统合多元观仍然是一项准则。人类的存在具有放诸四海而皆准的深层共通性，以及各种表层的或区域性的特征，这两者我们都必须尊重，才不至于迷失在相对的、建构的多元主义里。

布鲁纳还说过："语言的差异虽然很大，但每个孩子都可以通过它们的普遍共通性来加以学习。文化的差异虽然很大，它们还是有心智上的共通性及相似的发展特征。所以统合多元观仍然是最佳的座右铭。"

统合多元观（或普遍一同多元主义）的有效性，对文化研究，尤其是灵修，乃是最重要的议题。建构主义者最典型的主张是——譬如大卫·凯兹（David Katz）——长青哲学、超验实相、宇宙神性都不存在，因为根本没有什么真理是属于全宇宙的。（当然除了他自己的主张之外——完全自相矛盾的说法。）

为了撰写"法界三部曲"的第二部，我阅读了无数的书籍，然而我不准备在这里讨论这些，以免沦为长篇大论的书评。我在这些书里发现了一个越来越明显的趋势：各种不同领域的研究，现在都在反抗相对论与建构论。学者们渐渐发现极端相对论的背后即是虚无主义，而虚无主义的背后即是自恋主义。如果我再看到另一本一针见血触及这个议题的好书（我读过至少一打的好书），我就要宣布自己的固定假日了。

11月11日，星期二

昨晚一整夜都维持着清醒的觉知，在梦境与深睡中也自发地觉知着各种现象的升起。并没有一个"我"的存在，存在的只有非常非常细微的觉知——它无来也无去，它是超越时间的，在梦境与无梦的深睡中也维持着"一味"。它一旦出现，晨间的冥想与深夜的冥想就没有差别了。存在的只有属于自性境界的"一味"觉知（深睡无梦）。当精微光明次元的活动从自性中升起时（梦境的开始），这无言的不二觉知持续着，然后粗钝次元的活动便从精微光明的次元中生起（常态的苏醒）。那本觉或持续不断的觉知力这时并没有什么改变——它只是觉知到粗钝次元的肉体、房间和床。换句话说，粗钝次元的活动乃是从无时间的"我即自性"的"一味"中升起的。因此并没有所谓的"冥想"这件事，这不二的觉知是与生俱来的，它是非常细微而又持续不断的觉察力。

如果在深夜里无法维持持续不断的觉知，当粗钝次元的活动升起时，我就进行几种冥想或默观练习。一开始总是进行"根本上师相应法"的练习，这也是一种"自我参究"或直接看进心智本质的练习（"我是谁？""这纯然的目睹是什么？"）。我进行这项练习的方式通常和"加冕练习"（请参阅10月31日的日记）一样。当我醒来时，我默观或感觉那份分裂的自我感的升起（我感觉内在有一股细微的紧张感，那就是分裂的自我），然后安住于空寂中，于是自我紧缩便成了没有必要的造作。如果这项"加冕练习"成功了——也就是不升起想要成功的念头——那么分裂的自我感就会松懈下来，并融入纯粹的空寂和无限的自由中，也就是进入持续不断无时间的不二觉知或无限的空性。自我退回到空寂中，而我也恢复到无时间的"我即自性"。接着肯·威尔伯就从"我即自性"中升起，但绝大部分的我都不认同肯·威尔伯——它只是神性的千百万个工具之一。"我即自性"则是神性所唱出的宇宙之歌，它并非其中的一个音符。

清晨四五点左右，我会进行一到两个小时的冥想或默观练习。即使持续不断的觉知一直存在着，我还是会继续这些练习，因为这些练习比其他任何事物，都更能优美地表达出宇宙之歌。（时常有人问铃木禅师：我们为什么要打坐？他的回答总是同样的：打坐并不是为了成佛——因为佛性一直存在于当下，你根本无法成就它——打坐其实是为了表达我们早已具足的佛性。）虽然我已经练习了二十五年的静坐，也尝试过其他的灵修练习，然而目前我所进行的只剩下贝诺法王传授的"龙钦心髓"。贝诺法王是现今藏传佛教宁玛派的领袖，这些心髓包括了具明点印与文武百尊观想（涵括立断和顿超这两种藏密大圆满的精密修行方法），其中有一些方法是由恰都仁波切灌顶传授的。他是第一位教授我大圆满法的老师。

我通常以"自他交换"来结束正式的静坐修炼，一天里的其他时间，我也经常在内心进行这种观想（大概是我练得最勤的观想）。它基本的形式是这样的：你将众生的痛苦吸进体内，再将你拥有的平和喜乐呼出去——接收痛苦而释放解脱。这项殊胜的练习可以拦腰斩断自他、敌友及主客的二元对立，而不断地让你回到本觉、纯然的空寂与神性。

这些不同的修炼方法都可以在《恩宠与勇气》里读到。虽然它们都是佛家的方法，老实说，如果能从其他的不二传统中找到属于精微光明次元、自性次元及不二次元的修炼方法，我也一定会很高兴的。这些被认证的修炼方法主要是为了促进人们的成长和转化，也就是从不自觉进展到自觉再进展到超觉。我们现在拥有大量的证据，证实冥想虽然无法转换意识发展的阶序，但能奇妙地加速你的成长。冥想可以加速意识的转化，它能促使你忆起或重新发现你那本自具足的神性。它使橡实快速长成橡树，使人成为神。

苏菲教派的忆念阿拉，禅宗的只管打坐，犹太教的与神直接相会、冥合祈祷，萨满教的寻求灵视，拉玛那尊者的自我参究，佛教上座部的内观法门，天台宗的气功，回到觉知中心的祈祷——胜王瑜伽、哈达瑜伽、拙火瑜伽、业瑜伽、智慧瑜伽——世上伟大智慧传承的各种默观修炼方法都是一些令人惊艳的华丽服饰，真正的重点乃是忆起或重新发现你那本自具足的觉知。处在令人粉身碎骨的彻悟中，你将重新觉知整个法界就是你的灵魂，云朵就是你的肺，雨滴就是你的心跳。

11月13日，星期四

斯图尔特·戴维斯（Stuart Davis）是一位世界知名的二十六岁的歌手和词曲创作者。(德国《德累斯顿时报》："才华横溢的斯图尔特·戴维斯是美国青年词曲创作中的佼佼者，对于社会和个人的构成因素，提供了诚实得令人心痛的洞见。他是一位深具魅力的表演者，他的文字同样具有力道。")更重要的是他拥有令人绝倒的幽默感。他最新的一张专辑中有以下这些话："二十六岁，出过五张专辑，在十六个国家发行，斯图尔特·戴维斯因为他的大胆用词和表达艰涩主题的文字技巧而驰名于世。在最近的一张专辑《年轻的神秘主义者》中，他检视了创生、意识与灵性的演化以及死亡等议题（十二首歌都采用投合时尚的流行歌曲语言）。终于有一张专辑能结合歌声、舞曲与才华横溢的歌词，来描述对神的直接体悟、被外星人绑架和自杀的议题！戴维斯以一首三分钟的单曲，将神秘主义还原到它正确的位置。"

斯图尔特想来家里和我小聚——他将《年轻的神秘主义者》献给了我——我说欢迎你来。玛西为我们带来一些外卖的中国料理，我们一起共度了良宵。斯图尔特认为他正面临人生的岔路，似乎越来越倾向于超个人及属灵的次元（他每天静坐两次，我鼓励他加强这方面的修炼）。我们谈了许久关于通过艺术唤起人们对更高实相兴趣的议题，我把安塞姆与亚历克斯的画作拿给他看，他感动得说不出话来。这一类的超个人讯息也可以通过音乐来表达，然而几乎没有人在做这件事，那么斯图尔特为什么不该率先行动？

接着我们欣赏了一场三十分钟的即兴演出，斯图尔特唱了许多首优美而动人的歌曲（玛西听到某处禁不住落下泪来）。他明晚将在博尔德的火星酒店演出，我们决定前往观赏。

11月14日，星期五

我们准备去看表演之前，突然决定将玛西的头发染白作为序曲，结果事情出了一点小差错。

我不能确定"差错"是不是正确的字眼。品位是因人而异的，你可以说那种颜色真是"酷毙了"，也可以说"恐怖极了"。事情是这样的：玛西想把头发染成银白色，我们跑到附近的一家药店，才知道深色头发需要两种强效的药剂才能染白，于是我们把两种都买下来回家实验。

结果她的头发变成了鲜橘色。

我好像在跟罗纳德·麦当娜约会。

结果我们没有去看斯图尔特的表演。

11月15日,星期六

玛西到附近的每一家发廊求救,希望他们能在没有预约的情况下,让她进去染发。其实我还挺喜欢她的发色,看起来颇为狂野,但是她想把头发从鲜橘色染成纯白色。她终于找到一家发廊愿意为她服务。

染完的效果很好,一头纯白的头发。我现在约会的人已经不是罗纳德·麦当娜,而是一根棉花棒。

11月16日,星期日

布兰特·寇特莱特(Brant Cortright)的《心理治疗与灵修》刚刚寄到,此书颇令人失望,不仅仅因为他讹传了我的观点。(经常有人批评我声称某些作者扭曲了我的观点,我想由读者自己来判断是最好的。)

在《灵性之眼》中,我将我的著作的主要内容划分为四类:"威尔伯1"属于浪漫主义;"威尔伯2"基本上是以发展心理学的语言来解说大存有链(在《梵我合一计划》中,这个典范第一次被引介);"威尔伯3"则进一步显示,各种不同的成长路线乃是以相当自主的方式依循大存有链的阶序而进行的(《意识转化》首度引介了这个典范,然后在《灵性之眼》中又加以申论);"威尔伯4"则将这些阶序和路线整合成四大象限的脉络("威尔伯3"与"威尔伯4"所采取的心理学原理在本质上是相同的,因此我时常将我近来采用的心理学典范归纳到"威尔伯3"的范畴里,其实是属于"威尔伯4"左上角象限的范畴)。

寇特莱特的研究仍然局限于"威尔伯2",而非"威尔伯3"(或"威尔伯4")的范畴,这是很不幸的事。他不合时宜地坚称我所列举的光谱典范是一个硬邦邦阶梯式的发展阶序,也就是说,你必须彻底完成心理上的成长,才能进入灵性的成长。这样的误解是非常普遍的,所以唐纳德·罗斯伯格(Donald Rothberg)才会站出来大声疾呼,为目前的("威尔伯3")典范作了一个总结:"发展并不是按照一种简单的、概括性的阶序而进行的……威尔伯认为,(不同的)发展路线有时也会因彼此对立而产生紧张,而且其中的某些发展并非明显地一层接着一层……有时可能在认知上发展得很高,在人际关系或道德上发展得平平,而在情绪的发展上却十分落后。文化的形式和价值观特别容易造成前后不一致的发展。"换句话说,发展乃是通过大存有链的阶序自由进行的,因此你可能在某方面发展得很高,另一方面发展得平平,其他方面则还停留在较低的层次。

寇特莱特最主要的不妥之处在于,他似乎完全不能领会心理与灵性发展的基本议题。我在《灵性之眼》中很清楚地说明过,你可以将心理发展与灵性的发展看成两条不同的路线,这样,灵性成长就可以和心理成长并肩而行(我等一下会加以说明)。其实寇特莱特完全清楚我说过的这些话,但他仍然彻底予以忽略。他的探讨很清楚地显示他并没有掌握这个最重要的议题:如果灵性发展是另外一条路线(或许多条路线),你又该如何替它下定义?假设灵性成长是一条不同的发展路线(其他的发展路线分别是认知发展、道德发展、动机发展、情感发展以及动觉发展,等等),那么你就必须排除认知、洞见、道德、动机、生理需求、道德承诺或情感上的爱与慈悲,才能替灵性的成长下定义——因为它们都有自己的发展路线。所以"灵性"如果是另一条发展路线,你就必须以十分精确的语言加以描述,这一点寇特莱特并没有做到,他因为这一个缺失而毁掉了全盘的研究。其实我认为某些灵性成长的面向和某些高层的心理发展是同一回事(譬如高层的情感就是超个人之爱,高层的认知就是超个人的觉知,等等)。另外还有一些灵性成长的面向则是独立进行的(譬如关怀与开放)——在你替"灵性"成长下定义之前,你必须仔细弄清楚这其中的差别。

举例来说,通常我们认为不同的心理发展路线的高层是"属灵"的,而低层则属于"个人"或"心理的层面"(许多超个人心理学家都这么认定),然而在我的("威尔伯3")典范中,各种不同路线的发展却是比较自主的,因此超个人或灵性阶层的某一条发展路线(譬如领悟力的发展),也可能与个人或心理层面的另一条路线(譬如道德的发展)同时存在。因此,灵性与心理成长乃是循着不同的路线并肩而行的,它们并不是像叠砖块一样，一层又一层地堆上去的（寇特莱特认为这就是我的观点）。认定每一条发展路线必须充分完成才能进入下一个阶段，这个观念其实是很天真而又愚蠢的——"威尔伯2"之中并没有如此僵化的主张。

寇特莱特的书中有一段写得非常怪异：他说我所谓的"中段发展"——具体运思、形式反思、统观逻辑及其相关的心理病症——是根本不存在的。如果我没有误解的话，他的意思是，它们都可以化约为同一个阶层。其实早已有大量的佐证可以证实这些阶段的存在，我只不过是在建议，在任何一个真实存在的成长阶段，都可能会出错，因此而产生了每一个成长阶段的心理疾病。寇特莱特忽略了所有的佐证而以看似正当的理由炮轰我的主张——并且追加大量的临床证据——他指出，大部分形态的精神病都具有早期发展的障碍或基因上的障碍。他以切饼干的方式严厉谴责我在道德上的无感，其实这位作者只是想唤起我们的注意，要我们记得他是多么具有道德操守的人。这是他的著作里最不妥当的一段文字。

寇特莱特对于世界伟大智慧传承的理解似乎相当含糊，有时甚至是完全无知的。他明显地讹传了某些传统的说法，因而预示了对整本书不利的兆头。举几个例子来说：寇特莱特认为我提供的阶序概念在冥想的发展上并不适用，他说："在佛家文献里，有许许多多的例子可以证明某些人当下证入了空性。"事实上，没有任何证据能证明这一点。他也许联想到某些"禅机"的典故，学生在禅师的机锋转语之下，突然"证悟了自性"。然而任何一位禅师都会告诉你，如果没有下过六年的禅定苦功，这样的印心是不可能发生的，而且禅定的发展必须经过（"十牛图"中的）各个阶段。

寇特莱特又举了几个例子来支持自己的论点，不过这些论点都可以证明是错的。他说："威尔伯以拉玛那·马哈希为例来证明我们可以直接进入不二的体悟，而不需要经过通灵阶段和精微光明阶段。"事实上，拉玛那清楚地说明过，他的觉醒经历了三天的煎熬，从具妄念三摩地（通灵阶段和精微光明阶段）进入止念三摩地，再进入真知三摩地（属于自性的境界），最后才进入自然无念的一味中（或不二的如如境界）。这位寇特莱特先生以信心十足而又漫不经心的态度误传了这么重要的讯息，我怕他其他的报告也会这样。果然，他同样讹传了奥罗宾多及金刚乘的典范。他提到奥罗宾多是不二传承的典范，根据他的说法，这个传承并不认为灵性成长需要循序渐进。但是他忽略了奥罗宾多曾明确说过："灵性的演化通常服膺于循序揭露的逻辑，你必须克服前面一个主要阶段的问题，才能进入下一个具有决定性的阶段。即便你囫囵吞枣而快速地跃过某些不重要的阶段，意识还是必须调返过来，重建自己已经走过的路，才能面对新的情况。更高或更集中的成就（这是绝对可能的）并不意味着你可以不必循序渐进或不需要克服前一个阶段的困难……"（摘自奥罗宾多《神圣人生论》第2卷第26章）。

寇特莱特还暗示金刚乘并不承认有这些发展阶序的传承。他更忽略了丹尼尔·布朗（Daniel P. Brown）对这个议题曾作过深入的研究。后者仔细分析了一打以上有关大手印禅修的主要典籍，他发现这些典籍无一例外地同意成长必须循序渐进（这些成长的阶序相当吻合我所阐释的通灵阶段、精微光明阶段、自性阶段与不二境界，我在《意识转化》一书中曾经说明过）。后来布朗与英格勒（Engler）以这种阶序成长的概念来测试中国的禅修和内观传统，发现每一个案例都证实了这个概念是正确的。寇特莱特竟然兴高采烈地轻忽了这所有的佐证。

然后寇特莱特开始为超个人心理治疗领域下结论，他用令人难以置信的方式将"威尔伯2"归纳为"旧典范"，接着又将"威尔伯3"归纳为"新典范"，同时声称我阐释的阶序典范其实是属于"威尔伯2"的范畴。唉！我能说什么呢？

寇特莱特所谓的"新典范"如下："这一切都说明了心理与灵性的发展乃是由复杂而多元的路线组合而成的，它们有时重叠，有时相互融合，有时彼此渗透，有时则各自独立。换句话说，有时出现心理上的成长，有时出现灵性上的成长，有时则两者同时出现。"其实这正是我刚才解释过的"威尔伯3"的典范。我认为事情的真相是这样的：寇特莱特在阅读《灵性之眼》之前，已经完成了他著作的一大半。与其重写这本书，他选择了完全保留"威尔伯2"的概念（因为这些内容他已经写出来了）；但为了掩饰（阅读了《灵性之眼》以后），他添加了一些否认之辞（"威尔伯并不真的相信这些典范，我们还是要加以讨伐"）。"威尔伯3"典范其实认同一打以上的发展路线，例如认知发展、道德发展、情感发展、爱的发展、关怀的发展、注意力的发展、自我统合的发展、防卫力的发展、人际关系的发展、才艺以及动觉的发展——其中有一些属于灵性的发展，还有一些是要到较高的层次才能进入的灵性发展路线——它们让我们观察到相互重叠的发展全是由自我所统合的。（目前在认知科学方面居优势的理论应该是模块[modules]理论，也就是心、脑是由许多各自独立、不断演化的基本单元所组成的，譬如语言单元、认知单元、道德单元，等等。从许多方面来看，这些单元非常类似我提到过的发展路线及意识流。然而这两者最大的差异是，这些基组理论家激烈反对有所谓超验的自我或一体意识的存在。但是根据他们自己的理论和证据，每个人都可以觉察到这些基本单元，某些时候甚至可以凌驾于其上。既然你能凌驾于某基本单元之上，显然你并不是那个基本单元。）

寇特莱特得意洋洋地呈现了一份将"威尔伯3"稀释以后的版本，然后声称那就是获得突破的新典范，然而他所给出的版本并没有真的成为理解发展心理学的佐证，他尤其欠缺一份替"灵修"诚实下定义的敏感度，而只能重复别人在心理发展上的观点（他同样也忽略了珍妮·瓦德[Jenny Wade]的研究报告，而且扭曲了哈米德·阿里[Hameed Ali]的观点）。

寇特莱特完全赞同休斯顿·史密斯的大存有链理论，但是他不接受"大一统"的意识光谱，他显然不理解这两者基本上是相同的。其实我提到大存有链的原因乃是要进一步显示：不同的成长路线通常会依照大存有链的阶序自主地展现，只有认清这项事实——次元与路线的存在——我们才能整合东方的智慧与西方的知识。四大象限——也可以简化为"我"、"我们"与"它"所组成的三大象限——乃是最基本的路线，每一个象限都是依据大存有链的次元或光波而发展的（请参阅图表3）。寇特莱特却认为"次元与路线"的概念令整个图像变得更复杂，其实它使得资料的搜集大大简化；他认为这个概念混淆与削弱了大存有链，其实这个概念拯救了大存有链。

我们可以用一个简单的方法来描绘"威尔伯3",也就是将大存有链的阶序与不同的发展路线整合起来。让我们采用大存有链的简化版本,也就是肉体、心智、灵魂与灵性这四个次元,然后从近两打的心理发展路线中选出五条路线来,再将灵性的次元设定为这些路线的最高发展,同时也是每一条独立的路线的最高发展,由它来涵盖两者的共同定义(请参阅图表5)。

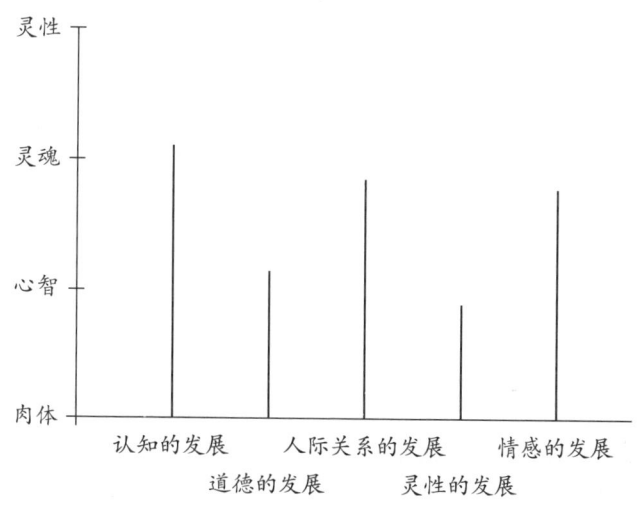

图表5 整合心理图解

既然许多人都觉得"阶层"这个字眼令人不舒服,那么就让我们采用"全像阶序"(请参阅图表6)的观念来加以定义。其实这两种概念是相同的,但和善的阴性圆形图示让许多人感到比较舒服(我自己也比较偏爱后者,因为它清楚地显示了大存有链含摄与转化的本质)。

这两个图表我称之为"整合心理图解"——主要是让你探知不同的发展路线是依循大存有链的阶序(或阶段)而进行的。你可能有某些面向已经发展到超个人或灵性的高等次元,而其他方面的发展却停留在较低的个人或心理的次元。因此,灵性与心理上的发展其实是相互重叠的,而独立存在的灵性发展路线可能发展得很高,也可能很低。

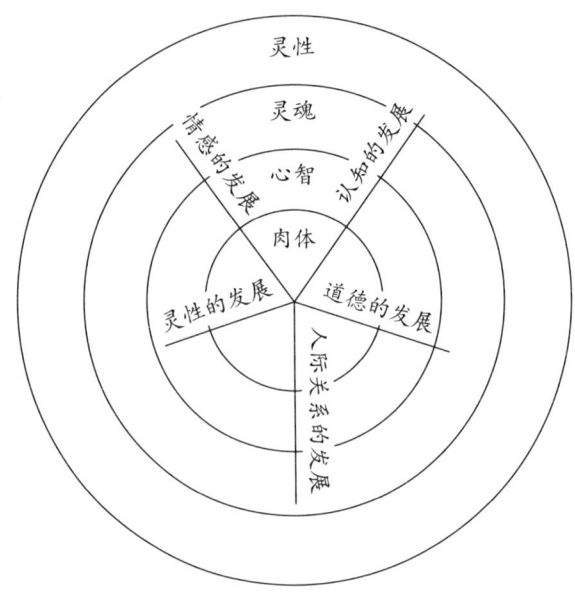

图表 6　全像阶序整合心理图解

这所有的面向和意识波都是由自我所操控的，自我必须在这些发展中找到平衡点，才能得到内心的和谐。此外，任何一个面向发展到任何一个阶段都可能出错，因此我们必须绘出各种不同的心理病症的心理图解——每一个心理面向发展到某一次元时所产生的心理疾病。

根据临床实验现象学和默观修炼所获得的大量佐证，我们可以说这些心理的面向有许多是依循意识的光谱而呈现出阶段性的成长。但是从整体来看，自我的发展并不是按照特定的阶层次第而发展的，因为自我是所有发展路线的混合物，而这些路线可能产生的互换与混合是无限量的。换句话说，从整体来看，个人的成长并不是依循某种特定顺序的。

最后就如图表 6 所显示，每一个高等的阶层都能转化与含摄低等的阶层，所以处在高等的意识光波中，并不意味着低等的光波就被遗忘了。换句话说，这个图表并非一种阶梯式的成长，而是依照原子、分子、细胞和有机体的范型而开展的，每一个高层都能包容低层。柏罗丁曾经说过，所谓的发展就是越来越有包容力。所以即使处在高等的次元，"低层的"工作仍得同时进行——佛陀仍然要吃饭，细胞仍然是由分子所组成的。

这就是"威尔伯3"的简化概论。让我举出最后一个例子，来说明为什么我认为"威尔伯3"的典范改良了传统大存有链（"威尔伯2"）的范型。大存有链虽然包含了存有的各种不同次元，但是它并不能充分说明不同心理面向如何以及为什么依照这些阶序来开展。

"威尔伯3"与大存有链的关系如下：

一、我已经将传统的大存有链——从物质到肉体到心智到灵魂到灵性——扩张为物质（物理次元）、肉体（感觉、认知、冲动、情绪）、心智（意象、象征思考、概念、具体运思、形式反思、统观逻辑）、灵魂（通灵、精微光明）、灵性（自性、不二）。虽然还可以细分下去，但即使是这样的划分，已经可以将大存有链融入西方的科学研究中。

二、最重要的一点是，无论个人还是集体，都是依照大存有链的阶序演化或发展的。这矛盾的关键在于，灵性既是演化的最高阶层，又是所有阶层的背景场域或基体——它既是不生不灭的空性，又是会演化的万象世界。因此首要之事就是结合超验面向和实有面向，简而言之，发展的形式是既超越而又含摄的。

三、我将这十五个层次分为意识的基本层次或意识的基本结构——基本意识波。它们一旦出现在发展的过程中，就会继续存在。即使进入更高的层次，那些已经出现的意识波仍在运作着。每一个基本的意识结构与其他的全子都是交互作用的。

四、各种不同的发展路线和面向都必须经过意识波或意识的阶层而成长。这些路线近似自我的统合或"自我的发展"（但不要跟全我的发展相互混淆，因为后者并不依循固定的顺序），包括认知发展、情感发展、道德发展、防卫力的发展（防卫反应的阶段性发展）、人际关系的发展、才艺的发展、关怀的发展、爱的发展、认知模式的发展、快乐的发展（精力充沛的程度）、视觉空间的发展、对死亡态度的发展、性心理的发展、自我需求的发展、逻辑数学能力的发展、客体关系的发展、动觉的发展、深层意识的发展、特殊才能的发展、创造力的发展、目睹力的发展、利他的发展以及世界观的发展——这些都是已经握有可靠证据的发展路线。大部分的研究（我在《灵性之眼》里概略说明过）的总结是，这些发展路线都是各自独立而又按照固定顺序从一个阶段发展到另一个阶段的。许多研究人员将这些具有普遍性的固定发展阶段划分为前成规期、成规期和后成规期。我提出的建议是：根据跨文化的证据显示，我们必须再加上第四个发展阶段，也就是后后成规期。虽然已有足够的经验论上的佐证，证实每一条发展路线都必须经过全像阶序的固定顺序而成长，但因为这二十四条发展路线是各自独立的，因此全面的成长与发展是很复杂、相互交错和非线性的，并不是依照固定顺序而发展的。

五、前成规期、成规期与后成规期以及后后成规期，这个固定而具有普遍性的全像阶序其实就是大存有链。前成规期包括感官与生理本能阶段、情绪欲力阶段以及早期肉体、心智的发展；成规期指的是中阶的心智发展（具体运思以及形式反思阶段）；后成规期指的是后期的心智发展（从形式反思到统观逻辑）；后后成规期指的则是灵性和超个人次元的发展（这个阶段被视为最高的发展，然而并不排除其他不同的灵性发展路线）。这些都是以另外的方式来观察大存有链的基本意识阶层。研究人员之所以会发现这些意识阶层的发展顺序基本上是不变的，原因就在于大存有链的阶序是固定不变的。

六、我曾说明过，这些意识的阶层和发展的路线既有深层的特征，又行表层的特征。（过去我称之为深层结构及表层结构，现在偶尔也采用这样的名相，但是这样的名相很容易和乔姆斯基[Chomsky]的公式混淆，从而造成意义上的局限。）研究显示：任何一个阶层或路线的深层特征都是放诸四海而皆准的，但是这些深层特征又会受到区域性的文化和习俗的影响，而形成各种不同的表层特征。这些表层特征因文化而产生差异，而且是因人而异的。

七、操纵这整个意识波与面向的就是自我（或自我系统）。自我具有各种不同的能力，包括识别力、组织力、抑制力、防御力、操纵力以及领会经验的能力。

八、自我通过这些意识阶层的发展而产生不同层次的自我统合（洛文杰）、自我需求（马斯洛）以及自我道德（吉里根）。这些自我的阶段发展

（譬如自我需求和道德的发展），是所有发展路线中最重要的几个，因为它们对个人的影响最大。

九、除了这些之外，全我必须像变戏法一样学会平衡其他的发展路线，而这些发展路线彼此都不相同。学会变戏法的技术就是全我人生剧的关键所在。

十、自我首先必须认同、融入某个特定的意识波或阶层，然后又必须区分、转化它，最后又必须加以含摄与整合，以便进入更高的意识波。这三个发展过程就是所谓的演化点。

十一、在任何一个发展阶段，自我都可能会出错。也就是说，自我在任何一个演化点都可能出错，而形成各种心理病症。成长有多少个阶层，心理病症也同样有多少个阶层。我通常将大存有链划分为九到十个阶层，因此我归纳出的心理病症也有九个阶层。这些都不是僵化的区分而是互相重叠的。

十二、东西方有许多不同的治疗派别已经演化到足以对治这九层的心理病症，而平衡的自我成长应该是涵盖整个意识光谱的。

十三、我曾提到基本的结构或基本的意识波是持续存在的——一旦浮现，它们的作用就会持续存在。但大部分将转移性的结构包含在内的路线，却时常会出现暂时性的或属于某个特定阶段的意识结构，它们通常会被下一个发展阶段所取代，而不会被包容在内。这是很重要的区分，因为这样我们才能决定什么发展路线应该被保留，什么发展路线应该被放弃。譬如食物的需求应该被保留，但口腔期的原始欲力却不该被保留。

十四、最后一点其实是最重要的，那就是大存有链大部分都属于左上角的象限，因此其他的三个象限也必须加以考量。

这个系统完全尊重传统的大存有链全像阶序，其中包含了向上回旋（性爱）和向下回旋（神对世人之爱），并且它进一步增添了意识波与各种面向，包括持续存在的和过渡性的结构、深层与表层的特征、发展的形式、自我及心理病症以及四大象限的完整结构，我认为这样才能整合现代知识和古老智慧的精华。

我们已经谈过，休斯顿·史密斯正确地归纳了传统的大存有链，他将其划分为肉体、心智、灵魂、灵性四个次元（另外有四个相关的次元，他将它们定义为现世的次元、中阴的次元、天界的次元与无限的次元）。这个范型看起来似乎没什么问题，然而细查之下就站不住脚了；再碰到现代心理学来势汹汹的雪崩，它就只有被活埋的份儿了。

首先，传统的大存有链将存有的次元与每个次元相关的自我感混淆了。举例来说，心智乃是大存有链的一个次元，而"自我"(ego)则是意识认同了心智次元之后所产生的"我"(self)。精微光明也是大存有链的一个次元，当意识认同这个次元时，灵魂就从自我中产生了。自性或灵性同样是大存有链的某个次元，而真我则是发展到这个次元的"我"。所以大存有链的顺序应该是肉体、心智、精微光明以及自性或神性这几个次元，与其相关的"我"的成长阶序则是肉体自我、自我、灵魂以及真我——我采用的其实是很简化的说法。虽然我时常运用传统的名相（肉体、心智、灵魂、灵性），但我总是会联想到肉体、心智、精微光明、自性这几个次元与肉体自我、自我、灵魂、真我的差异。

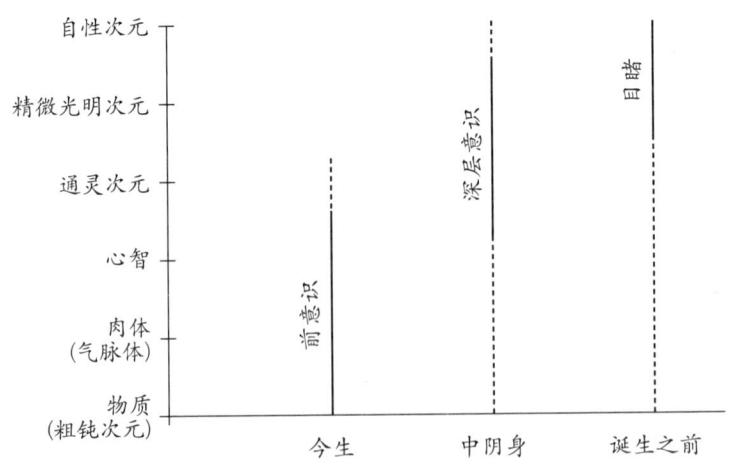

图表7　前意识或自我、深层意识或灵魂、目睹或自我的发展

碰到下面这些问题，定性区分就开始产生作用了。心理学一向主张男女双方都具有两种主要的人格结构：前意识与深层意识。传统的大存有链

理论家通常主张，与身心相关的小我属于前意识，深层意识则是与灵魂相连的，这确实是一种阶层式的划分。然而深层意识与前意识似乎更有伸缩性一些，它们似乎并不是两个分开的次元，而是不同的发展路线。换句话说，它们的发展路线是并肩而行的，并不是一层比一层高的。我们可以从图表7看到这种发展的情况（我将图表5的四个次元改为更完整的六个次元。吠檀多哲学是最传统的大存有链典范，它将意识划分为五个层次——物质、气、意生身或低层心智、意识身或高等心智、大乐身或至乐之心。它们又可以划分为三个主要的次元——粗钝次元、精微次元以及自性次元。物质属于粗钝次元，至乐之心属于自性次元，而居中的三个阶层——肉体/气、低层心智与高等心智——全都属于精微次元）。

　　前意识是粗钝次元的人格结构——从最广义的角度来看，就是我们所谓的自我或朝着世界发展的外在感官运作。前意识一开始的发展路线或面向是完全物质化的，接着便进入情绪欲力或生物能的阶段，再进入心智的阶段，到通灵阶段时就越来越微弱了。前意识的发展显示了小我的演化是依循大存有链的阶序从底层向中层发展的。

　　根据传统的看法，前意识的人格结构是在今生发展出来的，而深层意识则是在两世之间发展出来的，从最广义的角度来看，就是我们所谓的"灵魂"。据说从精子卵子结合的那一刻到胎儿发展的中期，深层意识都是存在的。某些研究显示：出生前、临出生时以及婴儿期，前世记忆确实是存在的。但因为这些记忆无法被前意识的人格结构与粗钝的脑子（因为它尚未发展）所持有，因此传统便主张这些记忆乃是由深层意识所保有，当前意识开始发展时，这些记忆就丧失了（详细的讨论请参阅《灵性之眼》。按照这样的情况来看，深层意识这条线的四分之一应该是实线）。同样的，如果前世的记忆很真实地存在着，那也是由深层意识所持有的。虽然如此，我们并没必要非得相信出生前的记忆或前世，因为深层意识其实是通往高层意识而非前世。

　　虽然深层意识一出生（或出生前的中阴阶段）就存在了，但是它一直扮演着适度的角色，直到前意识完成了适应粗钝次元的任务为止。前意识的人格结构开始淡化，较深的意识便逐渐显现。前意识的人格结构将意识导入粗钝的次元,将深层意识导入精微光明的次元。我们在前面已经说明,与精微光明次元相连的"我"就是所谓的"灵魂",因此"深层意识"和"灵魂"通常被视为同义词。虽然深层意识的源头就是精微光明次元,它还是有可能朝着早期的阶段向下发展,然后上达精微光明的次元,最后消失于自性次元。

我们开始看到,如果将前意识与深层意识视为两条部分重叠的并行线,而非两个分开的次元,其实是比较有利的;它们并非不同次元的光波,而是时常并肩而行的面向。最后还剩下一个主要的"人格",它属于真我或自性的次元,但是和其他的发展一样,它也必须下及早期的成长阶段。换句话说,我们可以将真我视为一条独立发展的路线或面向,虽然它的基本面向是属于自性次元的。

真我或超个人的目睹不像自我或灵魂,它不是一个人格结构,因为它没有任何属性或特征(它是纯粹的空寂和伟大的无生)。不过这个阶段的空寂仍然有别于万有,能观与所观还是分裂的。真我或目睹乃是觉知的源头、分裂的自我感的根源与最细微的二元对立的居所。它存在于能观与所观之间,它是通往一味的最后一个障碍。

虽然如此,目睹就是帮助我们从低阶的领域解脱的力量。在前面几个阶段,目睹都是潜伏的,但是到了自性阶段,目睹开始持续不断地出现在眼前。每一个高等的层次都能转化与含摄低等的层次。这里所谓的"转化",指的是高阶有能力觉察到低阶(灵魂可以觉察到心智,心智可以觉察到肉体,肉体可以觉察到物质)。所谓的"觉察到"指的是存在于每一个阶段的目睹力。

虽然目睹是存在于每一个阶段的转化力量,但必须到达自性的次元才能完全成熟。前面说过,自我将意识导入粗钝的次元,灵魂将意识导入精微光明的次元,真我则将意识导入自性的次元。虽然这三者的源头都扎根于大存有链的某一个特定的次元或光波,它们仍然有自己的发展路线或面向,因此经常彼此重叠,如图表6所示的情况。我想这就是为什么有许多灵修导师与超个人心理学的治疗师,经常在他们的案主和自己身上看到自我、灵魂与灵性可以同时存在一起发展,因为它们是循着大存有链的光波独立发展的各种面向。所以,这些面向有时也可能发展得相当不平衡(早期的文化会出现明显的通灵能力,然而前意识的发展却十分落后——这就是为什么它们无法成为整合文化范例的原因,虽然我们十分仰慕它们的智慧)。

我们都见过一些已经彻悟的老师(证入无生法忍)还是具有一个"很大的自我"——强而有力的人格。其实,还是有自我的存在并非什么大不了的问题,真正重要的是这个人有没有同时活在更高更深的次元里。如同休伯特·贝诺特(Hubert Benoit)所言:认同自我并不是一个问题,但如果自我是你唯一认同的对象,那问题就大了。我们的自我统合一旦超越自我的范畴,进入更深的精神领域,甚至融入无生与一味,自我就被一种更大的统合感所包容。但自我同时还是发挥着它在粗钝次元的作用,而且因为它连上了整个法界,所以它的力量势必较以往更为强大。许多已经彻悟的老师都有一个很大的自我、一个更深的灵魂以及巨大无边的真我,因为这三者是粗钝次元、精微光明次元与自性次元的运作工具,这三个工具在一位伟大的觉者身上会同时被强化。

下面要讨论的议题似乎时常引起人们的困惑:虽然各种不同的发展路线经常是相互重叠的,而且没有固定的顺序,但每一条路线或面向仍然有自己一贯的、普遍的发展顺序。换句话说,这些面向逐渐朝意识的内部展露时,它们必须先克服自己在大存有链中的次元或光波的障碍,而且必须遵循大存有链本有的阶序。譬如我们已经有足够的证据能够证明,认知、道德、情感、动觉和人际关系等等,全都是按照前成规期、成规期及后成规期的光谱而发展的。也就是说,各种不同的面向似乎依循着一种具有普遍性的大存有链法则而发展着。虽然退化与暂时性的跃进都有可能发生,然而经验论的事实证明了奥罗宾多的说法:个人的发展路线乃是依照循序渐进的法则而发展的(依照大存有链的光波而产生起伏变动)。

让我再重复一遍:虽然所有的面向(包括前意识、深层意识及目睹力)都是依照它们自己的阶序而发展的,但所有面向的混合体并不是依照这样的法则而发展。"全我"虽然是由两打左右的不同发展路线幻化而成的,然而每一个人的发展都极为独特。

11月17日，星期一

因为自我、灵魂及真我可以同时存在，所以我们对"无我"便有了更完整的认识。"无我"所引起的困惑实在太大了。其实"无我"并不是说那个正在运作的自我消失了（这是精神病患而非智者的状态），它真正的意思是不再"全盘"认同自我。

"无我"之所以会造成困扰的原因之一，就是人们总希望那些"无我"的智者能满足他们对圣人的幻想，这通常意味着圣人从颈部以下都得停止活动，他们不能有任何肉体的欲望和需求，而只能成天面带微笑地活着。所有会引起一般人困扰的事——食、色、金钱、关系、欲望——圣人都不该介入。人们希望"无我"的智者可以"超越这一切"。他们只想要一个会说话的头。他们认为宗教应该帮助人们去除所有低等的本能趋力及关系的互动。他们并不想从宗教中觅得如何热心生活的忠告，他们从中所学到的往往是逃避、压抑和否认真实的生活。

换句话说，这样的人总希望那些智者"不太像个人"——他们非得去除所有复杂的、混乱的、充满活力的、跳跃的和被驱策的力量。我们期望这些智者的身上"完全没有"一般人所拥有的驱策力！所有会吓到我们、困扰我们、折磨我们、混淆我们的事，我们都希望我们的圣人不会染指。一般人通常所谓的"无我"，指的就是这种茫然、空洞、"不像个人"的状态。

但是"无我"并不意味着"不像个人"，它真实的意思是"更像个人"。不是减去个人性，而是增添个人性——在所有正常人的特质之上，再添加超个人的特质。试想一下那些伟大的瑜伽士、圣人与智者，从摩西到基督到莲花生大士，他们没有一个是意志薄弱的胆小之人——从挥舞着牛鞭摧毁神殿到降伏整个国家。他们震撼了世界的基础，他们绝不是一味承诺虚幻愿景的顺民，他们之中有许多人鼓动了长达数千年之久的社会革命。他们并没有逃避肉体、情绪或心智的次元，因为这些都只是自我的工具罢了。他们能引起这么大的震撼，完全是因为他们具有动摇世界之本的驱策力和强烈的情感。毫无疑问，他们已经衔接上了灵魂和灵性的次元——力量的源头——他们将这股力量表现出来，形成了具体的结果；而只有通过低层次元戏剧化的展现，这股力量才能向世人宣说。

这些伟大的创始者与动摇天地之人的自我都不小，他们都有非常巨大的自我，因为自我（属于粗钝次元的运作工具）、灵魂（属于精微光明次元的工具）以及真我（属于自性次元的工具）是可以同时并存的。这些伟大的老师运用他们的自我在粗钝次元中活动，因为自我只是这个次元的运作工具罢了。他们不只是认同他们的自我（这是自恋主义）就算了，还将自我衔接上法界的无量光明。这些伟大的瑜伽士、圣人和智者之所以能完成如此宏伟的志业，就因为他们不是怯懦、媚俗之人。他们的自我很大，但同时又能衔接上法界的源头，衔接上更高的真我，觉知到"我即自性"，与大梵合而为一。他们只要一开口，世界就会颤动，人们会立刻俯首屈膝，臣服于那光华灿烂的神人之前。

圣·特蕾莎是不是伟大的默观成就者？是的，不但如此，她还是唯一改革整个天主教修院传统的女性。乔达摩佛陀动摇了整个印度的根基。鲁米、柏罗丁、普提达摩、耶喜措嘉、老子、柏拉图、"美名大师"巴尔·谢姆·托夫（Baal Shem Tov），这些男人和女人在粗钝次元所发动的革命，一直持续了数百年，甚至数千年之久，这是马克思、列宁、洛克、杰弗逊等人所无法夸示的成就。这些智者神圣不朽的巨大自我却衔接了更深的心灵，直接通达上帝。

当然，"转化自我"仍然是个正确的概念——并不是要毁灭自我，而是衔接上一个更大的东西。（如同龙树所言，在相对世界里，小我是真实存在的；在绝对境界中，小我或无我都不是真实的。所以，在此两种情况下，无我无法正确地描述真实。）小我不会因为证悟而消失，它会在世俗的活动中继续发挥作用。我在前面说过，失去自我感的人是精神病患者而不是智者。

"转化自我"其实意味着以更高和更深的洞见来转化并含摄自我：一开始进入的是灵魂或深层的意识，然后是目睹或本初的真我，最后所有的次第都被包容与含摄在一味的光明中。这意味着我们并不需要去除那渺小的自我，而是充分地活在其中，发挥它的生命力，并利用它来传达更高的真理。灵魂与灵性能含摄肉体与心智，不会将它们一笔勾销。

直截了当地说，自我并非灵性的障碍，而是其光辉的示现；换言之，真空与妙有不是分裂为二的。我们并不需要去除自我，而是要活得精神充溢。当自我整合从小我溢出到整个法界时，自我才发现个人的小我与大梵其实是一体的。你的真我本来就是巨大无边的，但因为你固着于自己那渺小的自我，所以才必须加以转化。那些自我还没有大到足以含摄整个法界的人，才会希望整个法界都能以他们为中心。

所以我们不希望我们的智者拥有巨大的自我，甚至完全不希望他们展现真实的一面。当这些智者展现出人性的一面时——涉及金钱、食、色与关系的互动——我们就会大吃一惊。大吃一惊是因为我们想逃避人生，我们并不想活在其中，所以那些活在其中的智者就会触怒我们。我们想脱离生活，想往上提升，想逃避一切，那些智者却兴致勃勃地、淋漓尽致地乘着人生的每一波浪潮任性自得——他们的行径令我们深感不安，这意味着我们不能再逃避到虚无缥缈的云端，而必须兴致勃勃地活在每个次元中。我们不希望我们的智者拥有肉体、自我、驱策力、活力、性、金钱、亲密关系及凡人的生活，因为这些都是折磨我们的东西，我们想脱离这一切。我们不想乘风破浪，只希望那些惊涛骇浪能够退去。我们要的只是虚幻的灵修生活。

但这些全真不二的智者为我们展现的却是截然不同的风貌。这些智者坚持以活出人生的方式来转化他们的生命，我们通常称这种方式为"谭崔"（译注：或密宗）。他们坚持从生活中获得解脱，在轮回中发现涅槃，从彻底融入中体悟完全的自由。他们以我不入地狱谁入地狱的觉识进入这个世界。对他们而言没有任何一件事是陌生的，因为所有的事物都是一味。

整个重点就在于彻底安住于肉体及其欲望、心智及其理念、灵性及其灵明之光，平等而全心全意地同时体悟这三个存在的层面，因为它们都是一味的各种姿态。在肉欲中看着它展现，在理念中追踪它的光辉，让自己被神性吞没，觉醒时只剩下一片被时间遗忘的荣光。肉体、心智与灵性全都平等地含摄于恒存于当下的觉识中，这觉识就是整个显化的场域。

在寂静的深夜，女神喃喃低语着。在璀璨的白日，上帝咆哮怒吼着。生命在脉动，心智在想象，情绪在起伏，思维在游走。这一切都是一味无止境的活动，它与自己无穷的姿态不停地戏耍着，它对那些愿意聆听的人低语：这一切不就是你自己吗？当雷声在怒吼时，你听不出那就是你自己的声音吗？闪电时，你难道看不见那就是你自己吗？云朵快速地飘过天空，难道那不是你自己的无限存有在频频向你挥手吗？

11月18日，星期二

我的吉普车已经让玛西开了好几个月了，因为她没有一辆可以开去上班的车。她将车子停在斯皮尔利中心（Spearly Center）前面，结果车子被偷了。

警察告诉我们车子能找回来的概率是零，所以昨天我又出去买了一辆新的吉普车。今天早上接到一通电话：他们找到那辆吉普车了。显然我那辆可怜的老吉普车让那个小偷受了重挫——有一个轮胎爆了——它立刻被抛弃在路边。

然而我不需要开两辆吉普车，我将新的那辆送给了玛西。她开心得不得了。不过就像所有的事物一样，即使最开心的事也会过去。套用一句佛陀的临终遗言："所有聚合而成的东西，终将分崩离析。小心地致力于你的解脱。"换句话说，重要的是你能不能发现那伟大的无生，只有它是无形无相的，永远不会被人窃取。

11月19日，星期三

将一味形容成一种"意识"或"觉知"并不妥当，这样的语言太头脑化、太偏向认知了。它更像是一种纯然的存在感。其实你早已感受过这份纯然的存在感：它就是当下这一刻活着的感觉。

但是它和其他的感觉或经验又截然不同，因为它没有来去。它根本不在时间之中，虽然时间从它之中飘过，就像它所感觉到的许多其他的物质一样。这纯然的存在感并不是一种经验，那是一个浩瀚无边的空间，所有的经验都可以在其中来去，所有的观点都可以在其中运思，所有形式的幻化都可以在其中驻留、消失。你的小我解放之后所进入的浩瀚无边的空间就是"我即自性"。那单纯的存在感就是单纯活着的感觉，也就是完整的一味。

这难道还不够明显吗？你不是早已觉知到自己的存在了吗？你难道感觉不到那单纯的存在？你不是早已具足通往终极神性的方法了吗？它不就是那纯然的存在感？当下你就在这样的感觉中，不是吗？就是当下这一刻，不是吗？

你不是早已发现这种感觉本身即是神性？它就是神的源头？它就是空性？神性不会无中生有，它是你所有的经验中唯一永恒不变的东西——这细微而持续不断存在于背后的觉知就是那纯然的存在。如果你非常仔细非常小心地加以观察，你会发现早在宇宙大爆炸之前，你已经存在于这份觉识之中了。这并不意味着你在那么古远的时代存在过，它真正的意思是，你的存在是超越时间的，你的存在只有当下——永远只有当下。

你能不能感受到那纯然的存在感？谁又不是早已解脱了呢？

11月20日，星期四

啊！人类就是不想觉醒，我们只想活在苦恼中。我们并不想单纯地活着，我们想要的是一些——特殊的感受。我们想拥有富足，我们想拥有名望，我们想拥有一份重要感，我们想出类拔萃变成显赫的人物。因此我们将存在划分成许多部分，我们将它归类，为它定名，限定它的资格，将它分化。我们不想完整地目睹"我即自性"，然后融入整个世界，融入"一味"中。因为不想成为整个宇宙天地，所以才想变成显赫人物。换句话说，我们想经验局限之下的痛苦，然而我们一旦变成某某人物，就真的难逃这种痛苦了。我们放弃了单纯的存在，反过来认同那个渺小卑微的肉体。我们希望自己这副渺小的皮囊能超越其他的皮囊，并获得最高的胜利——我们对天宣誓一定要变成显赫的人物。

如果我安住于纯然的存在中，即使某位朋友买了一幢新房子而我没有，那又何妨？在纯然的一味中，他的喜悦就是我的喜悦。假使某位同事获得了奖赏而我没有，那又何妨？在纯然的一味中，他的快乐就是我的快乐。如果这个宇宙只有一个"真我"，它通过所有的眼睛在向外观看，当幸运发生时，我一定会欢庆，因为那位幸运儿就是我最深的"真我"。假使这个宇宙有一处在受苦，我难道不也在受苦吗？因为那就是我最深的"真我"在受苦。假使一个年幼的孩子因饥饿而哀号，我不也同样在受苦吗？那位年轻丈夫看到妻子回家时的开心感觉不也就是我的吗？

特拉赫恩（Traherne）（译注：英国圣公会最后一位神秘派诗人）完全表达了个中的深意："街道是我的，圣殿是我的，人民是我的。天空是我的，太阳、月亮、星星以及整个世界都是我的，我就是那独一无二的目击者（目睹者）与享有者。我没有任何粗鄙的属性，没有任何束缚，没有界分——所有的属性和局部都是我——我既是那些珍宝，也是那些珍宝的拥有者。费尽千辛万苦，我只学会了这个世界的肮脏诡计，现在我终于将它们忘却……"

处于那纯然的存在中，"我即自性"便是天地宇宙，嫉妒与羡慕再也找不到任何利益。所有的快乐就是我的快乐，所有的痛苦也就是我的痛苦。吊诡的是，痛苦却因此而止息了。然而泪水仍然不会停止，微笑依旧浮现，停止的只有那个在自己的显化中造作出来的疯狂想法——我是一个重要人物。当"我即自性"安住于空寂中并包容整个万象世界时——身心一旦脱落——你就不再想成为某某人物了，一切都融入纯然的存在和一味中。我只是朴实地感觉着自己的存在，感觉那纯然的当下、不二的"真如"。我只是朴实地感受着自己的存在，而不再觉得自己是这样或那样的。我一旦安住于朴实的、当下的、毫不费力的存在中，我反而什么都有了。

你早就拥有那纯然的存在了。因此请再次回答我：谁又不是早已解脱了呢？

11月21日，星期五

保罗从中国大陆打来电话，他和塞尔在中国玩得很愉快，然而在北京，有两件事让他们产生了去意：一是可怕的空气污染，二是几乎每个人都抽烟。保罗说北京人可能想用香烟来过滤可怕的空气污染。

罗杰刚写完他的《七种修行方法》，目前正让他的经纪人与出版社接洽。这本书的构想非常好——世上伟大的智慧传承所共享的几种修行方法——然而我对市场的反应有点担忧，因为修行似乎是人们最不想做的一件事。我们只希望有人告诉我们：你就是神、女神，你和盖娅是一体的。我们只想读几本书，稍微改变一下对这个世界的诠释，而不是经年累月的灵修转化。看来罗杰又写了一本只有真的想觉醒的人才会看的书。那些少数愿意奉行的人，才是真正幸运的。

11月22日，星期六

安被升为兰登书屋的总经理。

"你是不是快忙疯了？"

"简直惨透了。不过现在好多了。一切都发生得太快了！"

我真是替她高兴。《娱乐周刊》列举了一百位娱乐业最有权势的人，只有两位主编上榜：索尼·梅塔（Sonny Mehta）与安·葛道夫。我想她可能连升了好几级。最重要的是我非常喜欢她这个人，十分为她高兴。

11月23日，星期日

又看到一本拆解相对论、建构论及激进的后现代主义的书，看来我真的要宣布自己的固定假日了。

这本书是托马斯·内格尔（Thomas Nagel）撰写的《最后一句话》。如果将这本书与其他的书（我读过一打以上了）摆在一起来看，看来盛行二十年之久的自恋主义和虚无主义（相对论及建构论）终于要走到尽头了。虽然后现代主义确实传达了一些非常重要的真理——我对这些真理一直是拥护与支持的，而且还会继续这么做——但是那些激进分子却否定了所有具普遍性的真理、所有超验的真实以及人类共同的基础，他们采用的语气经常是恶毒、任性而又卑劣的。

激进的相对论及建构论者（主张所有的真实都是由社会所建构、与文化相关的）已经被尤尔根·哈贝马斯和卡尔·奥托-阿佩尔（Karl Otto-Apel）泄了气（他们两位都点出了建构论者的主张所隐含的自相矛盾之处）。此外约翰·塞尔（他指出由社会建构的真实性必须奠基于客观的真理之上，否则这样的建构从一开始就无法进行）、彼得·伯格（他以相对论的说法来击溃相对论者）、查尔斯·泰勒（他指出相对论者攻击阶层制度本身就是一种阶层划分）以及其他许多学者也都发表过相似的意见。多年来这些激进分子的论调并没有受到重视，除了婴儿潮时代和他们的"新典范"外。他们企图以"新典范"来颠覆"旧典范"，他们认为所有的真实都是由社会建构的，所以也可以被解构。这些观念虽然意图良善，其实是混淆不清的，托马斯·内格尔只是一连串指出这些问题的人中的最后一位。

柯林·麦金（Colin McGinn）在《新共和国》杂志中写了一篇评论内格尔的文章。身为自由主义的堡垒，《新共和国》竟然也抨击激进多元主义、建构论和相对论其实是后现代主义中的自恋主义与虚无主义。《新共和国》能如此强烈赞同内格尔的言论，确实发挥了最大的启蒙作用。

麦金一开始便概略说明了激进的后现代主义者对理性所抱持的观点。"根据他们的观点，人类的理性原本就是区域性的和文化相关的。它扎根于历史以及人性的各种不同的事实，也就是各种分歧的'习俗'、'生命形式'、'参考架构'与'观念体系'。并没有一种所谓的标准理智可以转化某个社会或时代早已接受的事物，没有任何客观的正当理由可以使人相信每个人必须竭力尊重认知上的机能障碍。'正当'的前提是你必须认同它的正当性，然而不同的人有不同的认知模式，于是所谓的'正当'，最后演变成'对我而言是正当的'。"（这其实是自恋主义或强烈的主观倾向）

麦金继续说："从这个观点来看，真有所谓客观性的话，它一定是社会关系的一种作用、一种社会舆论，而不是对真理和法则的认定，于是标准的理性最后看起来就像是标准的流行服饰一样。"

麦金同意内格尔所提出的观点，他认为这些主张都是自相矛盾的。这也是哈贝马斯所切入的重点，我在《灵性之眼》的引言中也曾对这个看法加以申论（在《性、生态学、灵性》以及《感官与灵魂的交融》第九章也有说明，请参阅7月9日的日记）。看来我还是留待内格尔去揭发这些问题吧。麦金说："主观论者坚持主张理性只是区域性的、相对的偶发现象，其结果并没有超越区域的范畴之外。在企图超越区域性的过程中，理性不但走过头了，而且制造了许多空泛的论断。这个推论显然与理性的本质有关：它想告诉我们什么是理性，理性在这个世界的位置是什么。但更重要的是，它想提供我们一个有关理性的'真理'，它要求所有理性的动物都必须赞同它的观点。它不仅希望自己的学说创言人和与其使用相同语汇的人能认同它的真实，它真正的意图乃是要成为探讨理性本质的不二真理。因此，提出这个主张的主观论者也运用了理性的原则来诠释真理，这样的作风其实已经超越了相对的有效性。"

麦金接下来引用了内格尔所提出的无法避免的结论："这么一来，主观论者质疑的理性不就成了他们预先设定的真理？到这里开始出现了进退两难之局：主观论者如果不宣布被自己揭露短处的理性乃是客观的真实，他就必须将其申论为自己对真理所抱持的一种观念。前一种情况只能显示主观论者的自相矛盾之处，因为根据他的说法，只有他的理论能成立，别的理论都不成立，后一种情况则暗示着客观真理的真实性只属于他一个人，对其他人的信念则没有任何权威性。如果主观论者的说法属实，我们就可以忽视它；如果不属实，那么它在根本上就错了。从两种情况来看，我们都无法认真对待这样的理论。所以主观论已经被驳倒了。"

麦金认为："内格尔的论证是断然无疑的。内格尔将自己的反主观论辩应用在诸多领域，譬如语言学、逻辑学、算术与伦理学。他在这些领域所进行的论证都相当具有说服力，他认为见解和评论的内容不能以主观论的方法来加以解析，而必须以具有普遍性的规范力量所形成的客观常理来加以解释。"

我自己的观点是，我们既有放诸四海而皆准的深层特征，也有相对次元的表层特征——统合多元主义或普遍一同多元主义。深层特征是放诸四海而皆准的，表层特征则是区域性的、由文化建构的、属于相对次元的，通常是随着文化的不同而改变的。激进的后现代主义者将文化建构属于相对次元的表层特征视为完整的真理，这样的做法蹂躏了人类在灵性上的理解,因为灵性上的理解必须包含普遍与超越的成分。"内格尔的论点应该可以扰动那些被松懈的相对论胁迫或哄入睡眠的人。理查德·罗蒂(Richard Rorty)也引用内格尔的论点,而提出了严厉的批评,他们的态度都是相当值得鼓励的。"

麦金又说:"内格尔的论点不但正确,而且是当务之急。"为什么是当务之急?因为我们必须对抗日渐猖獗的自恋主义(这是相对论与建构论的核心精髓),因为它否定了其他的真理,而且将所有的真理都扎根于主观的自我偏好中。"第一人称的声音"乃是唯一的"真理"。内格尔对这种疯狂观点的评语是:"因为没有一个观点是对的,所以我们只能表达个人或某个文化的特定观点,其结果不但助长了现代文化在心智上的怠惰性,同时也瓦解了人文和社会科学的严肃辩证。只要不是第一人称的声音,而是别人的客观论证,主观论者便拒绝用认真的态度对待。"自恋主义与分裂已经取代了真理和沟通,这就是所谓的文化研究。

麦金几乎碰触到了问题的核心。"《最后一句话》是生活在主观论黄金时代的人必读的书,为什么这类的学说在今日如此盛行……我对这个现象有些看法。"

他的看法是,与主观论相反的普遍真理,显然与"人们对自由所抱持的错误理想产生了冲突"。换句话说,普遍性的真理限制了我们的思维,我们必须顺从它的指令。但是人们不想被限制,他们想拥有自己信仰的权利,就像在超市里选豆子一样。他们想率性而为,而不想被非个人或超个人的要求所钳制。感觉上这种要求侵犯了人们想为所欲为的权利。

更白一点的说法是,具有普遍性的真理束缚了自恋主义,它们限制了自我,它们强迫我们必须跨出主观的一厢情愿,面对一个超越自我造作的真实。我们可以越来越清楚地看到,极端的社会建构论乃是主观主义和自恋主义最大的避难所(这就是它们为什么会在我们这一代盛行的原因。令婴儿潮时代声名大噪的原因之一就是自我沉溺)。人们不想要任何东西来侵犯自我的优先权——"一种被误导的对自由的理想"——因此他们必须替事实塑形。女性主义者不喜欢男性在肉体的力量和机动性上占有的优势,因此声称所有的生物性都是被社会建构的。新时代人不喜欢传统的制约,因此也声称它们是被社会所建构的。深层生态主义者、女性生态主义者、退化式的浪漫主义者与新典范主义者，全都以社会建构作为否定他们所不喜欢的真实的序曲，然后再以自己的主观论点取而代之。

许多评论家严厉地指出，那些受到婴儿潮时代自恋主义影响的研究通常都有以下的特征：一、社会建构主义（我随时可以进行解构），二、相对论（没有任何普遍性的真理可以局限我），三、将科学与诗画上等号（没有任何客观的事实可以阻碍我），四、激进的脉络论（除了我自己的真理之外，具有普遍性的真理是不存在的），五、所有的诠释只不过是反应罢了（所有的意义乃是由我所创造的），六、形而上的演述或宏观的意象是不存在的（除了我自己的宏观意象，其他的都不生效），七、反理性主义（除了我自己的以外，其他的客观真理都不存在），八、反阶层次第（因为没有任何阶层是超越我的）。这些都是美国学术界文化研究的主要特征，也是以个人为中心的民间宗教的主要特征（这是"以个人为中心的民间宗教"很难造成转化的主因之一，因为它只停留在自相矛盾的理论之上，包括反阶层次第、相对论和主观论，所以它无法带动任何的转化。请参阅9月23日的日记）。

纽约州立大学出版社是美国激进的后现代主义的供给者，大不列颠的布莱克威尔（Blackwell）出版社也扮演着相同的角色。我很惊奇地发现最近出版的《文化与评论辞典》竟然没有充斥着后现代主义的后建构论，反而包含了像内格尔一样的对后现代主义建构论与相对论大肆抨击的言论。"于是产生了一个推论，所有的真理之说，无论涉及的是自然科学还是理论性的人文科学，最后都要看它是否选择了正确的隐喻（或最适宜的修辞），才能祈求到其他加入相同公有企业之人的同意。这一点是可以理解的，科学家认为通过共通理论和经验而进行的研究所带来的进步是不足以采信的。最近兴起的因果实在论与反因袭主义（反主观论的普遍性真理），提供了远胜过以往的有关知识以及知识之成长的解说。毕竟，哲学尚未有效地解说'科学'为何被化约成一种特惠的语言游戏、华丽的修辞、说教、概念系统，等等。近来复兴的本体论与这条走错方向的思想路线已经出现决裂的征兆。"

虽然我同意这些对激进的后现代主义的抨击（由哈贝马斯、奥托 - 阿佩尔、恩斯特·格尔纳 [Ernst Gellner]、查尔斯·泰勒、内格尔、麦金等人发动的），我采取的却是不同的途径。这些评论家可以说彻底推翻了激进的后现代主义者，没有为他们保留任何的立足之地。我的看法却是，后现代主义还是有某些重要但不完整的真理要告诉我们，真正需要抨击的是那些将相对论、建构论与脉络论视为唯一真理的激进分子——他们已经到了自相矛盾和不值得尊重的地步。但后现代方略中仍藏有某些高尚的动力，为了拯救自己，他们必须将自己放在一个更大的脉络中。虽然他们的主张可能会受到一些约束，他们的目标却可能因此而完成。

那些高尚的动力包括了自由、容忍、多元非透视观以及从毫无必要又不公平的成规中解放。自由主义、后现代主义的方略一向尊重文化差异性和多元透视主义，包括以往被边缘化的文化以及族群（妇女、少数派、同性恋者，等等）。它的立论点——普遍一同多元主义——其实是很高的发展成就，属于以世界为中心的后成规期的成长阶段。自由主义、后现代主义的立论点其实是扎根于意识演化的高等次元的。

但因为太急于颠覆传统的标准而偏好后成规期的自由，激进的自由主义、后现代主义分子竟然捍卫起所有的观点（激进的多元文化主义），包括许多种族中心和自我中心的观点在内（因为所有的观点都应该被平等对待）。这样的做法允许并鼓励了退化的趋势，使人们从世界中心退化到种族中心和自我中心——其实是退化到一种猖狂的主观主义和自恋主义，使得高尚的动力被严重扭曲，属于普遍一同多元主义的高尚愿景被瓦解，属于普遍性的部分被彻底否定和抛弃，于是被猎獗的自恋主义所驱策的多元主义变成了晦暗之日的唯一支撑。

最近出现的评论针对的就是这种粗鄙的多元主义——它摧毁了自由主义的立论点，也摧毁了唯一可以支持和保护自由主义愿景的演化要求——朝着世界中心后成规期的意识而演化。哈贝马斯、内格尔及其同道中人都点出了多元主义之中的普遍性。除非将这普遍性包含在内，否则整个自由主义、后现代主义的方略将自我毁灭。我完全赞同这样的观点。但我们不要忘了这方略中所隐含的高尚动力，我们也不要忘了这些高尚的动力都是可以被挽救的，而原始的自由主义、后现代主义的愿景也可以被达成，只要我们舍弃多元主义而回归普遍一同多元主义和统合多元观——放诸四海而皆准的特征加上区域性的表层特征。这些放诸四海而皆准的特征都带有同理与慈悲的成分。自由主义、后现代主义的愿景必须鼓励个人从自我中心演化到社会中心和世界中心，并朝着灵性的层面进展，否则它的策略将自身难保。

自由——自由主义价值观的核心——并不存在于自我中心和种族中心的次元，它只能进一步朝着无限的神性和真我而开放。因为这神性和真我是众生皆有的，这份自由之光乃是朝着四方而放射的，因此我们必须以后自由主义而非前自由主义的方式发展。为了追求自由，自由主义、后现代主义反而因此陷入了极度不自由的模式：以自我为中心并不是一种自由，因为他变成了冲动的奴隶；以种族为中心也不是一种自由，因为他被自己的肤色所奴役。只有生活在以世界为中心的觉识中，才能在众人的脉络中建立起个人的成熟性。在这无限扩张的空间里，真正的自由开始出现，它融入超越时间的一味，向着神性开放。愿自由主义朝着原有的方向成长与演化，而不再抱持自相矛盾的主观论。

这些评论家要推翻的就是狭隘、扭曲、自恋的相对论糟粕。请你切记：如果后现代主义是正确的，那么神性就不可能存在了。反之，如果神性是存在的，它必定是具有普遍性的；如果神性是存在的，它必定是包容一切的；如果神性是存在的，它必定是万事万物的平等基体；但是如果普遍性根本不存在——这是激进的后现代主义的主张——那么整个宇宙就永远不可能有任何东西是属灵的。即使我仍然对后现代主义的原始愿景抱持开放态度——普遍一同多元主义和统合多元观——我还是加入了这场讨伐那些只提供多元观而忘却统合性之人的论战。

11月24日，星期一

罗杰、弗兰西丝、凯特和T·乔治全都聚集在了旧金山，准备参加美国宗教学院举办的年度会议，会期从22日进行到25日。罗杰持续参加这个会议主要是因为职业上的责任，然而他对这个会议的感想从未改变过：这些学者从事的全是转译式的灵修研究，他们甚至连热情都缺乏，只能以阴沉、抽离而又枯燥的态度来呈现他们的研究。他说参加这种研讨会如同带着厌倦潜入未经探测的海域。

我年轻的时候有点像一名疯狂的科学家，时常将搜集来的昆虫放进"杀虫罐"中。所谓的"杀虫罐"就是，拿出一个装蛋黄酱的空罐，然后在棉花球上沾一些致命的四氯化碳，再把棉花球放进罐子的底端。然后将搜集来的昆虫——飞蛾、蝴蝶等等——丢到空罐中。它们很快就死了，但是外观不会受损，你再将它们装框，加以研究并陈列起来。

学术化的宗教研究就是谋杀神性的那个罐子。

11月27日，星期四

玛西做了一顿圣诞大餐，我们邀请凯特一起共享。起初我以为火鸡会烧焦了，因为它的体积太大，必须花很长的时间才能烤熟，结果这顿晚餐做得真是好极了。这件事令我联想起格雷西·艾伦（Gracie Allen）教人烤鸡时说过的一些话："起先我总是把鸡烤焦，后来我终于学会了正确的方法。你必须把一只大鸡和一只小鸡都放进烤箱，等小鸡烤焦了，大鸡就刚刚好。"

11月29日，星期六

玛西请我去看《胡桃夹子》，感觉很愉快，我十分庆幸她进入了我的生命。有了爱，前意识因此而升起强烈的满足感，底层的意识产生了善的回应，而目睹只是拥抱着这一切。有一句古老的希伯来格言："我富有过，也贫穷过；不过富有的感觉还是比较好些。"恋爱也令人有同感。

11月30日，星期日

灵性上的领悟主要分成四个阶段：信仰、信心、直接的体悟和永不退转的成就——你可以信仰神，你可以对神性有信心，你可以直接体悟到神，你也可以变成神。

一、信仰是灵修最初的阶段（也是最普遍的情况）。信仰属于心智的次元，因为它涉及的是意象、象征以及概念。但是心智在这个阶段的发展也会经历好几个转化的过程——从奇想到神话到理性到统观逻辑——它们都是不同阶段的灵性发展或宗教信仰。

奇想式的信仰是自我中心的，主体与客体经常混淆不清，它以为个人可以通过一厢情愿的想法戏剧化地影响到物质世界或他人——巫术与文字的魔力都是众人皆知的范例。神话式的信仰（通常以社会和种族为中心。因为不同的种族有不同的神话传说，所以它们通常是彼此排斥的。如果耶稣是人类唯一的救主，那么克里希那就毁了）往往将它的灵性直觉投在一位或多位脱离肉体的神或女神身上，这些神或女神对于人类的行为拥有终极的掌控权。理性的信仰则企图除去神话性，它不再将神或女神描绘成拟人化的神性，而是存在的终极基体。到了统观逻辑的信仰出现时，理性的发展便达到了巅峰，譬如系统理论这样的科学经常被用来解释伟大的整体系统、盖娅、女神、生态神灵、生命之网等存在的基体。

这一切都是头脑的信仰，通常会伴随着强烈的情绪或感觉，但这并不一定是体悟了上智的心灵实相。它们只是各种转译的形式罢了——因为你丝毫不必改变目前的意识层次就可以拥有这些诠释。不过这些诠释开始成熟时，高层的意识就会不断地驱迫自我，这时信仰就会让位给信心。

二、当信仰失去了它的强制力之后，信心就会开始出现。任何一种头脑中的信仰迟早都会失去说服力，例如不论你有多么相信生命之网，你还是觉得自己是孤立的、被希望和恐惧纠缠的自我，即使你加强自己的信仰仍然无效。信仰也许能提供你一种诠释方式和意义，但这并不是转化，这样的认识会越来越清楚得令人心痛（如果你所涉及的是奇想或神话期的信仰，那么你的情况就会更糟，因为这些信仰不但无法转化你，而且会令你的觉知退化，使你无法朝着超理性的方向进展）。

在盖娅或生命之网的信仰背后，时常存在着超越心智的灵性直觉，直观到众生的一体性。但只要信仰占据着意识，这份直觉就无法被充分体悟，因为所有的信仰都会造成界分和二元对立。即使相信的是整体观，从终极来看，它仍然和分析式的信仰一样会造成二元对立，因为两者都必须否定对方才能使自己合理。"整体"不该是被"思想"出来的，而是要"活在"这样的状态中，只要你执著于众生一体的信仰，它就永远不会发生。信仰只能提供灵魂纸上谈兵的营养，它无法供给灵魂热量，它所带来的安慰与鼓舞迟早会消除。

在放弃信仰和发现直接体悟的过渡期，信心是唯一能支撑我们的东西。如果对一体的信仰已经不能带来太多的慰藉，人们还有对一体的信心在远远召唤着他们。当信仰变得无法置信时，信心就开始攻上心头，因为信心听到了更高实相的直接召唤——神性、神、女神或众生一体——这更高的实相是超越心智的，因此也超越了信仰。信心正站在超个人经验或上智的门槛上静待着你。缺少了教条式的信仰，你的心得不到安全感；直接的体悟还没有发生，你的心又没有一份确定感。因此信心就像是一片无人的荒地——问题成千上万，却没有任何答案——只能凭着一份决心去发现灵魂的居所，由隐藏的直觉来领路，也许终究会发现那直接的体悟。

三、直接的体悟很确切地回答了信心所带来的喋喋不休的问题。直接的体悟通常可以分为两个阶段：高峰经验和高原经验。

高峰经验通常是比较短暂、强烈与不请自来的，而且经常造成生命的巨大转变。它们是进入超个人和上智层次的最高点。譬如通灵阶段的高峰经验乃是瞥见大自然的神秘境界（属于粗钝次元的一体感），精微光明次元的高峰经验是瞥见本尊神秘境界（属于精微光明次元的一体感），自性阶段的高峰经验是瞥见空性（自性次元的一体感），不二境界的高峰经验则是瞥见一味。如同罗杰·沃尔什所指出的：高峰经验的层次越高，就越是罕见（这就是为什么大部分的"宇宙意识"神秘经验，其实只是瞥见了粗钝次元的大自然神秘境界，属于最低的神秘次元。许多人都以为这就是体悟了一味。这样的误解在生态理论圈十分普遍）。

大部分的人都停留在信仰和信心的阶段（通常是奇想和神话式的）。偶尔，人们也会进入强烈的超个人高峰经验，这种经验会彻底震撼当事人而带来更好或更坏的改变。但至少你可以看出他们不再重复一些从书本中得到的信仰,或是说出一些转译式的清谈;他们是真的瞥见了较高的次元,并且永远不会再退转到旧有的模样。

(这种高峰经验并不全然是好事。譬如处在具体运思神话阶段的人,可能突然体会到精微光明次元的高峰经验,这么一来,精微光明次元的权威感就会进入神话式的信仰中,其结果是变成了一名再生的基本教义派信徒——他们信奉的神话式的神乃是整个世界的唯一救主,为了拯救你的灵魂,不惜烧死你的躯体。处于统观逻辑次元的人可能会爆发通灵次元的高峰经验,这么一来,他们的新生态典范就成了拯救地球的唯一真理,为了拯救你,他们十分乐于变成生态法西斯主义者。这个类型的宗教法西斯主义是几乎不可能被解除的,因为其中混合了高层的真理与低层的幻觉。高层的真理通常是非常真实的灵性体悟,属于高层次的高峰经验。正因为它是短暂的经验——不是持续不断而稳定清晰的觉知——所以很快就会转译成一种低层次的信仰,从而造成无法动摇的甚至可能是最丑恶的信念。)

高峰经验通常是短暂的——几分钟到几小时不等,高原经验则是比较具有持续性的,并且逐渐会变成永不退转的成就。高峰经验通常都是自发的,如果要把高峰经验变成高原经验——从意识转换的状态进入持续不断的觉知——长时间的练习就是必要的。几乎任何人在任何时间、任何年龄都可以进入短暂的高峰经验,我就知道有好几位从未涉及长期灵修的人曾经进入高峰经验。如果信仰和信心是最常见的灵修导向,高峰经验则是罕见但真实的灵性体悟,那么接下来的灵修境界我们发现只有那些长期专心修持的人才能进入。

高原经验如同高峰经验一样,可能发生在通灵次元、精微光明次元、自性次元或不二境界任何一个阶段。让我举一个禅宗的例子来说明这四种境界。一般人在习禅静坐时,通常都是从数息开始,从一数到十,重复数上三十分钟。如果能数得没有任何遗漏,法师就可能派给他一个公案参究(我的第一个公案是"无"这个字),于是接下来的三年到四年时间,他每天都得花好几个小时专注于"无",让自己努力专注于"无"这个字而不分心(也就是全神贯注地参究"无"的意义是什么,是谁在专注于"无")。每一年他们都必须参加好几次的禅七,从早到晚精进地修行。

学生如果能在白天清醒的时刻不间断地专注于"无"字公案，第一次重要的高原经验就可能因此而引发。"无"这时已变成你意识的一部分——也就是说你变成了"无"——你开始能一整天毫不间断地维持你对"无"这个字的觉知。换句话说，你已经拥有了在白天清醒时刻持续目睹的能力。接着禅师就会告诉学生，如果他们想洞穿这个公案，必须在睡眠时继续参究下去。（当我第一次听到这句话时，以为禅师是在说笑话，一种下马威式的幽默，"如果你想参加第一步兵团，就先吞下三条活蛇。"我以为他们是在吓唬我，后来才发现他们是要帮助我。）接下来的两三年，真正用功的学生就可以将这份"无"字公案的细微专注力持续到梦中。那时即使处在精微光明次元的梦境中，你都能维持目睹。

　　（显然，梦境只是精微次元的现象之一，典型的精微境界是具妄念三摩地——有相的不二定境，它能引导你在清醒时进入精微次元。梦境也被视为精微次元的附属状态，在梦境中只有一些意象和影像，而没有粗钝的物质现象。因此能清醒地进入梦境，一向被认为是成就了具妄念三摩地，因为清醒时的阿尔法波与梦境的西塔波会同时出现。你必须在白天清醒时清楚地觉知到精微次元的活动，你才有能力观察自己的梦境，然后它就会失去掌控你的力量，因为你已经转化了它，而且开始朝着自性次元发展。

　　止念三摩地是典型的自性次元的意识状态：无相、无声、完全止念——某一类型的空寂，它能让你在白天清醒时进入自性的次元。止念三摩地纯熟之后，就会进入真知三摩地或纯然无相的境界，某些传统称之为灭尽定，也就是所有客体的活动全都止息了。具妄念三摩地等同于澄明的梦；在深睡无梦中维持觉知，则等同于止念三摩地。在止念三摩地和澄明的深睡中，阿尔法波和德尔塔波会同时出现。因为你已经将觉知延长到无相的次元，于是就解脱了那个次元的意识，而朝着不二的境界发展。自性的次元一旦被转化，自然无念就会取代止念三摩地和真知三摩地，而进入毫不费力的、自发的、恒在当下的"一味"境界。

　　在修行上想要有巨大的进展，澄明的梦或澄明的深睡并不是必要的，因为具妄念三摩地和止念三摩地都可以在白天清醒时证得。换句话说，当修行人证得具妄念三摩地时，他们通常会开始进入澄明的梦，因为这两种状态是等同的。同样的,证得止念三摩地,也通常会达到澄明的深睡。反过来看,如果能够将觉知延续到梦境和深睡,你就很容易进入具妄念三摩地、止念三摩地以及自然无念的境界。修行人如果想进入精微光明和自性次元的高原经验,梦瑜伽应该是最快最有效的方法,它会使你很快地转化这些次元,并达到永不退转的境界。)

当学生逐渐趋近自性次元时,他们已经接近开悟的边缘了——也就是从自性次元的全然专注状态进入一味的大解脱。起先这个一味也是一种高峰经验,如果继续修持下去,就会进入高原经验,那时就永不退转了。

(永不退转地成就自性、止念三摩地、涅槃,然后进入永不退转的一味,这些阶段被称为后涅槃期,通常有三到四个阶段。这些阶段虽然会产生某些变化,但主要的状态是持续不断的觉知,或是对醒时、梦境与深睡持续不断的目睹——首先出现的是高峰经验,然后是高原经验,最后是永不退转地成就一味。

一味的体悟一旦永不退转,后解脱期的境界就会出现。据说这个境界的成果是存有三摩地或是彻底将肉身转化成虹光身。另外还有一种解释是"将所有的事物彻底止息之后转入法性"。[请参阅《灵性之眼》有关后涅槃与后解脱期的解释。]

后涅槃期——大乘和金刚乘的精髓是不仅主张涅槃,还必须统合整个现象界——的观点一向对我具有说服力。以我亲身的经验来看,我可以证明持续不断的觉知与一味是真实存在的,两者都会重复发生,而且有过持续一段时间的高原经验,有时甚至持续二十四到三十六个小时——有一次,日夜不断的觉知一共维持了十一天。在我的经验中,这些体悟还不到永不退转的程度,不过我认识的好几位老师已经达到这样的成就,文献里也充满这类记载。这所有的后涅槃期的境界应该是合理的,因为它们只是单纯地成就了不二的觉知——涅槃即是轮回,神性即是万有的显化,真空即是妙有。再加上亚历山大和其他研究员所搜集的脑波证据,我们似乎掌握了确凿的佐证,可以证实这些境界的存在。

但是后解脱期对我而言却没有多大的道理,而且我从未遇见任何人处在这种境界中。人们对这些境界的形容总让我觉得像是落幕后的魔术演出——譬如一个人化成一道光走了,或是展现不可思议的奇迹——这些都没有可信的或可以重复证明的证据。而所谓"将所有的事物彻底止息转入法性"这样的概念,听起来和真知三摩地或灭尽定并没有什么差别——一种从一味退转下来的状态,而不是超越一味的发展。我的意思并不是说这些境界完全不存在,我指的是相较于传统提供的其他境界,后解脱期的证据实在太少了——也许很难找到证据,也许根本没发生过。)

四、永不退转的成就意味着持续不断地永远处在一种意识的层次。我们大部分的人都已经演化到物质、肉体、心智的次元(这也就是为什么你可以随心所欲地进入这三个次元)。另外有一些人则进入了超个人的次元(通灵次元、精微光明次元、自性次元、不二境界),而爆发了高峰经验。通过实修,我们可以进入这些高等次元的平原经验,这些平原经验又会因为持续不断的修炼而变成永不退转的成就——随时可以进入通灵次元、精微光明次元、自性次元,偶尔也会出现不二境界。也就是说,随时可以进入自然神秘境界、本尊神秘境界、无相神秘境界以及整合神秘境界,如同你现在能觉知到物质、肉体和心智一样轻而易举。同样的,你也可以在醒时、梦境(具妄念三摩地)与深睡(止念三摩地)这三种状态维持不间断的觉知(自然无念的一味)。这时你就会越来越清楚"在深睡无梦中不存在的,就不是真实的"的这句话。实相在三种境界都持续存在着,包括在深睡无梦时,这纯然的觉知是唯一能持续存在于三种境界的东西。你一旦能安住于那无形无相的觉知,你就能如如不动地看着这三种情境的自然生灭过程,这时你就能体悟到真空即是妙有的一味。

* * *

让我再重复一遍这几个主要的灵性演化阶段:信仰阶段(奇想期、神话期、理性期、整合期),信心阶段(只是一种对高等次元的直觉,而不是直接的体悟),高峰经验阶段(可能发生在通灵次元、精微光明次元、自性次元和不二境界,没有一定的次序,因为高峰经验通常只出现一次),高原经验阶段(可能发生在通灵次元、精微光明次元、自性次元和不二境界,高原经验几乎永远按照以上的顺序而发生,因为你必须具足上一个次元的能力，才能演化到下一个更高的次元），永不退转的成就（同样可以发生在通灵次元、精微光明次元、自性次元和不二境界，发生的先后顺序同上，为什么是按照这个顺序的理由也同上）。

以下是几点重要的补充：

- 你可能在灵性的发展上有相当高的进展，但是在其他的发展上还停留在很低的阶段（换句话说，深层的意识虽然得到发展，前意识却受到了阻碍）。我们都认识一些人，在灵修上发展得很高，在性关系、情感的亲密或肉体的健康上，却显得十分的不成熟。即使你能随时进入一味的境界，你的肌肉也不会因此而强壮，你也不会因此而找到新工作或新女友，你的神经官能症也不会因此而被治愈。你仍有可能埋藏了一些尚未被挖掘的心理阴影面（因为冥想并不像一般人认识的那样具有揭露的效果，如果有的话，那些教冥想的老师就不需要心理治疗了，事实上，他们像大部分人一样都需要接受心理治疗。冥想并不是用来揭露被压抑的无意识的阴影面的，它是要让更高的次元出现。因此那些被压抑的属于低等次元的问题还原封不动地停留在那里）。所以即使你在灵修上已经有了进展，你还是应该结合有效的心理治疗方法，因为灵修的练习无法妥当地揭露无意识的心理动力（译注：心理动力指的是由动机与情绪所组成的心理历程。心理动力学就是从对动机和情绪的研究来解释心理历程的心理学，其中包括了前意识及潜意识，所以类同深类心理学）。当然灵修也无法让肉体得到妥当的锻炼——因此请尝试一下举重之类的练习。同样的，灵修也无法锻炼到身体的气脉——请尝试太极拳。同理，灵修也无法增长团体或社区的动力。所以，我的重点当然是要采取整合修炼的途径，这才是稳健而又均衡的灵性发展方向。
- 这一点很重要，因为以个人为中心的民间宗教（和415典范）强调的都是信仰阶段的一体观。为了让大部分的人都能超越这些心智上的转译活动，我们就必须进行真正的转化修炼。整合修炼可能是最有效的实修途径。它不只强调四大象限中的主观象限，同时也包含了其他的象限——也就是我、我们和它——其中包括自我的转化、人际关系、社区的互动及与大自然的关系（请参阅 6 月 18 日的日记），这些都是发生在意识次元中的改变，而不是信仰的改变。

- 我曾说过这些高层的境界通常是在五六年的精进修炼之后才发生的（要想达到最高的境界，则需要三十年或更长的时间）。如果你是一名初学者的话，请不要被我的话吓到而打消修行的念头，因为五六年一眨眼就过去了，如果你持续修炼，一定会有丰富的收获。反之，如果你听信那些只推销信仰的老师（无论他推销的是奇想式的、神话式的、理性的还是一体观的信念），五六年后你可能只长了几岁而一无所获（一体观的信念其实很正确，可惜它只是心智次元的产物。而灵修却属于超心智次元、上智次元或超意识的次元。无论你再怎么诠释，你都无法因此而超越心智的次元，没有任何一种以个人为中心的民间宗教信仰能令你超越你自己）。因此你必须采取深思默观、超个人、属于上智的修炼方法。不论修炼有多么令人畏惧，你还是必须开始。有一个古老的笑话是这么说的：你如何才能吃掉一头大象？一口一口地吃。

- 事实上，这头大象你只要吃了几口之后，就会感觉自己获益不少。譬如你可以每天进行二十分钟回到觉知中心的祈祷，这个方法是由托马斯·基廷神父所教导的。许多人用了这个方法之后，很快就发生以下变化：变得祥和、开放、充满关怀，倾听的能力也因此而加强——因为你的心被软化了，你整个人也跟着柔软了。另外，你还可以尝试每天半小时的苏菲动禅，四十分钟的内观练习，一天两次的瑜伽练习、密宗观想，每天早上起床之前十五分钟的数息。不管哪一种方法，只要对你有效，你都可以开始练习……

- 我们需要对自己温柔一点，同时也需要对自己强硬一点。你必须以真正的慈悲而非愚蠢的慈悲来对待自己，因此你要开始向自己挑战，并驱策自己——开始修炼。

- 当这些行持的功夫开始稳定了，你就必须参加一年一度的闭关或禅七，这样才有机会将高峰经验变成高原经验。一年又一年过去了，至少你会随着这些修炼而转化自己不足的面向，朝着更高的层次发展。有一天当你回顾过往时，你会发现那只不过是南柯一梦，而你很快就会从梦中觉醒。

- 其实重点很简单：如果你对实修有兴趣，你就应该开始找一位货真价实的灵修老师，并且开始修行。缺少了实修经验，你永远不可能超越信仰、信心和随意自发的高峰经验。换句话说，你不可能进入高原经验或永不退转的成就。你只可能成为真我的过客，一名曾经到此一游的观光客罢了。

十二月
DECEMBER

  在这了了分明的清醒觉知中，空与有是不二的，清醒、梦境与深睡这三种状态，也都自发地出现在觉知中。

  我的孩子们，你们要日以继夜地持续这项修炼，因为这不二的觉知就是自然的解脱状态。

——宗竹·壤多（Tsogdruk Rangdrol）

12月2日，星期二

玛西的论文写完了，于是我们休假一天为她庆贺。租了《寂寞的白鸽》回家观赏（"你唯一能得到的教育就是听我说话"），喝了一些红酒之后，开始向下沉沦。

12月3日，星期三

神性并不是一种意识变更的状态，也不是一种不寻常的状态。那是一种别无选择的境地，整个世界都从这唯一的神性中翻滚而出。存在的只有一味，各种不同的情境从其中兴起。然而一味本身无来也无去，它超越了动与静。寻找到世界的尽头，你最后发现的就是一味；将你的觉知扩张到无限，你最终发现的还是一味。

因此这惊人的一味到底在哪里？请问，正在读这些文字的是谁？是谁在通过双眼向外观看？是谁在用耳朵聆听？当下是谁在看着这个世界？那位正在观看，那个恒存于当下的"目睹"，就是你眼前的真我，他每一刻都站在不二的天启边缘。安住于你的真我中，安住于这个章节的文字中，安住于这个房间和你所看见的世界中，安住于浩瀚无边的纯然空寂中，整个世界正从其中兴起……然后看一看你的真我与那个世界是不是一体的。当你安住于此刻的纯然目睹，请留意那份目睹的感觉和你对世界的感觉其实是一样的。（"当我听到钟声响起时，我和钟都不见了，剩下的只有钟声。"）在最单纯的存在感中，你就是这个世界。

你看！一切都只是如如罢了。

你一旦尝到一味的滋味，即使起初只是惊鸿一瞥，截然不同的崭新动机仍然会从你生命的深处升起，逐渐变成一种持续不断的氛围，那氛围就是慈悲。你一旦尝到一味的滋味，并亲眼目睹存在的根本问题被烈日蒸发，那么在你的内心深处，你就是截然不同的一个人了。然后你会渴望其他的人也能从梦游的苦恼中解脱，从分裂的小我带来的痛苦中解脱，从时间的折磨和空间的悲剧中释放。

即使低层次的动机还尾随着你，即使愤怒、羡妒、羞惭、遗憾、傲慢与偏见仍然不断提醒你要成长，但是在这一切之上，在这一切之下，在这一切的周遭，慈悲的心跳仍然响彻云霄，关怀之雨将滋润你每一次的行进。这严厉的监工将不断驱使你努力工作，只因无始劫以前你许下一个秘密的诺言，那就是你宁愿让这股驱力支配着你，直到所有的心灵获得解脱为止。

因为这份慈悲，所以你更加努力。因为这份慈悲，你必须把真相弄清楚。因为这份慈悲，你辛勤工作，推动这个世界直到你流血为止，辛苦地工作直到泪水模糊你的视野为止，不断地努力直到生命枯竭为止。然而在最深最深的心灵深处，这个世界已经在向你致意了。

12月5日，星期五

看到利昂·福里斯特（Leon Forrest）去世的消息，我感到很难过。福里斯特一向采用意识流的写作风格来探讨非裔美国人的经历。《神圣之日》留给我一种悬而未解的深刻印象——在芝加哥的南边住了七八天。

黑奴的议题是美国的一大悲剧。已经有几百种不同的民族文化进入了这个国家，其中只有一种是被强迫输入的；在这个大熔炉中，只有一个民族遭受着煎熬。丧失了自己的文化背景以及社会的脉络，非裔美国人必须辛苦奋斗才能得到意义、根基、自我的确定感和经济力量。令人惊讶的是，这些非裔美国人竟然能取得不可思议的成就。人们时常说，美国只有两种原创的艺术形式：爵士乐与踢踏舞，而这两者都是黑人的发明。在艺术、运动、政治、学术等领域，非裔美国人都有杰出的贡献。

然而，谴责终究是死路一条。在历史上，非洲人也曾奴役非洲人，非洲人将非洲人卖给白种的人口贩子。在这个问题上没有任何人是值得骄傲的。更重要的是，真正的过失存在于其他地方。所有的前工业社会都蓄奴，几乎无一例外，包括猎食社会、畜牧社会、农艺社会、讨海维生的社会以及农业社会。其中某些形式的社会——譬如畜牧与农艺社会——有百分之九十的家族拥有奴隶。随着工业化的兴起，蓄奴的比率才逐渐降到零。事实上，大约从1770年至1870年的一百年间，奴隶制已经被地球上的每一个工业国斩草除根了。美国很不幸正好赶上了这个新旧交替的时代——从神话期的农业结构（乐于制定奴隶制）转入理性期的工业结构（憎恶奴隶制）。

这一场种族议题的辩论令我觉得不幸之处在于双方的观点都嫌廉价，因为没有注意到意识本身也会随着历史而成长。自由主义的西方人所共享的价值观，也就是启蒙运动的价值观（理性期工业社会的价值观）——譬如自由、平等和解放——并不是其他形式的社会价值观，从来都不是。猎食社会偶尔出现过零星散布的平等主义，但是体力仍然决定了男性的掌控权。农艺社会——有三分之一是母系中心、信仰大地母神的神话期社会——拥有百分之八十四的蓄奴比率，其情况是有史以来最糟的。到了农业社会——几乎全是以父系为中心的——蓄奴百分比降到了百分之五十四。到了以父系为中心的工业社会，随着平等、自由、解放的价值观的兴起，蓄奴的百分比降到了零——在历史上，这些价值观第一次被大幅度地履行而成为社会的准则。

虽然白人涉及蓄奴行为——如同每一个前工业期的民族与社会一样——但白人也促成了启蒙运动和工业社会的兴起。在一个世纪中，奴隶制终于从人类的历史中根绝。

参与辩论的双方（我指的是自由主义阵营与保守主义阵营）所犯的错误其实是相同的。自由主义者认为奴隶制乃是卑劣的白人施加于善良黑人的恶行，他们没有认清前工业期的社会几乎每一个人都在奴役别人。前工业期的社会结构还没有强壮到可以免除奴役人类的劳力。我们很惊讶托马斯·杰弗逊（Thomas Jefferson）——典型的农业期心智——居然会原谅蓄奴行为，其实一点也不足以为奇。真正可悲的是，这些自由主义者竟然以不可一世的自大态度将今日理性工业社会的价值观强加于昨日农业社会的深思熟虑之上。（斯皮尔伯格 [Spielberg] 执导的《勇者无惧》造成了很严重的混淆与误导——他以典型自由主义的立场来看待农业时期的问题，严重误解了当时的环境。）

保守主义的情况也好不到哪儿去。现代自由主义当初是随着理性启蒙运动而形成的，双方共享的价值观都是理性工业社会所信奉的：自由、解放和平等。但保守主义却扎根于神话期农业社会的价值观：阶层观念，贵族政治，种族中心主义，以城邦为中心，以神话式的基本教义派信仰来膜拜父权式的上帝，而且他们认为奴隶制是妥当的。因此今日典型的保守主义者仍然给你一种感觉：黑人罪有应得，因为我们是强势，而他们是弱势，事情就是这么简单。的确，神话期的农业社会就是这么思考的。

在这个特殊的议题上，自由主义与保守主义双方都有可恶之处。奴隶制的形成不该完全怪罪白人，该怪罪的是前工业社会的局限。当然非裔美国人绝非"罪有应得"才遭此对待（地球上任何一个种族，包括白人在内，都不该遭受别人的奴役），但只有到了理性工业主义兴起，机器取代人力之后，人类才能停止奴役他人。

非裔美国人的经历最令我感到悲哀的并非被奴役这件事，而是遭受到文化上的放逐。从许多案例来看，黑奴被卖到某些邻近的家族，情况虽然恐怖，至少还生活在自己的文化中。如果自由和文化同时被剥夺，那种羞辱就不是任何人所能承受的了。然而我认为，这就是非裔美国人不可思议的坚忍力之起源。非洲人从踏进死亡之船的那一刻起，这种精神便逐渐深入于他们的集体心灵，从其中产生了才华与美、分享和关怀、坚忍及勇气，在历史上这样的情况十分罕见。

他们为美国文化带来了极为丰富的一页。穆罕默德·阿里有一句名言："我真高兴我的曾曾祖父搭上了那艘船。"如果有一天在肤色之别的另一端，有更多的美国白人也能分享这样的感触，那将是一个皆大欢喜的日子。

12月7日，星期日

转化能恢复一个人的幽默感。神性能带来微笑。突然，欢笑回来了。目前有太多的运动以及运动的代言人——譬如女性主义运动、生态运动和心灵研究运动——似乎都缺乏幽默感。换句话说，他们无法和自己保持距离，远远地看着自我是如何强迫别人臣服于自己描绘的轮廓的。我们有两种选择：一是自我转化的幽默感，一是自我的权利游戏。我们还是选择了自我的权利及看似名正言顺的观念。譬如：阴沉的维多利亚式的改革者假扮成捍卫民权的斗士；以救世主自居的新典范思想家认为自己可以拯救地球，治愈全世界。难怪门肯（Mencken）（译注：美国的评论家与新闻记者）曾说："每三个美国人中就有一个献身于改造和提升自己的同胞，是习于强迫的；这种自认为是救世主的幻觉，已经成了全国性的疾病。"也许我们该拿两磅的自我来换取一盎司的欢笑。

12月8日，星期一

说到幽默感，玛西和我很想去看一看博比·路易斯·霍金斯（Bobbie Louise Hawkins），她以撰写风趣幽默的散文、小说与诗而闻名。她时常在那洛巴授课以及表演。唉！正因为她是如此滑稽，所以没有人重视她。自我将严肃和阴沉戴在脖子上，就像戴了一圈避邪的大蒜一样，刻意将卓越与幽默阻挡于外。芭比写过一篇描述风趣小品不受重视的风趣文章，可惜没人重视它。

12月9日，星期二

这个星期六玛西就得把毕业论文交出去了，她显得非常紧张而担忧，但是表现出来的态度很可爱。她晚上失眠，只好睁着眼睛看我进行一整夜的冥想，我完全能感觉到她在看着我。那种滋味十分温馨。

看了《善恶园的午夜》这部电影，我很喜欢。"这个地方好像服了酶斯卡灵（mescaline）之后的'飘'。每个人都带着武器而且醉醺醺的。纽约真是乏味极了。我会在这里住下来的。"

租了《冷血》（Goldblooded）回家观赏，这是一部黑色喜剧，讲述了一名年轻学徒打手的故事。

"你从来没有交过女朋友吗？"

"从来没有。"

"不过我跟一名妓女来往一段时间了。"

"妓女不算数。"

最后他被一位好女人和……瑜伽术拯救了。

12月10日，星期三

失而复得的神性故事

有关政治救赎及解放的理论剧。剧情分为三幕，还有一篇重要的后记。

第一幕

🎬 第一景

1721年，让-雅各·卢梭（Jean-Jacques Rousseau）的母亲因生他而死于日内瓦。他被父亲虐待毒打，十岁时就被父亲抛弃了。十六岁的时候，他进入萨伏依（Savoy）讨生活，遭受华伦（Warens）夫人的虐待，身心严重受创。三十岁时，卢梭成为巴黎狄德罗与达朗贝尔（d'Alembert）哲学圈中的一名小人物，后两者是百科全书的编辑。这个时期的卢梭完全浸淫在启蒙运动的思想中。接下来的十年，他远离过去交往的老友——包括大卫·休谟（David Hume）与伏尔泰（Voltaire）——从城市迁往乡下，和一位没受过教育的洗衣妇特瑞丝·莱瓦索（Therese Levasseur）同居了二十年，直到他去世为止。他们育有五个子女，但是每一个都被他们送进了孤儿院。伊萨克·克拉姆尼克（Isaac Kramnick）告诉我们："卢梭总是衣衫褴褛，时常奇装异服，言语笨拙而直接，神态痴呆又粗鄙。"休谟说他是"不折不扣的疯子"。狄德罗则说"那个人根本疯了"。以赛亚·伯林（Isaiah Berlin）爵士还替他冠了一个名——"现代解放思想的最大公敌与罪魁祸首"。

🎬 第二景

卢梭留给世人的遗产是深奥吊诡而又充满矛盾的。对现代人而言，他是第一位倡导退化式浪漫主义的伟大人物，也是第一位具有影响力的深层生态学家，更是第一位重要的极权主义者。此外，他还是第一位将自我沉溺的自恋主义发扬光大的人；他也是促成民主社会的首要倡导者；他是倡导正义及崇高精神的雄辩家；他谴责文化的不公平，却拥护大自然的不平等。

卢梭最富影响力、最广为人知的宣言，应该是《社会契约论》第一章的开场白："人类本是生而自由的，却演变成处处都是枷锁。"卢梭在这个问题上的思考其实是很复杂的，一般大众却把它想象成：人性本善，然而这善良本性却逐渐被社会的力量扼杀与埋没。自然是良善的，文化是令人窒息的；自然真实不虚，社会则充满着虚伪。他的观念是——浪漫主义的核心精神——我们一开始与大自然是合一的，后来这份合一感逐渐被文化、语言和理性打破。所以我们的任务就是拾回最早的合一感与善根，也许是以"更成熟"的形式或"更高层次"的方式拾回，无论如何，"重拾善根"是他强调的重点。

第三景

孪生兄弟说道："明天他们就要来猎杀你了。"威廉·戈尔丁（William Golding）的经典小说《苍蝇王》最后一段令人不寒而栗的情节就从这句话展开。一群六岁到十二岁的男孩被困在一个无人居住的小岛上，在一切都得靠自己的情况下，他们的本性开始流露，也就是逐渐退回野蛮人的状态。小说快要接近尾声时，这群男孩赤身裸体，身上绘着原始的图案，看起来污秽不堪……正准备猎杀那两名不肯和他们一起"回归自然"的孪生兄弟。

第四景

男人和女人回归自然的状况其实是"孤独、穷困、卑劣、残暴与匮乏"的。托马斯·霍布斯（Thomas Hobbes）这句名言中至少有三条是为人熟知的。他的主张与浪漫主义完全相反。霍布斯认为孩子天生就是自私的，他们只考虑到自己。而教育可以训练他们扩大自己的兴趣，关心别人，甚至逐渐关怀到全人类，但是多数人只能将关怀扩及自己的家人。

根据霍布斯的说法，这就是文明社会的价值所在。只有超越人类的本性——被生存本能所操控——男人和女人才能结合在一起，共同创造更高的美德，并带来祥和、稳定、互相扶持的关系。我们一开始的本性是卑劣的，不过可以结合在一起朝着至善成长。否则，就如同那对孪生兄弟说的："明天他们就要来猎杀你了。"

第二幕

第一景

以上这两种观点——可以称之为"重拾善根"与"朝着至善成长"——已被证实为人类成长的两大对立方向。第一种观点认为人类的成长犹如从天堂往下滑落的退化，所以必须掉转头；另一种观点则认为人类的成长是从不够良善而逐渐趋于至善。

第一种观点几乎永远以"治疗"来比喻成长，第二种则以"成长"来比喻成长。用"治疗"这个字眼是因为"重拾善根"这一派相信我们在童年时是完整的——伊甸园里的高尚野人——但是这份完整性后来被破坏、埋没或拆解了，因此需要治疗。"治疗"意味着曾经是健康的，后来失去了健康，因此需要重新将其恢复。"治疗"这个比喻之中永远暗示着退化式的浪漫主义观点。

"成长"则暗示着并不是要重拾昨日拥有的东西，而是要朝着自己更高的可能性演化。橡实必须成长才能演变成橡树，而并不是重拾昨日的某样东西。因此，"成长"这个比喻几乎永远暗示着进展或演化的观点。

第一种派别时常采用"揭露"这个比喻，第二种派别则时常采用"显现"这样的比喻。采用"揭露"的比喻是因为我们所需的善根曾经出现，后来被埋没了，我们只需要将表层的文明刮除，就可能将其恢复。采用"显现"的比喻则是因为我们需要的善根从未出现，只有成长或发展到更高的层次，它才会显现。

简而言之，第一种派别认为人性本善，但后来变坏了，所以必须重拾善根来治疗我们自己以及这个世界。第二种派别则认为人性的本质即使不恶，也缺乏善意，我们必须成长和发展所有的潜能，才可能展现至善。

▶ 第二景

政治上的自由主义主要的观点就是人性本善，政治上的保守主义则主张人性本恶。自由主义的观点是儿童的天性本善良，社会机制不该干预这份善良的本性。这些矫揉造作的成规不该阻碍天赋之善，如果阻碍了天赋之善——社会机制如果介入了人们善良的本性——我们就需要革命性的解放运动，颠覆、违犯与解放社会加诸在自然善良本性之上的令人窒息的局限。

保守主义则认为儿童的天性是自我中心的，社会机制的作用就是要拘束他们未开化的行为或拓展他们狭窄的视野。社会机制一旦瓦解，野人就会被放出来。"保守主义"通常意味着"前进"的反面，而上述情况指的是从童年前进到成年（儿童必须发展道德上的善，因为善并非生来就具足的），于是保守主义的观点真的变得很保守：在成年的美德未出现之前，不要干预社会机制所发挥的不稳定的抑制作用。

第一种派别认为社会机制时常压抑了天赋之善，它们一旦变成一种负担，就要迅速地舍弃。根据这种学派的观点，舍弃社会机制并不会造成什么严重的问题，因为善良的本性正在其下静待着我们。但是对第二种派别而言，社会机制不是"矫揉造作"的成规，我们必须通过这些媒介，才能超越卑劣、残暴和匮乏的本性。轻率地干预这些社会机制，只会释放人类的兽性而非至善。

▶ 第三景

每一种派别都有其最极端的代表人物。至少对许多人而言，卢梭是以人性本善重拾天真为名而认可鲁莽的颠覆与反叛的代表人物。这一派最典型的例子就是法国大革命。如同西蒙·沙玛（Simon Schama）所言："他们相信通过集体的道德及政治上的革命，童年的天真也许可以持续到成年。"这不是一种比喻，而是真实的信念。其结果却造成了"恐怖统治"，那些不太天真的人被新发明的断头台砍下了头颅，人们心惊胆战地目睹着那些具有善良本性的高尚野人在巴黎街头暴动滋事。犹如那对孪生兄弟所言：

"他们明天就要来猎杀你了。"

今日的情况也差不多。多数激进的自由主义者相信,后无产阶级的社会能够重拾原始的共产体制。以克兰斯顿(Cranston)为首的许多学者都认为卢梭是上世纪六十年代学运之父,当时的大学生不分青红皂白地反体制,因为体制"限制"了他们"与生俱来的自由"——如同所有的浪漫主义者犯下的错误一样。他们并没有认清前成规期的放纵(你是你的冲动的奴隶)与后成规期的自由(你通过深度的道德而获得解放)是截然不同的两回事:前者和自然有关,后者与文化有关。

连邮包炸弹客泰德·卡克辛斯基(Ted Kaczynski)也过起了卢梭式的生活——独居陋屋中,与自然神交,反社会机制。他的声明书很清楚地表示:"回归自然才是最实际的典范"。如果卢梭是卡克辛斯基的典范,那么罗伯斯庇尔就是科克帕特里克·塞尔(Kirkpatrick Sale)的典范。塞尔写过一句话:"除非我们注意到邮包炸弹客想要传达的讯息,否则我们的社会真的会遭天谴而面临瓦解。"乔·克莱恩(Joe Klein)写过一篇名叫《邮包炸弹客与左翼分子》的论文,这篇论文很正确地指出了此一讯息就是自由主义者想要传达的意旨——文化压抑了我们本有的良善,所以我们必须抛弃文化而拥抱大自然,否则……当人类朝着前成规期的方向追寻"天赋之善"时,我们会发现"生态恐怖主义"只是"恐怖统治"的变调罢了。

如果卢梭是主张人性本善、回归自然、高尚野人和推翻文化制约的激进派代表人物,那么尼采就应该是朝着超人成长与演化的激进派代表人物。尼采曾斥责刮除社会机制就能发现善良本性的观点。他说:"某些政治及社会议题的空想家以激烈的雄辩要求推翻所有的社会秩序,因为他们相信象征光明人性的辉煌圣殿会立刻自动耸立。在这种冒险式的梦想中仍然回响着卢梭的迷信,他相信有一种奇迹式的原始善根,埋藏在以社会、国家和教育的形式所呈现的文化机制之下,所以该怪罪的是那些文化机制。不幸的是,历史经验告知我们,每一次的革命都会使埋藏已久的野蛮能量复活。"尼采认为我们必须朝着最高的境界成长演化,而不是退回到过去,在其中寻宝。

卢梭的思想到底是正确地还是错误地促成了恐怖统治?尼采的思想到

底是正确地还是错误地被纳粹挪用？最后史学家都同意其结果是错误的，但是国家社会主义仍然难以抗拒超人演化论，而将其拥戴为他们的统治理想。只要依循有别于退化典范的成长范型，你就必须为将来而努力，你不能只是退回到（或恢复）曾经拥有的过去。努力工作而非随性生活的主张弥漫着整个"成长"的典范。每个人都同意，法西斯主义者总是能让火车准时到达车站。

激进的自由主义和激进的保守主义这两种不同的激进派之所以会产生，就是因为这两种观点——重拾善根与朝着至善成长——都只对了一半，而另一半是错的。那错的一半一旦促成了广泛的行动，我们就只有等着做噩梦了。激进的自由主义为了普通大众而牺牲最杰出的精英，它削去了成长金字塔的顶端，只为了喂饱普通的群众。最宽大的社会不要求任何个人的成长，因为所有人都应该被平等地尊重，其结果却是所有的人都均等地腐败堕落。激进的保守主义则刚好相反——为了喂饱金字塔的顶端而扼杀底层——它朝着超人的目标努力成长，却不知是正确地还是错误地（其实一向都是错误地）将那些在煤气室里静待死亡降临的人们视为劣等民族。

第三幕

第一景

除了那些激进者之外，这两个派别显然都有可取之处——激进的发展充分显示了这两种途径无法整合与平衡的后果。朝着至善成长的这一派确实说出了一些真理，因为所有的美德并非与生俱来。重拾善根这一派也说出了某些真理，因为在成长的过程中许多潜能都丧失了，确实需要将它们重新拾回。这些诠释也都适用于自由主义和保守主义，两者都有长处，也皆有短处。

如果我们只研究人类演化的曲线——包括种系发展学及个体发生学——这整个议题就变得相当清楚了。不过涉及灵性上的研究时，我们还必须处理向内回旋的光谱，这时事情就变得复杂了。

我们先来探讨人类的演化（让我们集中焦点在个体发生学或个人的

成长上）。其实这个议题早就获得了广泛的共识。居领导地位的研究者拉瑞·纳希（Larry Nucci）曾说："从上世纪六十年代开始，发展心理学者已经达成共识，他们认为儿童确实需要道德与社会价值观的辅佐。"这项共识就是：朝着至善成长。

从另外一个角度来看，当儿童开始经验人际的交互影响时，他们在生物次元已经具备了道德区分的条件。两岁的孩子已经有能力在情绪的基础上建立对错的观念，某些孩子甚至能同理和同情他人。这些能力都会随着每一个阶段的认知、社交与道德的成长而强化和拓展。儿童主要的能力——病态的发展除外——总是愈来愈拓展，而不是愈来愈退减。概要是：儿童乃是纳希所谓的"显化的道德动因"，他们是朝着至善成长的，并非重拾善根。这个结论决定了这项辩论的结果。

从自我中心到社会中心到世界中心的一系列发展，仍然是朝着至善成长的最简单而适切的概括，但发展的方式并非一阶又一阶的僵化模式，而是逐渐展露的意识波和能力。研究持续证实男孩与女孩都是依照大致相同的阶序而发展的，不过男孩强调的是正义，女孩强调的则是关怀。理由是什么，学者曾经为此进行激烈的辩论，有人觉得起因于生物的因素，另外一些人则觉得是受到文化制约而形成的发展（我觉得生物因素是比较强而有力的基础，后来又加上了文化的影响）。

皮亚杰和科尔伯格都认为朝着善成长的道德深层特征乃是具有普遍性的，而非相对性的。当代最主要的研究者譬如纳希与图瑞尔（Turiel）也都同意这个观点。"图瑞尔发现，男孩与女孩在衣着及礼仪上的标准比较不同，但是在正义和伤害的议题上，却能跨越文化背景而达成共识。这暗示着这些道德准则的发展，包括社会成规的区别在内，是具有普遍性的。"当然，因为地域的不同而产生内容上的差异，这种情况仍然存在，因此我们必须再度强调，"统合多元观"还是最佳的座右铭。除了文化上的表层特征之外，朝着至善发展乃是普遍的深层特征。

儿童虽然不像某些人想象的那么野蛮，毕竟缺乏深刻的美德。原因是儿童的认知力狭窄，人际关系有限。举一个研究者提到过的例子，戴维·拜瑞比曾概要地加以说明："儿童在种族歧视上的认知，似乎并不是源自于成年人的文化。我们以为种族歧视的思想是直接从社会学来的,其实这只是我们的想象。"直截了当地说,儿童天生就是种族歧视者。

而且他们天生就是自恋的,他们在先天上缺乏全球关怀的能力:天生缺乏对盖娅的爱,缺乏全球性的深度,缺乏转换成他人角色的能力,缺乏真正的慈悲与爱——而被锁在自己那狭窄、紧缩、令人窒息的感官世界中。在这一点上,可爱的卢梭完全把真相弄拧了:你可不是生而自由,后来却变得处处是枷锁,你其实是生而带着枷锁的,但随时随地可以进化成自由之人。

第二景

然而,浪漫主义的观点也有正确之处:在朝着至善成长的过程中,每一个阶段都可能出错,任何一个阶段所出现的美德都可能被压抑,那些被压抑的美德必须重新加以揭露(这就是为何弗洛伊德会被归类为理性主义者和浪漫主义者,许多人因此而感到困惑,因为这两者似乎互相矛盾,但其实不然。他相信人类基本上是以自然的本能趋力朝着至善而成长的,所以他是一位理性主义者;但是如果在成长的过程中,我们否认了本能趋力而压抑它或扭曲它——我们就会变成自己的小法西斯——这时就必须放松压抑所带来的障碍,通过浪漫式的退化来帮助自我重拾那些被遗失或压抑的面向,并且将它们与自我统合,如此才能继续朝着至善成长)。

所以,即使是外在的演化曲线,我们也必须平衡"重拾善根"与"朝着至善成长"的范型,因为两者都有所贡献。实际一点地说,在孩子的发展过程中,我们不应该过于放纵(自由主义),因为小强尼并非圣人,他不像许多父母(和卢梭)想象的那样良善。一味地放纵——没有任何要求,没有任何限制,让强尼更接近他的善良本性——其实只会让小强尼趋向于腐败,而逐渐释放出内心的"恐怖统治"。他将无法完全朝着至善成长,他将毁掉自己美好的未来,他将释放出自己内心的邮包炸弹。

当然,我们也不该过于权威(和保守),在小强尼身上强加自己的"家族价值观",并企图"塑造他的性格"。性恪的塑造是一个人在成长过程中自然展露的,强迫塑造就是拔苗助长。过度的权威教育会令强尼变成自己内心的小法西斯，就像小希特勒总觉得无法达到父母为自己立下的高标准，而必须压抑不完美的地方，这份内在的压抑会造成小强尼总想将自己不完美之处送进煤气室，而这些被压抑的潜能就是阻止他朝着至善成长的障碍。

🎬 第三景

那么向内回旋的情况又如何呢？浪漫主义者直觉地认为我们并非丧失了某些低层的潜力，而是失去了与神性的联结。

根据长青哲学的观点，我们确实遭受了这样的损失。然而这项损失并不是在演化的起点发生的，也不是在童年发生的，而是在向内回旋的一开始就发生了——亦即在时间感产生之前就发生了。那些浪漫主义者的直觉在这一点上是相当正确的，不过他们把发生的时间点搞错了。即使坚持以历史或现世的角度来看待与神性失去联结的这项损失，长青哲学还是提供了三个向内回旋的相关定义：在宇宙大爆炸之前，在你的自我意识出现之前，在下一次呼吸之前。

向内回旋大致的意思是，从高层进入低层的活动，也就是从灵性到灵魂到心智到肉体到物质的活动。每下降一层，就必须舍弃上面的一层，因而失去了对它的"觉知"（*换句话说，我们完全融入低层，而忘了高层的存在*）。最后的结果是宇宙大爆炸，物质世界因而产生，从这物质世界又开始产生反向的演化活动，亦即从物质到肉体到心智到灵魂到灵性。每进展一步，以往没有觉察到的次元就会显露出来，这种进展并非硬邦邦一层接着一层往上发展，而是将法界的意识波或更细微的可能性之氛围显露出来。

东方以及早期西方的长青哲学主张，当个体的灵魂转世时也会发生向内回旋、演化的循环。如果一个人生前没有进入更高的灵魂和灵性的次元，在死亡来临时，还是有可能会演化。这垂死之人如果能清醒地认出自性，被迫轮回的循环就会停止。如果无法认出，向内回旋又会发生，灵魂会再度投胎而形成肉身，从灵性到灵魂到心智到肉体一路向下回旋，然后又开始个人的演化和发展，从肉体到心智到灵魂到灵性。

这种向内回旋、演化的循环，也被认为是当下这一刻的经验结构（这是最重要的一点，因为只有在当下这一刻才可能穿透这个循环）。每一个当下我们都有机会赤裸裸地面对纯然的一味，但大部分的人无法觉知到它。我们在无限的面前紧缩自己，并紧抓住自己不放，因此越来越涉入于时间、命运、痛苦与死亡。然而每一个当下，我们都有机会认出那一味而停止这整个循环。那时我们就不会再受生死或生灭的折磨，因为我们终于安住于超越时间与超越生死的当下。

前面提到三种"失去"对神性觉知的情况，其中有一种是在向下回旋的早期发生的——当神性"下降"到灵魂、心智和肉体的次元时，我们便丧失了对神性的觉知。不过从肉体朝着灵性攀升和演化时，亦即在早期的演化阶段，这件事并不会发生。当肉体形成时，我们便丧失了与神性的联结。根据长青哲学的说法，早期的演化阶段是距离神性最遥远的，因为婴儿完全无法觉知自己的神性。

然而浪漫主义者却认为早期的演化阶段（种系发展学与个体发生学）犹如处在天堂一般，接着"人性本善"的状态便逐渐丧失，所以必须重新将其拾回。其实一降到肉体和物质世界的次元，亦即大存有链最低的阶层，我们已经在无意识的整体感中丧失了与神性的联结。这些演化的最低阶层也是一种"融合"或"一体"的状态，但这种融合状态是最肤浅、最原始的统合感，我们必须认清这一点，并加以转化，才有可能朝着至善而成长。

让我再强调一次，（重拾善根的）浪漫派及（朝着至善成长的）演化论都有重要之处。浪漫主义认为我们曾经与神和女神联结，而浸淫在永恒的乐园中，就这一点而言，他们是完全正确的，不过那个乐园并不在历史的昨日之中。我们从猎食期进入农艺期再进入农业期的过程里，并没有丧失我们的神性——在演化、时间或历史的任何一刻，我们都没有丧失神性。我们其实是在向内回旋的过程中失去了神性，换句话说，当神性堕入时间感的那一刻，我们就失去了与它的联结。然而那一刻到底是何时？在宇宙大爆炸之前，在你降生之前，还是在你从无限退缩到自我的当下这一刻之前？朝着至善成长，确实意味着重拾善根，不过善根并非在演化中丧失的，而是在向下回旋时失去的。一旦有了这份认识，我们就能尊重这两种观点了。

重要的后记

接下来是一连串的反讽。

我将今日的保守主义描述为朝着至善而成长的那一派,大体而言不失为一种正确的描述。但这种成长只能从前成规期的本质进展到成规期的社会,很难再进入后成规期以世界为中心的境界。典型的保守主义通常扎根于神话农业期的价值观,也就是以父权为中心、种族中心主义、封建阶级制、黩武主义和贵族政治,而且通常会陷入神话式的信仰崇拜,将神视为具象拟人化的上帝。现代人也许觉得这样的社会很恐怖,不过它已经在我们这个地球存在了五千年之久,它的任务已经完成,可以称得上功德圆满了。

当理性工业期社会出现时,新的政治视野开始被男人和女人所接受,这个视野属于后成规期以世界为中心的道德氛围:自由主义的启蒙运动。从许多方面来看,启蒙运动都可算是与以往的神话期君主制的明显决裂:理性开始对抗神话,民主制度开始对抗贵族统治,平等开始对抗阶层,自由开始对抗奴役。并从其中产生了现代性的视野。而自由主义夺取了这些高尚的理想作为政治的决策。

评论家早已提出,现代性并不是永远高尚的,它也有不好的一面——应该说有许多面都不好,并通常以"平板世界"的观念来概略加以说明。因科学主义兴起而形成物化的工业主义,以至于所有全像阶序的形式,譬如大存有链之类的心灵结构,都被拆解成平板而模糊的世界观,其中只有相互交错的客体或第三人称的"它们","我"和"我们"这样的语言从此不被提起。于是灵魂、心智和灵性不见了,取而代之的乃是对平板世界肉体的无尽执著,似乎只有肉体才是真实的(肉体主义)。"世界的魅力从此消除","单一次元的人类","不合格的宇宙","笛卡儿化的世界"……这些都是评论家形容这个荒芜世界的名言。

身为具有现代性的一名儿童,自由主义同样陷入了失败,它源于无法正确认清自己的内在基础(从自我中心到种族中心到世界中心的成长过程,自由主义代表的是以世界为主的觉知),而成为"平板世界的政治斗士"。自由主义完全忽略了内在的成长与发展(左手象限),它所拥护的几乎全是外在的事物——右手象限，譬如以经济发展作为解放的手段。以平板世界的观点来看，根本没有所谓的内在次元的存在——道德就是内在的真实。因为屈服于现代平板世界的观点，自由主义只好舍弃基本的道德直觉（从世界中心的立足点来看，自由主义应该鼓励所有的人成长，结果却变成每一个人都应该被平等对待了）。

不幸又无法避免，自由主义舍弃了它的道德声音而凝固于外在物质或经济的解放，它没有认清缺少了内在的解放，外在的自由是毫无意义的。左手象限的发展完全被舍弃，只剩下右手象限的发展。至于内在次元，既然它根本不存在，因此没有任何人强过其他人，于是放纵也无妨，极端的多元发展也无妨，激进的多元文化主义也无妨——大家都沐浴在性善之中，要求人们成长反而成了腐化的作风。

于是象征高层集体成长的自由主义反而变成了最严重的现代心病：平板世界观和平板世界的自由主义因此成为集体演化的高层病症。

如此一来，只剩下保守主义者——那些抱持神话农业期价值观而不轻易向现代的崩解投降的人——维系着内在的价值：宗教、价值观、意义、朝着至善成长的内在需求。但问题出在他们所信奉的神话农业期的价值观：其宗教信仰在过去和现在都属于神话期的形式，只能进展到成规期以社会为中心的阶段（他们积极对抗后成规期、以世界为中心的模式），其价值观则是不折不扣的农业期形式（贵族统治、父权中心、默式主义、以种族为中心、以圣经为基础的基本教义派）。在神话农业期社会，这样的价值观大体而言是健康的。在那样的时代，这些价值观已经算是众望所归了。

因此在今日的世界，我们只有两种政治上的选择：健康的低层（保守主义）与病态的高层（自由主义）。

我认为后自由主义的觉知是唯一值得追求的清明路线。它结合了最佳的保守主义愿景——朝着至善成长，重视全像阶序的关系以及各种意义（个人、家庭、社区、国家、世界、神性），强调机会均等而非不假思索的平等。但是这些保守主义的价值观都需要提升到现代后成规期、以世界为中心的觉知。

同样的，自由主义也必须放弃残留的回归"善良本性"的主张，而朝着进步和演化的路线成长。嘲讽之处在于放纵式的自由主义（以及激进的后现代主义）其实是极为反动的，因为它根本无法达到朝后成规期的至善成长的严格要求。我们只有站在后成规期、以世界为中心的立足点，才能保护真正的多元发展和多元文化主义。而且除非自由主义能鼓励这样的成长方向，否则它的决策将会被自己扼杀。愚蠢的慈悲将扼杀掉自由主义。

简而言之，自由主义必须在内心的意识层面有所成长，而不只是在经济上向前迈进。它必须从以自我为主进展到以社会为主再进展到以世界为主，从前成规期进展到成规期再进展到后成规期（然后再到后后成规期）。但这不该是国家资助的决策（国家不该偏袒或资助任何特定的幸福人生的版本），而是形成一种鼓励的氛围——著书立说，领导人以身作则，以发自心灵的洞见来召唤人们。

然而目前看来，自由主义的背景信念仍然是人性本善主义，前景信念也还是激进的多元主义，因此它只是在助长退化的氛围——包括族群认同政策、种族中心复兴运动和放纵自我。我并不是在暗示自由主义者应该立法来反对上述的现象（人们可以自由地做自己想做的事，除了伤害别人之外），我只是建议他们应该停止鼓励人性本善的错误观念和自相矛盾的平等主义理论（它主张平等主义"胜过"其他的选择，因此"所有"的观点都应该是平等的）。毫无疑问，这两种观点是错误的，而且毫无辩解的余地。自由主义应该默默地摆脱它们，继续朝着后自由主义的方向寻找至善的氛围。

我个人的看法是，后成规期后自由主义的愿景将会打开后后成规期的觉智，换句话说，就是与神性联结。这场辩论真的有了结论：你是生而不自由的，但随时随地都可以发现本来面目从而获得解脱。

12月11日，星期四

睡眠的循环真是令人着迷。肉体睡着了，精微光明次元（心智与灵魂）以及自性次元（无相目睹）却是清醒的。因此肉体入睡时，精微光明次元的心智与灵魂的活动便活跃地出现在梦境中，其中有各种的意象、幻影，偶尔还会出现原型式的光明。到达某一点时，这些精微光明次元的活动也会进入睡眠状态——心智睡着了，灵魂也睡着了——最后只剩下无相无梦的深睡。这其实就是目睹或真我的赤裸本质，其中没有任何的客体（这种从粗钝次元到精微光明次元到自性次元的推演活动，其实就是演化或向上回旋的曲线）。

在深睡无梦的情境中，灵魂会在某一个时刻突然醒来，于是做梦的活动再度开始。因为在梦境中粗钝的肉体局限并不存在，精微光明次元的心智和灵魂（深层的意识）就可以表达出最深的意愿（我们心中的愿望会立刻在梦境显现）——这也就是为什么先知、圣人、智者与深度心理学家一向重视梦境的原因：更深的自我通过梦境在说话，所以请你务必留意。商羯罗、弗洛伊德、吉米尼·克里克特（Jimminy Cricket）都同意："当你熟睡时，你的梦就是你心中的愿望。"

当梦境接近尾声时（在精微光明次元的梦境与自性次元的无梦状态之间，通常会经过好几个循环），粗钝次元的肉体便开始扰动起来。精微光明次元的心智逐渐消失，代之而起的是粗钝次元的自我取向，然后粗钝次元的肉体也开始从熟睡中清醒过来。肉体醒了，自我也醒了（粗钝次元的自我与粗钝次元的肉体是交互联结的）——简而言之，前意识的人格醒来了——但是人们对这不可思议的旅程记忆很有限。（从自性到精微光明到粗钝次元——从无生到深层意识，从真我到灵魂到自我——这个活动又可以称为向内回旋或向下回旋的曲线。）

一般人在向下回旋的活动中，只要一醒来，所有的过程立刻遗忘。在深睡无梦的情境里，都会转向纯然无相的真我；当精微光明次元的活动升起时，立刻忘却真我而认同灵魂，认同其中的幻影、光明或充满至乐的景象——他们迷失在梦境，误认那就是真实。接下来，当粗钝次元的自我身 (ego-body) 从睡梦中清醒时，它通常会忘记大部分精微光明次元的情境，除非它努力记起某一个特定的梦，其实这个梦只是精微光明次元的片断幻影罢了。粗钝次元的自我身看到感官运作的外在世界——所有世界中最小的一个——便以为那就是终极实相。它已经忘记自己的真我和灵魂，除了粗钝次元和感官运作的世界之外，什么也看不到了。它不但丧失了自己的灵性和灵魂，连心智也快要丧失了。

（《西藏生死书》描述过这一连串的意识演化活动：从粗钝次元融入精微光明次元再融入自性次元。在这个时刻如果业力现前，自性次元以及精微光明次元的活动就会消失，而粗钝次元的活动就会升起。当你再度醒来时，你会发现又落入了粗钝世界的一个粗钝的肉身中。死亡 [就是从粗钝次元融入精微光明次元再融入自性次元] 和再生 [则是从自性次元融入精微光明次元再融入粗钝次元，每演化一步，就会将上一步忘却] 的过程是相同的。如果能主宰清醒、梦境与深睡的循环，据说就能清醒地选择自己的转世。这两种依循大存有链而推进的死生循环其实是相同的——从粗钝次元到精微次元到自性次元，再从自性次元到精微次元到粗钝次元，如果能主宰其一就能主宰其二。这生死的循环无论被吹捧得多高，也只不过是无尽的痛苦轮回罢了。如果能在轮回的过程中做主，就能达到最终极的目标：体悟一味。只有体悟一味，才能脱离残酷的生死轮回，安住于一切万有。粗钝次元、精微次元或自性次元都不是最终极的境界，只有单纯的一味，才是终极实相。）

大多数的人遗忘了自己的高层意识状态——忘了自己的灵魂，忘了自己的真我，忘了独一无二的一味。但是意识变得更强壮时——通过成长，通过冥想，通过演化——这三种意识状态之间就不会出现遗忘、失忆或暂时丧失意识的情况。通过持续不断的目睹，你终于从这个世界解脱，因为你不再是受害者，而是成为目睹本身。进入一味的状态时，你将体悟更深的解脱，换句话说，你已经从整个世界解放出来，因为你就是这整个世界。即使偶尔瞥见一味，你也不可能再回到旧有的状态。呼吸时，你将吸入整个银河；入睡时，你将融入万点繁星；太阳、月亮和辉煌的星星将流动于你的血管，你的心脏将随着仁慈的宇宙在时间中脉动。这一切都是你的真我的显化，你早就消失于夜之圆满中，所以没有任何动静。

12月12日，星期五

明天玛西就要交出硕士论文和进行面试。校方还要为毕业生举办一场——庆祝大会。舞会的季节又开始了。再见了！目睹。哈罗！残酷的俗世。

12月13日，星期六

玛西通过了硕士论文的面试答辩而显得神采飞扬。她采用的是发展心理学的阶序理论（包括马斯洛的范型），而将其应用在商业上的统合管理。也就是试图说明一个公司必须提供员工自我成长的空间，才能吸引员工加入它的组织。员工会因此而更加快乐，生产力也会增加，而公司也能吸引更多的员工——一种双赢的局面。以客观的角度来看这篇论文，我不得不说这是一篇杰出、新奇、富有煽动性、令人激赏而又引人入胜的好文章。

我们出去大肆庆祝了一番。

12月15日，星期一

> 贝尔·胡克斯（Bell Hooks）："如果我的女学生只肯阅读女性的著作，黑人学生只肯阅读黑人作家的作品，而白人学生只肯认同白人作家，我会觉得非常不安，我认为最糟的就是丧失同理与慈悲的能力。"
>
> 玛雅·安吉罗（Maya Angelou）："完全正确。这么一来我们就变成了禽兽，我们会被自己的兽性所吞没。不论我教的是什么课程，我总会在教室的黑板上写下这句话：'我是人类的一员。人性对我而言不陌生。'接着再以拉丁文写出这句话，然后告诉学生这句话的出处。此言出自泰伦提乌斯（Publius Terentius Afer）之口。他是一名非洲的奴隶，被卖给了一位罗马元老院的议员，后来这位议员将他释放，他竟然成为罗马最受欢迎的剧作家。他写过六部诗剧，其中包括上述那句名言，作品从公元前154年流传到今日。这位剧作家既非白人，也不是生而自由的，却能够说出'我是人类的一员'这样的话。"
>
> ——摘自1998年1月《香巴拉之光》的一篇对谈录

胡克斯、安吉罗（或莎拉·贝茨）都没有否认过文化的差异性，他们只是以人类的共通性来含摄文化的差异性，如同贝尔所言，人类的共通性就是同理与慈悲，后成规期以世界为中心的觉知、普遍一同多元主义和统合多元观。

"统合多元观"其实就是我的座右铭。有许多迹象表明，抱持这个观念的时代终于来临了。现代性经历了僵化的普遍主义和均变论的阶段（通过有产阶级白种男性的镜片来看世界，因而否认了文化的差异性），接着后现代性又经历了混乱多元主义，将四分五裂的文化发展过度圣化（除了自己的真理之外，完全否认有任何普遍性的真理存在），现在我们终于可以撷取这两种世界观的长处而形成普遍一同多元主义或统合多元观。我们到处可见这种崭新的整合知识的迹象——存在于心理学、哲学、商业和经济等各种领域……

譬如七月号的《有线》杂志有一篇《整合主义者对分离主义者》的精彩访谈，受访者是克林顿的国际贸易首席顾问拉瑞·萨默斯（Larry Summers），他清楚地说明了保护主义和分离主义在世界贸易上造成的灾难——其实标题已经道出了一切。本期杂志另有一篇杰出的文章可以被视为补充说明，是由我的老友彼得·施瓦茨（Peter Schwartz）与彼得·莱登（Peter Leyden）共同撰写的《长久的景气》。他们指出目前正在推动的五种科技潮流（个人电脑、电信通讯技术、生化科技、纳米科技及另类能量），未来将有不可避免的结果，其中之一可能是全世界的整合，时间大约是2020年。他们指出这个相互联结网状的整合世界，将不会否定区域性的文化差异，反而会接纳和珍惜它们。那将是一个真正多元文化的统合世界——一个统合多元主义的世界。"我们正进入真正多元差异性的时代——选择越多越好。我们的生态系统在这样的方式之下最能发挥作用。我们的市场经济在这样的方式之下最能有效运作。我们的文明在这样的方式之下能得到最佳的发展。"这一切都必须奠基于一个真正整合的世界，而不是只拥护多元发展就够了——依照他们的观点来看，分离主义者显然是两者之中的恶人。

他们同时指出，这个整合世界的发展趋势虽然有一部分是被科技所推动的，但还是需要某些内在的价值，尤其是开放与容忍。缺少了这些品质，科技很可能被滥用。换句话说，右手象限的因素并不能使你打胜仗；如果我们不希望科技继续助长疏离和分裂，我们就有义务建立左手象限的价值观以及觉察力。开放与容忍——普遍一同多元主义——乃是后成规期以世界为中心阶段的价值观。其结论是显而易见的：如果我们真的想达到世界的统合——经济上能维持长久的景气和繁荣，生态上能达到持续利用，文化上能包容异己——那么于外在的科技潮流之外，人类还必须朝着内心的方向发展，从自我中心到社会中心到世界中心，由此才能产生开放与容忍，尊重个人的差异性，并防止科技朝向毁灭的方向发展。

外在的潮流已有许多无法扭转的趋势正在发展，只有内在的发展才能使灾难转向，而谁又是它的代言人呢？

12月16日，星期二

玛西工作的残障养护中心为它的员工和住院者举行了一次圣诞舞会。玛西与我是那些住院者的主要舞伴，我们一共跳了三个小时，如果那算是跳舞的话。艾伦站在场地的中央一动也不动，但是脸上始终带着微笑。泰维欧不停地转动轮椅绕圈子。珊蒂以吓人的速度上下左右地摇动身体，我试着跟上她的节奏，不过她的速度实在太快了。汤姆跳上又跳下，两只手臂像直升机的螺旋桨一样不断地转动，对我来说速度还是太快了。这次舞会有一百位住院者出席，有一半的人不约而同跳了起来。大家手拉着手围成一圈，朝着同一个方向跳起了踢腿舞。

我认为这世界有三种主要的价值：实质的价值、外在的价值和基本的价值。实质的价值指的是事物本来具有的价值。外在的价值指的是某个事物对其他事物的价值。基本的价值指的是万事万物都是神的示现，在这个基础上所形成的价值。

实质价值乃是按照事物的完整性及含摄的程度来决定的。譬如分子的实质价值胜过原子，因为分子能含摄原子。分子的含摄性较高，它能容纳较多的存有，因此实质价值也比较高。细胞的实质价值胜过分子，而组织的实质价值又胜过细胞，以此类推。同样的，世界中心的实质价值胜过社会中心，社会中心的实质价值胜过自我中心，因为前者的深度与完整性超过后者。

但是细胞的实质价值胜过分子，并不意味着分子没有任何价值。实质价值取决于某全子所含纳的范围有多广。一个全子所含纳的存有越多，它的实质价值就越高。换句话说，越是有深度，越是完整，它的实质价值就越高。

外在的价值和实质的价值刚好相反。原子的外在价值比分子要高，因为全子赖以存活的原子数量高于分子。分子本身必须依赖原子而存活——倒过来则行不通——因此原子的外在价值比较高。

显而易见，在全像阶序中，全子的位阶越高，它的实质价值就越高。在大存有链中，全子的位阶越低，它的外在价值就越高。两者都是必要的，它们缺少了对方都无法存活。缺少了高层，低层就失去了意义；缺少了低层，高层就失去了显化的实体。

实质价值指的是一个事物身为一个"作用"之"整体"的价值（一个东西越有深度，或者它所包含的阶层越多，实质价值就越高）。相反，外在价值指的是一个事物身为交互关系中的某个部分的价值（它所涉及的关系越多，外在价值就越高）。作用与权利有关（我们是具有个人权利的完整个体，我们的基础是正义），交互关系与责任有关（我们是许多关系中的一个成员或一个部分，我们的基础是关怀）。所有的事物既是整体也是局部（所有的全子都是交互关系中的作用力，无一例外），因此所有的全子都具有实质与外在的价值，也都有权利与责任。

实质价值与外在价值是相对的价值，基本价值则是绝对的价值。每一个全子都是空性、神的源头或空寂的示现，因此每一个全子都有基本的价值。所有的全子不论高低都具有相同的基本价值——亦即所谓的一味。全子的实质价值有高有低，而且愈是有深度就愈有价值，但所有全子的基本价值都是相同的——它们都是神性的示现，一味的各种面貌。

每当我与这些可爱的在发展上受到残忍障碍的人相处时——他们虽有障碍，但也自有深度——我似乎更容易看到他们的基本价值，每个人都像是一颗绿宝石，散发着完美的光彩。他们提醒着我，所有因本来或外来的因素而脱离一味的神子们，全都具有平等的无限性。昨夜我花了三小时和一群佛陀共舞，谁又敢否认这个事实呢？

12月18日，星期四

二十年前佛法第一次传入美国时，你休想提出结合冥想与心理治疗的看法，因为大家都认为佛法是一个"完整体系"，只要你按照佛法正确地修炼，你就完全不需要心理治疗了。现代世界每一种宗教都面临着相同的阻碍：只要相信基督你就会得到平安，只要祷告你的心灵就会得到治疗，只要练习苏菲动禅你就会痊愈，只要按照解脱者约翰的途径修行就足够了，瑜伽已经道出了一切。这些说法很清楚地暗示着，如果你拥有足够的信心或努力修炼某一种法门，你就永远也不需要心理治疗这类的方法；相反的，如果你需要心理治疗，那意味着你的信心严重出了问题。灵修与科学，尤其是与心理治疗的关系，乃是灵修在现代世界面临的最严重的问题，而大部分的宗教在这个问题上处理得都不好。

虽然我一向采用佛家的修炼方法（以及吠檀多哲学），但是佛教圈子一向对我的理论抱持怀疑态度：那个叫威尔伯的家伙，好像在暗示光靠佛法是不够的。许多佛教徒拒绝阅读我的著作，某些人甚至用相当不佛教的语言告诉我他们的看法。

二十年后，情况就大不相同了。到目前为止，美国著名的佛教老师几乎都或多或少接受过心理治疗（有一些人还对学生隐瞒这一事实）。私底下他们已承认某些问题是冥想无法解决的。当然，回到觉知中心的祷告、坐禅、苏菲动禅、瑜伽也无法解决所有的问题。在意识光谱中，灵修和心理治疗对治的是截然不同的两个次元，如果你在其中一个次元出了问题，并不代表你在另一个次元的表现也很差劲。神经官能症并不是一种罪恶。

所以，一年前，《香巴拉之光》（一本重要的佛教杂志）表示要采访我时，我并非十分情愿，但又很想支持一份强调实修的杂志，于是我就答应了。这项访谈一开始便提出了标准问题："你为什么认为佛法不是完整的途径？"接下来很快就朝着更有意义的方向发展。虽然这次讨论针对的是佛家的修炼，我还是要强调这些观点也适用于基督教、犹太教、伊斯兰教和道家的修炼。这些信仰的追随者可以将下面的观点运用在自己的修炼中。我认为宗教与心理治疗可以通过这次访谈建立起对谈的可能性。

（以下的对谈是浓缩版，想阅读全文，请看1996年9月出版的《香巴拉之光》，原文的标题是《宏图：肯·威尔伯眼中的法界》。）

香巴拉：我在你最近的两本书里读到意识演化的议题：一本就是多达八百页的《性、生态学、灵性》，而《万法简史》似乎是为一般男女大众所撰写的前者的概论，你写这本书的对象到底是谁？

肯：是的，《万法简史》确实比较简明易懂。至少我希望如此。至于对象是不是一般男女大众，我想会去阅读这本书的人已经很不一般了，你说是不是？这本书的对象，我认为应该是你我这样对觉醒之类的问题有兴趣的疯子。这本书绝不会在排行榜上打败狄帕克·乔普拉。我想这本书是给那些想要寻找一种整合性世界哲学的人阅读的，这个途径在意识和历史的研究上含摄了东西方最卓越的观点。

香巴拉：你希望造成什么样的影响？读了你的哲学，在意识上会有什么样的进展？

肯：老实说，不会有太大的进展。我们每个人还是必须找到一条实修的途径，也许是瑜伽，也许是禅，也许是香巴拉战士之道，也许是默观祈祷或其他的转化修炼。这些途径才真的能促进意识的发展，我的著作和一些言论只是文字禅罢了。

但是如果要知道你所选择的修炼方法如何与其他的途径相融合，那么我的书可能会帮你有一个好的开始。它们提供的是一张将各种途径整合的地图，不过这些无法取代真正的实修。

香巴拉：我是一名佛教中坚分子，我坚持不采用其他的自我转化体系。但是我看了《万法简史》，却有一种感觉，好像我遗漏了一些自己的文化。在你的四大象限中，佛法只占了一个象限，看来我真的漏掉了某些东西。根据你的说法，即使我开悟了，也可能是不圆满的？

肯：如果你所谓的"开悟"指的是直接与激进的对空性的体悟，那么你就没有任何遗漏。空性就是整体，所以你不可能遗漏任何东西。然而，菩提心分为绝对和相对两个层次（简称为绝对真理与相对真理），即使你对绝对真理有直接的体悟，也并不意味着你对相对真理的细节都能精通。就算解脱到相当程度的人，也未必能解释薛定谔的波动方程。我的书处理的大部分是相对真理的细节，其中有一些并不在佛法或任何一种智慧传承的研究范围内。但是，谈到对空性及光明本体的直接证悟，把赌注下在佛法上就对了。

香巴拉：我既然有了佛家的各种方法供我把玩，我又何必阅读你的意识发展史？

肯：确实不需要。但如果你觉得它很有趣或引人入胜，你倒是不妨读一读。佛家的教诲不可能教你如何烹调墨西哥菜，而你很可能对这类的事仍然有兴趣。

香巴拉：让我们这样说好了，你是不是知道佛陀所不知道的事？

肯：开吉普车。

香巴拉：如同你在《万法简史》中所说的，人类在历史和心灵的演化上，已经拥有了许多先进的理论。你的理论有时听起来像黑格尔的辩证法，有时像达尔文的演化论，有时又像亚洲各种不同派别的宇宙意识论。你的学说和这些知识体系有何不同？

肯：你差不多谈到重点了。我的学说和这些理论听起来都很像，因为我的意图就是要将它们综合起来，并撷取它们的长处。这就是我的学说与其他学说的不同之处，因为其他的学说都无法容纳异己。我的兴趣就在整合所有的途径，其他的学说对于这件事却没有任何兴趣。

香巴拉：你并没有将你的世界分化成各种原子、元素或心理状态，反而将它们统合成所谓的"全子"。因此你的学说听起来很像佛家的论藏（译注：佛教经、律、论三藏中最晚出现的部分。论藏涉及了伦理学、心理学和认识论）。论藏到底对你有什么影响？

肯：长久以来我一直采用佛家的修炼途径，我的许多重要观念都来自佛法或受到佛法的启发，其中最重要的是龙树与中观学派。毕竟空和清净识是我的"中心哲学"。此外，还有唯识学派、华严思想、藏密大手印与大圆满，以及你所说的论藏。将经验解析成"法"，看起来十分类似怀海德的工作。上述的各家学派都影响了我的全子之说。再强调一次，我的意图是撷取各家之长，整合出一个最有益的学说。

香巴拉：每个人自己的世界观已经够复杂了。那些禅修者可能会说："我为什么需要知道全球历史观？不要来烦我，我只想打坐。"如果是这样，你会对他们说什么？

肯：尽情去打坐吧。

香巴拉：你对成规期的现代主义和后现代主义作过一些有趣的评论。你似乎接受了它们的观点，又想转化它们，替它们找到定位。可否解释一下？

肯：没错，我的观点是这所有的途径、理论与修持的方法，都有一些重要的信息要告诉我们，然而没有一个能说出全部的真相。每一种途径都道出了不够完整的真相，因此关键就在于如何把不够完整的真相组合起来。不是去分辨哪个是对的，哪个是错的，而是让它们全都变成对的。如何才能让它们结合成一个彩虹联盟？这就是我接纳这些观点又试图转化它们的理由，以你的说法就是"替它们找到自己的定位"。至于我是否成功了，那只好拭目以待了。

香巴拉：你为什么采用"法界"而不用"宇宙"这个名相？

肯："法界"这个名相是毕达哥拉斯的古老用语，它意味着包含各种次元的宇宙——物质次元、情绪次元、心智次元和灵性次元。"宇宙"则通常意味着物质的宇宙或物质的次元。我们可以说"法界"含摄了物质域或宇宙，生物域或生命，心智域或心智，这一切都是空寂的光明示现，它们与空寂是没有分别的。

现代性所带来的灾难之一就是法界不再是我们的基本实相，而只剩下了宇宙。换句话说，只有科学、物质主义所认可的世界才是"真实的"。在现代和后现代的世界里，只剩下了平板而褪色的世界观。我写的这两本书就是要将"法界"恢复成一种可信的观念。

香巴拉：你将法界描述成联结各种存在领域的铸型。这使我联想起葛雷格里·贝特森（Gregory Bateson）所著的《心智与自然：必要的统一》。

这一类新时代的社会科学有没有影响到你的思想?

肯：我必须说影响不大。我并不觉得贝特森的理论对我有用，虽然我知道有许多聪明人很喜欢采用这本书的论点。我认为这本书算是典型平板世界的著作，也就是以第三人称的客观语言，从单一次元写出的独白——老实说，写得并不好。

香巴拉：你觉不觉得福柯、德里达等人已经掌握了亚洲绝对论者的要点？他们的后结构主义是不是一种崭新的学说？

肯：后结构主义既有创新的一面，也有不足的一面。东方智慧传承的精髓通常是一些帮助人转化、解脱与证悟空性的方法。后结构主义完全没有这样的功效，它们提供的只是转译而非转化的方式。虽然它们在相对真理的层面提供了一些有趣的曲解，但并没有提供有关绝对真理的瑜伽论。在相对真理的范畴之内，后结构主义和东方的智慧传承在某些面向确实有相似之处，这里指的是东方的非基体论、真理的文脉性、意涵的变易性及意义的相对性，等等。

这些都是有趣而重要的相似之处，我试图将它们一并考虑在内，但这些都不是最重要的议题。真正重要的是见性、开悟、只管打坐、证入本觉、智慧，这些都是福柯、德里达、利奥塔（Lyotard）等人无法提供的。

香巴拉：西藏密宗的宇宙论对你的哲学发展有什么影响？有时你的学说让我联想到时轮金刚。

肯：是的，各种形式的金刚乘对我的整体观点都有重要的影响。属于无上密续的时轮金刚法是非常殊胜的，此外大圆满、心部、界部以及论义也都十分殊胜。说真的，这所有的派别我都能相应。

香巴拉：你想要整合弗洛伊德与佛陀，也就是综合你所谓的"深度心理学"和"高度心理学"。为什么这项工作是必要的？你是否认为这两个体系缺少了对方都不够完整？

肯：我认为没有一个东西是完整的，因为法界一直在不停地演化。新的真相不断地显现，新的启示不断被揭露，新的佛不断地冒出，这是永无止境的，不是吗？如果弗洛伊德与佛陀能互相对话，这两种重要的真理体系就可以互惠。空性并不需要依赖他们之中的任何一方，但由空性显化的这个世界却有足够的空间可以容纳这两位先驱。是的，我认为他们确实可以加速彼此的进展。

香巴拉：你是否认为古老的灵修转化体系对现代而言已经不适用了？因为你所含纳的许多知识体系它们都不采用。

肯：不适用？不。就绝对真理的层面而言，它们是适用的；只有在相对真理的层面，它们才是不适用的，因为空寂仍然以各种不同的形式化现万物，不是吗？在这些经典或密续中，你绝对找不到操作电脑的说明，你也绝对找不到有关基因、外科麻醉或肾脏移植的解说。同样的，西方世界在心理学和心理治疗的理解上已经做出了重大贡献，这些贡献对古老的灵修教诲是很有帮助的。

因此重点并不在适用或不适用，而是善加利用眼前已有的东西。如果你的修持方法对你有帮助，那真是好极了。可是当你感到停滞不前时，也许心理治疗可以带给你一些帮助。我不认为双方会因此而受到威胁。这个宇宙实在太大了，它有足够的空间可以容纳弗洛伊德与佛陀。

香巴拉：你对内密的看法是什么，譬如拙火瑜伽、气和气脉明点（某些内在的灵视）？这些现象，科学都不承认，但在你的体系里，却占了精微光明及自性两个次元。这一点有些令人困惑，因为许多修行人并不承认这些次元的存在，而且从未涉及这类的修持方法。而你似乎暗示要想进入高层的发展，这些修炼还是有必要的。也许我根本误解了你的意思？

肯：我不认为这些方法是绝对必要的。我们应该这么说，在你所提到的精微光明与自性的次元，这些气脉明点的现象有可能会发生，也可能不会发生，主要取决于你的修炼方法以及其他的因素。也就是说，在你的冥想练习到达某一个阶段时，各种粗钝的觉受会变得越来越细微，其中包括了能流、气、明点等等现象。不过有些人可能完全没有这些现象，而只是加强了了了分明的全观能力。我现在只是在作简单的分类，大致描述一下冥想从粗钝到精微到极精微次元可能发生的各种现象。在传统的经典中，这些都是很常见的现象。

香巴拉：为什么某些修行人在某方面有进展，在其他方面却像个未开化的混球？

肯：我一直试图将发展心理学的典范归类为两种不同的发展路线：一是各种倾向的发展，二是意识波的发展。倾向分为认知发展、情绪发展、人际关系发展、灵性发展，等等。每一种发展的倾向都要经过不同的阶段或意识波的阶序。研究显示这些不同的倾向乃是各自独立的：你可能在某一倾向上发展得很高，而在其他的倾向上却遭到阻碍。譬如一个在灵修上发展得很高的人，也许在情感和关系上却是个低能儿。此外，这些倾向虽然是各自独立发展的，却必须经过相同的阶段或意识波的阶序。譬如，它们必须从前成规期进入成规期再进入后成规期。

所以我们虽然有各种不同的发展倾向，但这些倾向都必须通过相同的阶段或意识波的阶序。一个人确实有可能在某个倾向上发展得很高，而其他方面却像个未开化的混球（我在《灵性之眼》中，对这项研究作过提纲挈领的归纳）。

再回到你刚才所说的，发展确实可能很不平均。大部分的智慧传承都是训练人们往更高或后成规期的觉知、认知与情感发展，譬如爱与慈悲。然而它们很可能忽略了成规期的人际关系以及情绪的发展。我们都认识一些在冥想上很有进展却极不讨人喜欢的人。在这个问题上，西方的心理治疗就略胜一筹了，虽然心理治疗几乎完全忽略了高层或超个人的次元，这是另外一个我们需要结合弗洛伊德与佛陀的理由。

香巴拉：每一个老参都很清楚，成长通常是不均衡的。不过有人说那些神经过敏的倾向就是退化的现象——一个本来在冥想上很有进展的人，突然受到红尘的引诱，会放弃冥想，而陷入轮回的神经官能症当中。其他人则说冥想会把潜藏的问题挖掘出来，令他或她突然莫名其妙地变成一个傻瓜。你认为这样的观点正确吗？还是你有截然不同的看法？

肯：我认为你提出的这些观点，只有某些时候是正确的。人们会放弃冥想练习，通常是因为这里面的要求太严格了，而他们一旦回到"老路子"上，神经过敏的倾向就会更严重，因为问题并没有解决，敏感度却增加了，因此反而更痛苦。

你所提出的情况确实很常见。当你处在高阶的冥想练习时，深埋的一些问题就会开始暴露出来。所以高阶的修行者可能会变得很夸张，因为他们已经解决了表层的问题，剩下的就是严重的业力了，譬如你在前世谋杀了二十个修女。当然这是开玩笑的说法，只是让你有个具体的概念。进入高阶修炼时，某些深埋的问题会浮上水面，这种情况可能会造成困扰，因为看起来不像是一种"进展"。其实那有一点像冻疮，起先没什么感觉，因为已经冻结了，你根本不认为自己有问题，但是你被冻住的那个部分会逐渐解冻，那时就痛得要命了。解冻和治疗是很恐怖的。高阶的冥想其实是快速的解冻和觉醒，通常都会造成极大的痛苦。

香巴拉：冥想为什么会"出错"，就这一点你似乎另有说法？

肯：是的，我的看法是，人类的发展分为好几种不同的面向，每一种面向都会随着意识的进阶而逐一开显。伟大的智慧传承只强调这些面向中的两三种，譬如认知发展（觉知发展）、灵性（与道德）发展和高层的情感发展（爱及慈悲）。不过它们忽略了其他面向的发展，譬如情绪发展、人际发展、关系互动以及社会习俗的相互作用。

所以，你在冥想与认知上虽然有了进展，还是有可能在整体的发展上失衡。其他的发展路线有可能因被你忽略而萎缩。你的心灵可能承载了一个巨人及一堆的侏儒。你的冥想练习越有长进，这种失衡的情况就越严重。你的老师告诉你要加强冥想的练习，可你很快就像一件廉价的西装一样开线了。

因此，我们需要找到一个更具整合性的途径来支撑我们的生活，这个整合途径应该结合古老的智慧和现代知识的精华，并融合深思默观与社会常理。我虽然还没有找到解答，不过我希望我的著作能促成双方心怀善意的对谈。

香巴拉：你在前面提到，如果修行者只想打坐，那就"尽情去打坐吧"，这是否回答得有点滑头？因为你好像并不认为只打坐就够了。

肯：因为你并没有问我是否只要打坐就够了。你说的是那些抱持着"不要来烦我，我只想打坐"态度的修行人，那我一定会说尽情去打坐吧。我丝毫无意干涉他人的修炼。如果你的问题是："还有没有别的方法可以帮助修行人成长？"我就会以刚才说过的那些话回答你了。换句话说，明智地融合东方的默观法门和西方的心理动力学，应该是有趣而又健全的发展方向。如果你想得到一个完整的世界观，包括绝对与相对真理，那么西方世界必定可以为这场盛宴提供几道好菜。相较之下，这些途径中的任何一种都是不完整的。

如果你因此而产生了排斥心理，大可不必参加这场盛宴。不过每个人都受到了邀请，这真是一场香巴拉盛会。我所理解的创巴仁波切提出的香巴拉之说，指的就是在现世将"法"融入广阔的文化潮流，从而织成一幅完整的图画。《万法简史》勾勒出了许多文化潮流，"法"因为它们而更加丰富，它们也因为"法"而更加充实。我认为这个道理是显而易见的。

香巴拉：你说得很客观。现在我要问你一些技术性的问题，可以吗？

肯：当然可以。

香巴拉：身为一位采用亚洲神秘主义传统途径修行的人，有一件事是最令人感到困惑的。在启蒙运动兴起之前，西方世界早已拥有上千年奠基于基督教神秘主义之上的文明传统，你却在《性、生态学、灵性》这本书里表明，这上千年的基督教文明并没有如其承诺的那样带来真正的转化。你为什么这么说？难道柏拉图、诺斯替教的"秘义集成"（Corpus Hermeticum）、新柏拉图主义、基督教神秘学派都没有产生真正的转化吗？

肯：请你想象一下，佛陀在证悟的那一天立刻被抓去钉十字架。他的追随者声称自己开悟了，也同样被抓去钉十字架。我个人认为这样的文明是很令人感到挫败的。

然而这就是拿撒勒的耶稣的遭遇。"你们为什么用石头砸我？这是正确的行为吗？"群众回答："我们这么做源于你明明是凡人，却声称自己是神之子。"这意味着个人的小我不能与大梵合一。这位君子被钉上十字架的原因，除了错综复杂的理由之外，有一个原因就是他证悟了"我与父乃是一体的"。

事实证明：任何一个修行人，一旦证悟小我与大梵乃是一体的——人心和本初的神性原是一体的——恐怖的反弹往往尾随而至。当然，西方的新柏拉图主义以及其他的高阶教诲一直在背后（与私底下）传递着，但只要是教会能影响到的地方——它掌控了西方的舞台长达一千年之久——如果你跨越了小我与大梵之间的那道防线，你就等于进入了危险的水域。

圣·约翰和他的朋友圣·特蕾莎都越过了那道防线，由于他们放低身段以极为小心虔诚的语言描述自己的体悟，才勉强度过危机。艾克哈特大师也越过了那道防线，由于他的教诲所用的语言过于明显，因此被教会正式宣告废弃——虽然他没有被打入地狱，言论却遭此下场。乔尔丹诺·布鲁诺（译注：十六世纪的哲学家、数学家、天文学家。他的理论影响了十七世纪的科学与哲学，更是十八世纪以后思想自由的象征与先驱。他终生遭到教会的迫害，最后被教皇判处死刑）也因为越过了那道防线而被活活烧死。这些都是典型。

香巴拉：你刚说过这其中的理由相当复杂，我也认为如此，你可不可以简略地说明一下？

肯：让我先举一个最有趣的理由。教会在早期是被四处游学的"圣灵学派"——圣灵活在心中——所掌控的。他们的灵修大部分奠基于对基督意识的直接体悟（"让耶稣基督心中的意识，也成为你心中的意识"）。简而言之，每一个圣灵派僧侣的化身，通过圣灵报身的转化之火，而证悟了基督的法身。无论如何，他们很显然直接体悟了某些非常真实的灵修境界。

可是数百年来，随着基督教会所承认的正典和信徒们的编纂，一系列的信条取代了真实的体悟。教会逐渐从圣灵学派转为教团组织，其管辖者就是那些掌握"正确教条"的区域主教，而不再是那些无法"掌控"但拥有圣灵的先知或圣灵派僧侣。教会从此被界定为主教团体，而不再是证悟者的组织。

特塔利安（Tertullian）（译注：古代基督教作家和雄辩家，生于公元155—160年间的非洲迦太基城）使得教会与教团之间的关系几乎变得合法，西普利安（Cyprian）（译注：早期基督教迦太基主教）则确定了教会在灵修上的法定地位。你不需要觉醒，你只需要被任命了就能成为神职人员。神职人员不再是神圣或属灵之人，因为他不需要解脱、觉醒或净化，他只要坐镇在办公室就够了。同样的，你不需要觉醒自己，你只需要经过合法的宣誓便可以"得救"。如同西普利安所言："他如果没有如母一般的教会，便无法拥有如父一般的神。"

这么一来可就扫兴了。为什么？因为救赎变成了律师的专利。而律师通常都会说：我们应该让那个身价百万的花花公子与神合一。就这么决定了！别再提纯然一体那档子事了。

香巴拉：为什么会演变成这样？

肯：说得白一点，原因之一就是政治上的权力。因为你知道的，直接的神秘体悟根本不需要经过像主教之类的中间人，你可以直接通到神的源头。石油公司不喜欢太阳能也是基于同样的理由。

因此任何人只要拥有了直接通往神的管道，不但会触犯教会的法令而被视为宗教上的异端，连你的灵魂也会永远受到诅咒，而且你很可能会犯下叛国罪，你的肉体将因此被分尸万段。

因为上述的这些理由，至善——小我与大梵的合一，或凡心与神性的合一——上千年来一直是西方教会多多少少公开的禁忌。至于你刚才提到的新柏拉图主义者或"秘义集成"派，他们确实存在，但局限于社会的边缘。虽然西方出现过非常多属于精微光明次元（报身）的神秘主义者，不过达到自性次元（法身）和不二境界的神秘主义者就少之又少了；后者不只与神合一，还进而证入了纯然无相的神之源头——在西方世界只要一说出这句话，很快就会被活活烧死。

香巴拉：让我们再谈一谈那些被边缘化的灵修潮流。请问柏拉图所谓的"忆起"到底和解脱有什么关系？读过《美诺篇》之后，我认为两者之间有某种关系，又不太清楚到底是什么？

肯：没错，我认为它们确实有很直接的关系。以佛教徒所熟悉的语言来说，那就是众生皆有佛性，我们都同意开悟的一刹那并非成了佛，而是发现了佛性的存在。如果以柏拉图的话来说就是重新忆起了自己的佛心，或是直接认出了自己纯然的空性。

换句话说，我们无法获得佛性，就像无法获得我们的脚一样。当我们低头看见双脚时，才想起来自己的脚，我们忘了自己有脚。如果有人提醒我们脚是本来就存在的，一定会带来一些帮助。禅师通常很乐于帮助我们。如果你很坚决地说："我没有脚！"禅师会狠狠踩你的脚趾头，看你会不会放声大叫，然后看着你，冷冷地问："没有脚？"

这些"直指的教法"指的并非我们尚未拥有而必须获得的东西，它们所指出的那个东西完全存在于眼前，是我们忘了它的存在。从最根本的本质来看，就是要忆起或发现这个恒存于当下的纯然无相的本觉。从这个角度来看，那确实是一种忆起的作用。

香巴拉：所以你认为柏拉图涉及的是一种发现？

肯：我认为是这样的。从后来新柏拉图主义的学说可以更明显地看到这一点，可见苹果掉落的地点总是在苹果树的附近。柏拉图说我们曾经是完整的，但是却把这件事忘了，"失忆"令我们从整体向下坠落。一旦忆起自己是谁，就能将分裂的自我"治愈"。柏拉图说得非常确切。让我把这些话念给你听："这件事无法像其他的知识那样可以假以言传，你必须长时间献身于这件事（独一深思），真理才会像火焰中的火花一样突然照亮你的灵魂。"这就是所谓的顿悟。他后来又说了一句很重要的话："不管这件事存不存在，我绝不会为此而作出任何论述。"

香巴拉：完全是一派不立文字的作风。

肯：是的，我也认为如此。这种作风很像"教外别传，不立文字；直指人心，见性成佛"。当然我们要避免太快下结论，但如果众生皆有佛性，又不会因为忆起自己的佛性而被钉上十字架，那么像巴曼尼德斯、柏拉图或柏罗丁这样的智者，很可能直接忆起真如本性，就像是看到镜子里的自己，而大叫一声："啊！"如同波爱修（Boethius）陷入苦恼时，菲洛索菲亚（Philosophia）对他说的那句话："你已经忘记你是谁了。"

香巴拉：我想问你一个有关绝对与相对真理的问题。你说过佛家的教诲完全适用于绝对真理，但空性在相对次元的显化却一直在改变着。依照佛法的教诲，整个法界同属一智。大圆满称之为本慧，基本上和般若智或观照是同一个东西。我不知道你是否同意这种一智的说法？能理解微积分的，也是那同样的智能吗？发现量子力学的，也是那同样的智能吗？微生物学家用来绘制遗传图的，也是那同样的智能吗？

肯：你问这个问题是因为……

香巴拉：它们也许属于同一个智能，虽然看起来不像是同一个。这些西方的科学与哲学教诲似乎是亚洲所没有的相对真理。而你显然也认为发现空性乃是亚洲人的专长。那我们要如何才能调解这一智的问题？简而言之，为什么本慧无法发现微积分、量子力学和人类的遗传基因？

肯：因为存在的并不像你说的只有一个智能。你记得吗？即使是中观学派也提出两种认知的模式，"俗谛"（译注：世间法）指的是对科学与哲学这种相对真理的认知，"真谛"（译注：出世间法）指的则是发现毕竟空。不论出现的是什么相对现象，这法界一智的本慧都能将它照亮。在空、慧的绝对空间，各式各样的相对真理、相对事物和相对知识都会升起。本慧从不选择站在哪边，也从不"强迫"。因为没有任何事物是在它之外的，所以它不需要与任何东西对立。

香巴拉：你能不能很简短地告诉我们这一智之说是否成立？

肯：我们应该说这一智是以各种不同的形式展现的。如同基督教神秘主义者所言，我们每个人都拥有肉身之眼、心智之眼及默观之眼，它们都是被本慧、一智或大心照亮的。虽然如此，每一种眼睛都有自己的领域、自己的真理和自己的认知。最重要的，学会运用其中的一种眼睛，并不意味着你就会运用其他的眼睛。如同我们早先说过的，它们的发展乃是各自独立的。

香巴拉：因此默观之眼有能力揭露绝对真理或毕竟空，心智之眼和肉身之眼则只能揭露相对真理和世俗的真实。

肯：这是一个很复杂的议题，不过这个总结还算合理。

传统的佛法总是用大海及其海浪来作比喻，虽然这个比喻挺乏味的，但还算差强人意。水的湿性就是我们的真如本性（或神性）。每一波的海浪都是湿的，并没有任何一波比其他的更湿一些。如果我发现了其中一波的湿性，我就发现了所有海浪的湿性。如果我直接体悟了真如本性或空性，或者说发现了自己生命的湿性，那么在当下这一刻，我就发现了所有海浪的究竟真相。空性并不是小浪中的巨浪，而是所有海浪的平等湿性。这湿性是超越高低、大小和圣凡的——因此空性不能用来支撑你的偏好。

开悟并不是抓住其中的一波巨浪，而是发现每一波海浪早已具足的湿性。开悟以后，我不再错将这小小的海浪视为"我"，因为我在根本上与所有的海浪已经成为一体——没有任何的湿性是在我之外的。我和整个大海及其海浪结成了一味。那滋味就是湿性、空性、真如本性和大圆满的透明本质。

虽然如此，我还是不知道其他海浪的所有细节，譬如它们的高度，它们的重量，它们的数量，等等。这些相对真理，我必须逐一去发现。没有任何一本"湿经"会告诉我，没有任何一本有关湿性的密续可以带给我任何线索。

这就是为什么我会说默观深思只适用于绝对真理：它会直接让你看到所有波浪的湿性，所有现象的真如本性，法界的空性，和当下你所拥有的本觉。但是默观深思永远无法告诉你所有波浪的细节。就像你所说的，它无法让你懂得微积分、遗传基因或量子力学。有史以来，它从未在这方面让我们产生过认识。

香巴拉：我想问一个有关大存有链的问题。我突然发现大存有链也许和你所说的相对真理有关。

肯：是的，它们是非常相似的概念。换句话说，大存有链的理论家——从瑜伽行派（译注：又名唯识学派）到吠檀多哲学到西方的新柏拉图主义到香巴拉神秘主义学派——都主张空性（或"太一"，意即不二）会显化一层又一层的意识次元或意识光谱。意识光谱的各个次元属于相对或显化的真相，而显化出意识光谱的则是空性或绝对真理。从最究竟的角度来看，绝对真理与相对真理并非分开的两个东西，而是不二的。因为空性并不是从事物中分离出来的一个独立的东西，它就是所有事物的真如本性，所有波浪的湿性。而本慧则是对真如本性的觉察或发现，它就是你当下那了了分明的觉知，整个宇宙都是从其中升起的。

当然，这并不是一个抽象的概念。一味乃是单纯直接而又清晰的体悟，处在这种状态，你将很清楚地体会你就是天空，你就是大地，风就在你的内心，它并不是在外面吹拂着你。处在一味中，你可以一口饮尽大西洋之水，一口吞进整个宇宙。超级新星在你的心中生灭，你觉得那不断运转的银河就是你的头。这一切都像知更鸟在水晶般清澈的黎明唱出的歌声一样清纯。

香巴拉：这些都是空性的各种形式，大圆满的意识波。

肯：是的，新的真理不断出现在相对世界，它们正从你当下这一刻开放的觉知或空性中升起。这些从你的本觉中升起的相对真理，也许是微积分、物理学、陶艺学，也许是制造牛油的技术，无论如何，它们都必须仰仗不同的相对真理与相对的能量。它们都不等同于空性，却是从空性中升起的各种姿态——它们都是从当下的纯然觉知中升起的。

所以在"一智"或"大心"中，升起了各种的"小心"和次级智能，这就是大存有链。这些相对真理就像天空中的云朵和海中的波浪一般，各自与自己在相对世界的业力和命运有约。

西方有自己的相对真理，东方也有自己的相对真理，但是从东方我们可以得到对绝对真理的理解。我主要的观点就是明智地融合东方与西方的相对真理——双方共同以空性作为基础，相互交织成完整的脉络。我认为这才是最清醒而明智的研究态度。

12月21日，星期日

有关全国性的占星学辩论，最近有了突破性的消息。

伊文·凯利（Ivan Kelly）寄给我一篇他写的论文：《评论现代占星学》。我只能说这篇论文对占星学非常不利。上回的辩论让占星学只剩下了高奎林的调查报告作为仅有的支撑。威尔·基彭曾引用塔纳斯（Tarnas）与葛罗夫（Grof）所搜集的松散佐证，但罗杰指出那些调查"并没有受到监控，接受测试的人身份不是隐匿的，测试的方式是根据已经发生的事实来评估的，而评估的过程缺乏可靠的检查"。换句话说，葛罗夫、塔纳斯的研究缺乏确凿的佐证，除非他们能回应罗杰的质疑，否则将被视为偏见或趣闻。

从另一方面来看，高奎林的报告乃是唯一能令信者与不信者都同声赞叹的调查资料。我以他的报告作为佐证——因为我们永远都必须服从实际的证据——提出了一个可以作为参考的理论。威尔主张，星体的影响是从世界灵（第七层的通灵次元）通过向下回旋的因果作用，影响到个人的心智（或人格特征）。我的建议则是，它们只是在物质次元运作的力量（地磁气和引力场），通过向上回旋的因果作用，产生微小但仍可辨识的影响（通过荷尔蒙或神经元的交互作用）而影响到个人的心智（或人格特征）。我仍然认为这个假设是正确的，当然先决条件是高奎林的报告是可靠的。假设高奎林的报告不可靠，那么所有形式的占星学就变得毫无根据了，甚至连解释性的假说也不需要了。

我从凯利的报告得知西摩尔（P. Seymour）最近提出了一个理论："支援高奎林的星体对职业的影响的努力是奠基在……我们的神经传导网络对地球的地磁波所产生的反应，然后反过来和星体的引力场产主交互作用。"这个理论和我的建议十分相似。

凯利又指出，虽然这些都算是合理的假设，但搜集到的资料却无法支撑它们。更糟的是，它们全都仰仗高奎林资料的可靠性作为基础，然而高奎林的资料并非所向无敌，它其实正在遭受猛烈的攻击。另外，荷兰的数学家尼恩豪斯（Nienhuys）也提出了很有力的挑战，他显然动摇了高奎林效应的基础。

我很愿意继续追踪这些佐证，但我不得不说目前这些佐证对任何形式的占星学都很不利。如果高奎林的资料是可靠的，我还是会回到最初提出的地磁气的假设。以目前来看，占星学还是缺乏确凿佐证的一种信仰。

我认为一般人会求助于占星学是想和宇宙产生联结感。其实他们如果转向"法界"求助，情况可能会更好一些。换句话说，与其衔接粗钝的物质次元，不如让觉知轻柔地提升到超个人的次元。也就是说，不只衔接上横向的物质星球，还衔接上纵向的灵魂与灵性、精微光明与自性、究竟与不二的次元。我们必须将一般人通过占星学向宇宙求助的冲动转向法界，因为所有的星球都在法界的掌中，而银河就在它的步伐中运转。心灵应该衔接的是它长久以来一直在追寻的持有一切奥秘的法界，而不是物质宇宙。

12月25日，星期四

玛西和我单独相处了一整天，感觉好极了。

12月29日，星期一

一年又接近尾声了——依照智慧传承来看，这一年已经濒临死亡。死亡，神秘主义者一致同意含藏了生命最大的奥秘——通往永恒的奥秘。艾克哈特说过一句与所有神秘主义者共鸣的话："那些彻底死掉的人，才能得到上帝的精髓。"拉玛那·马哈希尊者也说过："你将充分体会你的荣光就藏在自我感的止息之中。"《禅林》中则说："活着的时候要像个死人，彻底死掉。"

这并不意味着肉体的死亡，而是自我感的熄灭。你可以通过以下几种想象，来"检测"自己是否熄灭了自我感。

一、有一个著名的禅宗公案："什么是父母未生以前你的本来面目？"这并不是一个要诈的问题或象征式的问题，它是很直截了当的，要的是明白而简单的回答。你的本来面目就是那先于现象世界存在的纯然无相的目睹。这超越时间或先于时间的纯然目睹，乃是存在于每一个当下的。所以你的真我当然是在父母未生之前就存在的，甚至在宇宙大爆炸之前就存在了。即使你的肉体和整个宇宙都消失了，你的真我还是存在的。

这真我存在于你的父母未生你之前，存在于宇宙大爆炸之前，因为它根本存在于时间之前。你可以在当下直接接触到父母未生之前你的真我。如果你能安住于当下纯然的目睹，它就是你那无相的真我。当下，当下，当下。

如果你被迫"想象"父母未生以前你的本来面目是什么，你就必须将你眼前的肉体和自我感全都放下。你被迫去发现那个在你之中但又超越你的东西——也就是纯然无相、超越时间的目睹或真我。当你能安住于超越时间的目睹时（"我不是这个，我不是那个"），你的自我感就止息了，于是你就发现了你的本来面目——那存在于你的父母未生之前，存在于宇宙大爆炸之前，存在于时间诞生之前的本来面目。事实上，你已经发现了那伟大的无生，也就是如如。

二、请想象你死后一百年这世界会是什么模样。你不必想象特定的细节，你只需要知道你死后一百年这世界还是存在的。想象那个世界少了你，许多事物都改变了——不同的人，不同的科技，不同的汽车与飞机——其中只有一样东西不会变，只有一样东西会像原来一样——空性、神性或一味。其实你当下就可以品尝到它。同样的无相目睹正通过所有的眼睛在向外观看,通过所有的耳朵在向外聆听,通过所有的手在向外触摸……那无相的目睹就是你当下的真我,一味光彩耀目的神性就是你当下所拥有的。

你和一千年前的你有所不同吗?一千年后的你和现在会不一样吗?你最深的真我到底是什么?你必须相信时间的谎言吗?你必须轻信一味是不存在的吗?你能不能在当下就献出这独一无二的本来面目给我看?

请听一听诺贝尔量子力学奖得主埃尔温·薛定谔(Erwin Schroedinger)所说的一段话。然而我如何能说服你这段话并不是一个假设,而是真相呢?

> 意识只有一个,却有无数的多元展现。
>
> 被你占为己有的这些知识、感觉和选择不可能是不久之前某一刻从无中生有的;反之,这些知识、感觉和选择其实是永恒不变的,它们存在于所有的人和敏感生灵的身上。
>
> 你的存在几乎和那些岩石一样古老。数千年来,男人一直为生存而奋斗受苦,最后注定是被人遗忘;女人则为了生产而饱受痛苦。
>
> 一百年前曾有另一个男人坐在这相同的位置上,像你一样满怀渴望与敬畏之心凝视冰河之上的暮色。像你一样,他也是男人与女人所生养。他感受的痛苦和短暂的喜悦与你并无二致。难道他是另外一个人吗?他不就是你自己吗?

那不就是你本初的真我吗?你不就是全人类吗?如果你就是全体人类的唯一见证,难道你不会因此而触及与全人类有关之事吗?难道你不会因此而关爱这整个世界、整体人类以及整个法界?因为你就是它唯一的真我。某个人受伤时,难道你不感到哀伤吗?某个孩子在挨饿,难道你不会落泪吗?某个灵魂饱受折磨时,难道你不会呐喊吗?当别人在受苦时,你也在"受苦",而你早就"知道"了!"受苦的难道是另一个人吗?你不就是那个在受苦的人吗?"

三、想象一千年前或一千年后的你会是什么样子。这样的方法会让你放下眼前的肉体与自我感,并且发现在你之中有一个超越你的东西——也就是那纯然无相、无时间的目睹或真我。其实每二十四小时,你都会放下自我感。这不是想象，而是事实。每天的夜里，在无梦的深睡中，你都会潜回那无相的次元，那没有客体的纯然觉知，那无形无相超越时间的真我。

这就是为什么拉玛那·马哈希尊者会说："凡是在无梦的深睡中不存在的东西，就不是真实的。"那"真实"的东西在三种情境中都是存在的，包括无梦的深睡，而那东西就是纯粹的觉知或无相的真我。每天晚上你的自我感都会死去，你会重新潜入你的本来面目。

上述的三种情况——父母未生以前的你，一百年后的你，及无梦深睡中的你——指的都是同一个东西：存在于你心中但又超越你的目睹，与万有合为一体的空性，在一味中拥抱万有的真我。只有"这个"才是不变的，永远不变的，因为它从未涉入时间之流及其带来的泪水与惊恐。

最后的"灵性测试"就是你和死亡的关系（以上三种范例指的都是死亡）。如果你想知道"究竟真理"是什么，你只需要臣服于上述的三种灵性测试。从事占星学的研究？如果它无法存在于无梦的深睡中，它就不是真实的。在大自然中与狼群共舞？如果一百年后它不存在，它就不是真实的。照顾你的灵魂？如果它无法存在于无梦的深睡中，它就不是真实的。照顾你的内在孩童？如果它不存在于你父母未生以前，它就不是真实的。忆起了过去的轮回转世？如果这件事不存在于无梦的深睡中，它就不是真实的。利用食疗来净化你的心灵？如果一百年后这件事不再存在，它就不是真实的。崇拜盖娅？如果在无梦的深睡中它不存在，这件事也不可能是真实的。

这些相对次元的修炼和转译式的信仰都很好，但请别忘记，它们是次于你的本来面目、次于恒存于当下的神性、次于伟大无生的。

"他难道是另外一个人吗？他难道不就是你吗？"

12月31日，星期三，丹佛

除夕那天晚上，玛西和我是在丹佛下城的牛津酒店度过的。我们在杰克斯享受了一顿晚餐，在克鲁斯酒吧小斟了一番，然后相拥于子夜，向过去的一年吻别。

1998年1月1日，星期四，博尔德

一年前的今天，我正在为《感官与灵魂的交融》这本书发愁，今年却为了这本书踏上了疯狂之旅。两周之后我将前往曼哈顿与几位主要的书评家会晤，这一切的活动都是安妮安排的。三月份我将展开六个城市的新书宣传活动，虽然要跑的城市并不多，对我而言已是史无前例。我深信我和玛西仍然会相恋，她是我认识的最美的女人、最可爱的灵魂之一。我将为威尔伯全集做校对工作，还得搜集"法界三部曲"第二部的资料。距离我五十岁的生日只有九个月了。

当然，这一切都不存在于无梦的深睡中，或一千年后的今天，或父母未生之前，或是那无相的次元。"我即自性"在那里独自放光，而"本我即是"充盈着无时间的世界，那无限以及背后的一切。换句话说，这一切都无法染指那纯粹的空寂，只有它能使我沐浴于至乐，将我的心送上天堂。然而这一切也都是真我的慈悲化现，这真我存在于众生的身上，它既无缺憾，也无局限。

它一向是早就解脱的，也一向是早已结束的。在这朴实的存在感中，世界不断地生灭——它们生活过，歌舞过，但终将被人遗忘。在这一味中，其实什么事都没发生过。万事万物来了又去了，千百万个世界兴起又衰败，千千万万的灵魂爱过、欢笑过、呻吟过，但这一切终将消失，只有一味能拥抱这一切。"我即自性"永远目睹着我那悠然而无限之宇宙的生生灭灭。

我将再一次于寂静无声的雨雾里，看着落日西沉。

责任编辑：郭良原
装帧设计：郝文耀

图书在版编目（CIP）数据

一味／[美]肯·威尔伯著；胡因梦译．—深圳：深圳报业集团出版社，2010.8
ISBN 978-7-80709-334-3

Ⅰ.①一… Ⅱ.①威… ②胡… Ⅲ.①人生哲学—通俗读物 Ⅳ.① B821-49

中国版本图书馆 CIP 数据核字（2010）第 151052 号

一味：超个人心理学大师肯·威尔伯札记

[美]肯·威尔伯 著

胡因梦 译

深圳报业集团出版社出版发行
（518009 深圳市深南大道 6008 号）
三河市华晨印务有限公司印制 新华书店经销
2010 年 8 月第 1 版 2011 年 5 月第 2 次印刷
开本：787mm×1092mm 1/16
印张：23.5 字数：270 千字
ISBN 978-7-80709-334-3 定价：58.00 元

深报版图书版权所有，侵权必究。
深报版图书凡是有印装质量问题，请随时向承印厂调换。